여행은 꿈꾸는 순간, 시작된다

여행 준비 체크리스트

D-60	**여행 정보 수집 & 여권 만들기**	☐ 가이드북, 블로그, 유튜브 등에서 여행 정보 수집하기 ☐ 여권 발급 or 유효기간 확인하기
D-50	**항공권 예약하기**	☐ 항공사 or 여행 플랫폼 가격 비교하기 * 저렴한 항공권을 찾아보고 싶다면 미리 항공사나 여행 플랫폼 앱 다운받아 가격 알림 신청해두기
D-40	**숙소 예약하기**	☐ 교통 편의성과 여행 테마를 고려해 숙박 지역 먼저 선택하기 ☐ 숙소 가격 비교 후 예약하기
D-30	**여행 일정 및 예산 짜기**	☐ 여행 기간과 테마에 맞춰 일정 계획하기 ☐ 일정을 고려해 상세 예산 짜보기
D-20	**현지 투어, 교통편 예약 & 여행자 보험 및 필요 서류 준비하기**	☐ 내 일정에 필요한 패스와 입장권, 투어 프로그램 확인 후 예약하기 ☐ 여행자 보험, 국제운전면허증, 국제학생증 등 신청하기
D-10	**예산 고려하여 환전하기**	☐ 환율 우대, 쿠폰 등 주거래 은행 및 각종 앱에서 받을 수 있는 혜택 알아보기 ☐ 해외에서 사용할 수 있는 여행용 체크(신용)카드 준비하기
D-7	**데이터 서비스 선택하기**	☐ 여행 스타일에 맞춰 로밍, 포켓 와이파이, 유심, 이심 결정하기 * 여러 명이 함께 사용한다면 포켓 와이파이, 장기 여행이라면 유심이나 이심, 가장 간편한 방법을 찾는다면 로밍
D-1	**짐 꾸리기 & 최종 점검**	☐ 짐을 싼 후 빠진 것은 없는지 여행 준비물 체크리스트 보고 확인하기 ☐ 기내 반입할 수 없는 물품을 다시 확인해 위탁수하물용 캐리어에 넣기 ☐ 항공권 온라인 체크인하기
D-DAY	**출국하기**	☐ 여권, 비자, 항공권, 숙소 바우처, 여행자 보험 증서 등 필수 준비물 확인하기 ☐ 공항 터미널 확인 후 출발 시각 3시간 전에 도착하기 ☐ 공항에서 포켓 와이파이 등 필요 물품 수령하기

여행 준비물 체크리스트

필수 준비물

- ☐ 여권(유효기간 6개월 이상)
- ☐ 여권 사본, 사진
- ☐ 항공권(E-Ticket)
- ☐ 바우처(호텔, 현지 투어 등)
- ☐ 현금
- ☐ 해외여행용 체크(신용)카드
- ☐ 각종 증명서(여행자 보험, 국제운전면허증 등)

기내 용품

- ☐ 볼펜(입국신고서 작성용)
- ☐ 수면 안대
- ☐ 목베개
- ☐ 귀마개
- ☐ 가이드북, 영화, 드라마 등 볼거리
- ☐ 수분 크림, 립밤
- ☐ 얇은 외투

전자 기기

- ☐ 노트북 등 전자 기기
- ☐ 휴대폰 등 각종 충전기
- ☐ 보조 배터리
- ☐ 멀티탭
- ☐ 카메라, 셀카봉
- ☐ 포켓 와이파이, 유심칩
- ☐ 멀티어댑터

의류 & 신발

- ☐ 현지 날씨 상황에 맞는 옷
- ☐ 속옷
- ☐ 잠옷
- ☐ 수영복, 비치웨어
- ☐ 양말
- ☐ 여벌 신발
- ☐ 슬리퍼

세면도구 & 화장품

- ☐ 치약 & 칫솔
- ☐ 면도기
- ☐ 샴푸 & 린스
- ☐ 바디워시
- ☐ 선크림
- ☐ 화장품
- ☐ 클렌징 제품

기타 용품

- ☐ 지퍼백, 비닐 봉투
- ☐ 보조 가방
- ☐ 선글라스
- ☐ 간식
- ☐ 벌레 퇴치제
- ☐ 비상약, 상비약
- ☐ 우산
- ☐ 휴지, 물티슈

출국 전 최종 점검 사항

① 여권 확인

② 항공권의 출국 공항 터미널 확인

③ 위탁수하물 캐리어 크기 및 무게 측정
(항공사별로 다르므로 홈페이지에서 미리 확인)

④ 기내 반입 불가 품목 확인

⑤ 유심, 포켓 와이파이 등 수령 장소 확인

리얼
오키나와

여행 정보 기준

이 책은 2026년 1월까지 취재한 정보를 바탕으로 만들었습니다.
정확한 정보를 싣고자 노력했지만, 여행 가이드북의 특성상
책에서 소개한 정보는 현지 사정에 따라 수시로 변경될 수 있습니다.
변경된 정보는 개정판에 반영해 더욱 실용적인 가이드북을 만들겠습니다.

한빛라이프 여행팀 ask_life@hanbit.co.kr

리얼 오키나와

초판 발행 2024년 1월 30일
개정2판 1쇄 2026년 4월 1일

지은이 전명윤 / **펴낸이** 김태헌
기획·편집 총괄 임규근 / **편집팀장** 고현진 / **디자인** 천승훈 / **지도·일러스트** 조민경
영업·마케팅 총괄 신우섭 / **영업** 문윤식, 김선아 / **마케팅** 손희정, 박수미, 송수현 / **제작** 박성우, 김정우

펴낸곳 한빛라이프 / **주소** 서울시 서대문구 연희로 2길 62 한빛빌딩
전화 02-336-7129 / **팩스** 02-325-6300
등록 2013년 11월 14일 제25100-2017-000059호
ISBN 979-11-94725-37-4 14980, 979-11-85933-52-8 14980(세트)

한빛라이프는 한빛미디어(주)의 실용 브랜드로 우리의 일상을 환히 비추는 책을 펴냅니다.

이 책에 대한 의견이나 오탈자 및 잘못된 내용은 출판사 홈페이지나 아래 이메일로 알려주십시오.
파본은 구매처에서 교환하실 수 있습니다. 책값은 뒤표지에 표시되어 있습니다.
한빛미디어 홈페이지 www.hanbit.co.kr / 이메일 ask_life@hanbit.co.kr
블로그 blog.naver.com/real_guide_ / 인스타그램 @real_guide_

Published by HANBIT Media, Inc. Printed in Korea

지금 하지 않으면 할 수 없는 일이 있습니다.
책으로 펴내고 싶은 아이디어나 원고를 메일(writer@hanbit.co.kr)로 보내주세요.
한빛라이프는 여러분의 소중한 경험과 지식을 기다리고 있습니다.

오키나와를 가장 멋지게 여행하는 방법

리얼 오키나와

전명윤 지음

한빛라이프

작가의 말

리얼 오키나와의 세계로 오신 걸 환영합니다

2025년 오키나와 여행 최대 뉴스는 미야코 섬에 이어 이시가키 섬으로 가는 직항편까지 생겼다는 점일 겁니다. 그래서 『리얼 오키나와』 2026년 버전에는 이시가키 섬에 대한 상세한 내용을 대폭 업데이트했습니다.
개정판이란 모름지기 데이터 수정에 그치는 게 이른바 '국룰'입니다. 새로운 어트랙션이 생기면 끼워 넣어야 하지만 페이지는 가급적 늘리지 않기 때문에 인기 없는 곳을 빼는 식이죠.
그런 관계로, 2025년 개정판 때도 좀 미안했습니다. 미야코섬 직항이 생기는 바람에 40페이지가량을 늘려야 했거든요. 그런데 이게 웬열(요즘 뒤늦게 응팔을 열심히 보는 중이라…) 이번에는 이시가키 섬까지 직항편이 생긴다는 겁니다.
급히 편집부에 또 전화를 넣었죠.
"저기, 올해도 40페이지나 늘렸는데, 내년에도 그만큼 늘려야 할 것 같아요."
수화기 너머 편집팀장님의 목소리는 살짝 당황한 기색이었습니다.
"그...그래야 한다면 그러세요. 근데 너무 많이는..."

오키나와는 여전합니다. 미야코에 이어 이시가키와 이리오모테 섬에서도 함께했던 일행들은 이시가키의 음식에 반하고, 이리오모테의 쏟아지는 별과 사람 손을 타지 않은 자연 그 자체에 열광했고, 비밀스러운 해변 몇 개를 발견하기도 했습니다.
오키나와는 이렇게 점점 더 확장됩니다.

이번에도 열심히 뒤지며 여러분을 대신해 먼저 기미 상궁의 역할을 했고, 물속의 수온을 체크하고 바다거북이에게 곧 친구들이 몰려온다고 속삭였습니다.
올해의 여러분들이 만나게 될 오키나와는 어떤 모습일까요?

Thanks

취재 여행에 동행해 주신 사다하루, 메이비, 엘랑, 메조카 님께 감사드립니다. 아울러 AI 전문가 김경진, BNN의 우윤균, 정윤하, 함께 방송하는 TBN의 선우경, 이선영, 불교방송의 정준영, 이유빈, 백유빈, CBS의 손명회, 김서영, 지구본 연구소의 최준영, 안진영 님에게 특별한 감사를 드립니다.

전명윤 업계 고인 물. 스스로는 한국 가이드북 업계의 파운딩 파더를 자처한다. 한때 여러 나라의 여행 안내서를 내며, 한국 최초로 디지털카메라 100% 적용, GPS 데이터를 기반으로 한 지도 제작, QR코드 연계 가이드북을 한국 최초(일부는 세계 최초)로 내기도 했다. 가이드북 밖으로는 홍콩 민주화운동을 다룬 르포 '리멤버 홍콩'으로 한국출판문화산업진흥원의 세종문고, 여행 에세이 '환타지 없는 여행'으로 문학나눔에 선정되기도 했다. 세계일보, 시사IN에서 여행 바깥의 이면에 관한 이야기를 연재했고, 한겨레에서는 오피니언 칼럼을 쓰기도 했다. 현재는 교통방송. TBN '선우경의 주말 특급' 불교방송 '세계는 한 가족'에 고정 출연 중이고(지금은 이름이 바뀌었지만) CBS 김현정의 뉴스쇼, 유튜브 최준영 박사의 지구본 연구소에도 자주 출몰하고 있다. 유튜브 하라는 협박을 8년째 받고 있으나 현재까지는 꿋꿋하게 버티는 중이다.

인스타그램 www.instagram.com/trimutri100

일러두기

- 이 책은 2026년 1월까지 취재한 정보를 바탕으로 만들었습니다. 정확한 정보를 싣고자 노력했지만, 여행 가이드북의 특성상 책에서 소개한 정보는 현지 사정에 따라 수시로 변경될 수 있습니다. 여행을 떠나기 직전에 한 번 더 확인하시기 바라며 변경된 정보는 개정판에 반영해 더욱 실용적인 가이드북을 만들겠습니다.
- 일본어의 한글 표기는 현지 발음에 최대한 가깝게 표기했습니다. 다만, 지명 중에서 현지에서 표현이 굳어진 단어와 인명 등은 국립국어원의 외래어 표기법을 따랐습니다. 우리나라에 입점된 브랜드의 경우에는 한국에 소개된 브랜드명을 기준으로 표기했습니다. 그 외 영어 및 기타 언어의 경우 국립국어원의 외래어 표기법을 따랐습니다.
- 대중교통 및 도보 이동시의 소요 시간은 대략적으로 적었으며 현지 사정에 따라 달라질 수 있으니 참고용으로 확인해주시기 바랍니다.
- 모든 스폿에 한글 검색어를 넣었습니다. 구글 맵스에 해당 검색어를 입력하면 손쉽게 스폿의 위치를 파악할 수 있습니다.
- 이 책에 수록된 지도는 기본적으로 북쪽이 위를 향하는 정방향으로 되어 있습니다. 정방향이 아닌 경우 별도의 방위 표시가 있습니다.

주요 기호

가는 방법	주소	운영 시간	휴무일	¥ 요금
전화번호	홈페이지	P 주차장	구글 맵스 검색명	명소
상점	맛집	공항		

구글 맵스 QR코드

각 지도에 담긴 QR코드를 스캔하면 소개된 장소들의 위치가 표시된 구글 지도를 스마트폰에서 볼 수 있습니다. '지도 앱으로 보기'를 선택하고 구글 맵스 앱으로 연결하면 거리 탐색, 경로 찾기 등을 더욱 편하게 이용할 수 있습니다. 앱을 닫은 후 지도를 다시 보려면 구글 맵스 애플리케이션 하단의 '저장됨'-'지도'로 이동해 원하는 지도명을 선택합니다.

리얼 시리즈 100% 활용법

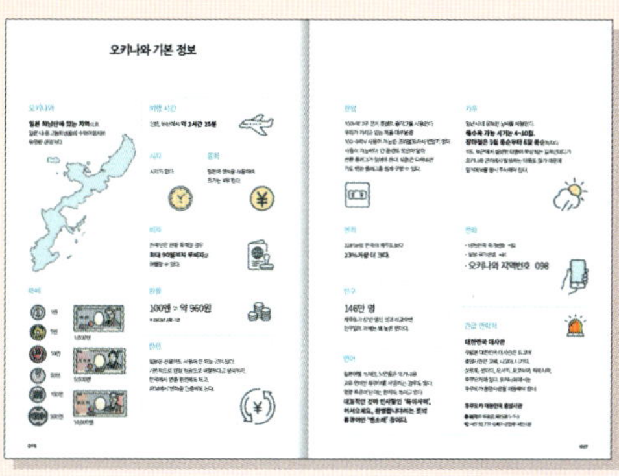

PART 1

여행지 개념 정보 파악하기

오키나와에서 꼭 가봐야 할 장소부터 여행 시 알아두면 도움이 되는 지역 특성에 대한 정보를 소개합니다. 여행지에 대한 개념 정보를 수록하고 있어 여행을 미리 그려볼 수 있습니다.

PART 2

테마별 여행 정보 살펴보기

오키나와를 가장 멋지게 여행할 수 있는 각종 테마정보를 보여줍니다. 자신의 취향에 맞는 키워드를 찾아 내용을 확인하세요.

PART 3, 4

지역별 정보 확인하기

오키나와에서 가보면 좋은 장소들을 지역별로 소개합니다. 꼭 가봐야 하는 명소부터 저자가 발굴해 낸 숨은 장소까지 오키나와를 속속들이 소개합니다. 특히 파트 4에서는 오키나와 본섬 외의 섬들을 소개하고 있어서 독특하고 깊이 있는 나만의 여행을 설계할 수 있게 합니다.

PART 5

실전 여행 준비하기

여행 시 꼭 준비해야 하는 정보만 모았습니다. 예약 사항부터 일정을 짜는 데 중요한 추천 코스 정보까지 여행을 준비하는 순서대로 구성되어 있습니다. 차근차근 따라하며 빠트린 것은 없는지 잘 확인합니다.

차례

Contents

PART 1

미리 보는 오키나와 여행

PART 2

가장 멋진 오키나와 테마 여행

PART 3

진짜 오키나와를 만나는 시간

사라진 류큐 왕국의 수도 나하

오키나와에서 가장 신성한 지역 남부

드라마틱한 해안선의 향연 중부

고래상어가 유영하는 북부

PART 4

오키나와의 숨은 섬들을 만나는 시간

PART 5

실전에 강한 여행 준비

PART 1

미리 보는 오키나와 여행

오키나와 한눈에 보기

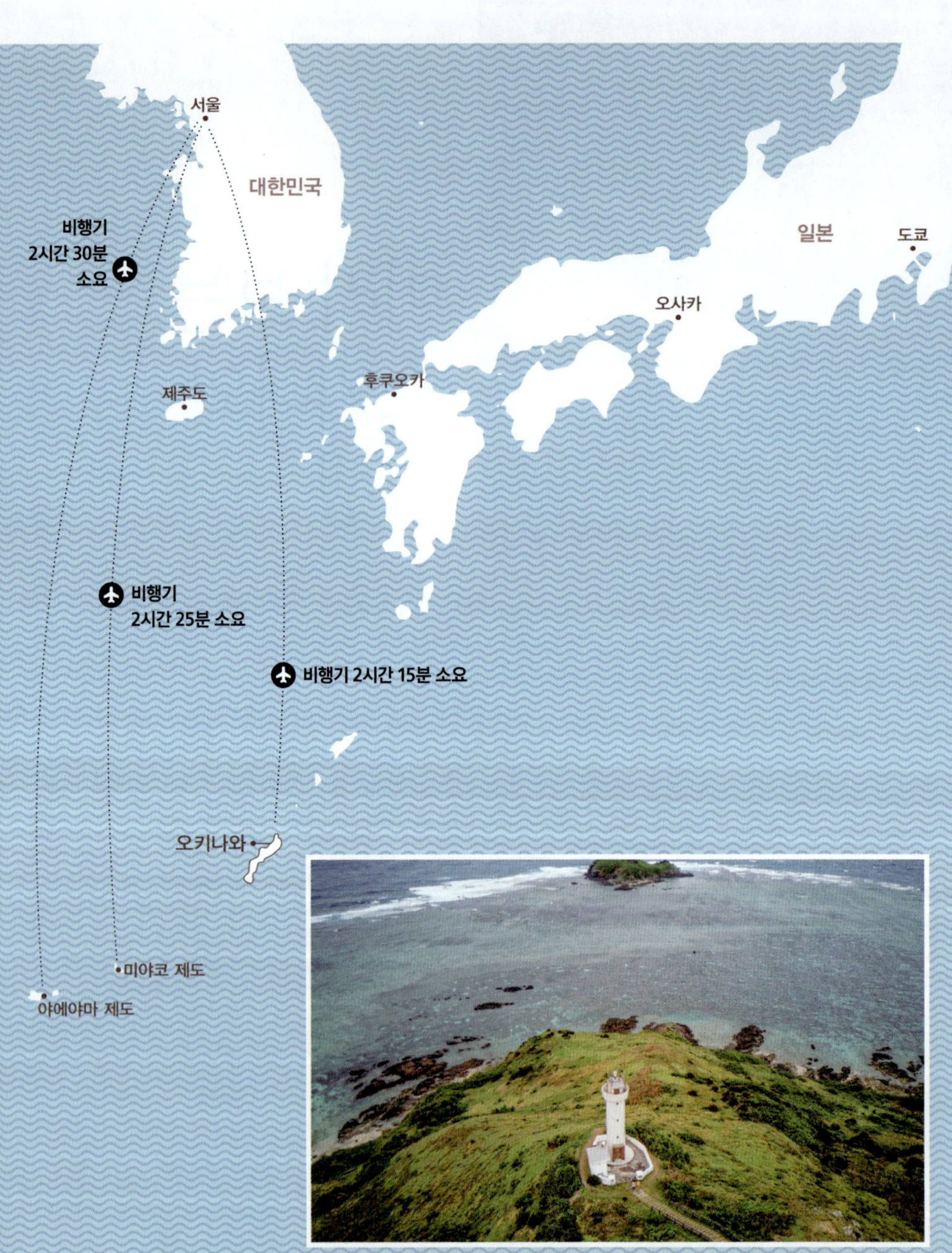
서울
대한민국
비행기
2시간 30분
소요
일본
도쿄
오사카
후쿠오카
제주도
비행기
2시간 25분 소요
비행기 2시간 15분 소요
오키나와
미야코 제도
야에야마 제도

케라마 제도

동중국해에 있는 작은 섬들로 이루어진 제도로 일찌감치 세계에서 가장 투명도가 높은 바다로 꼽히면서 다이빙의 성지로 추앙받는 곳이 되었다. 나하에서도 페리로 50분~2시간이면 족히 갈 수 있기 때문에 본섬과 함께 여행하기 좋다.

오키나와 본섬

오키나와의 정치·경제·교통·문화의 중심지다. 나하는 오키나와의 역사적 그리고 정신적 수도이자 여행자들에게는 오키나와 여행의 시작과 끝을 함께하는 관문 도시다.

오키나와에서 가장 유명한 관광지인 '츄라우미 수족관'은 나하공항에서 차로 2시간 정도 걸리는 북부에 있다. 중부 서해안에는 훌륭한 비치가 많아 리조트들이 몰려 있고 만자모같이 멋진 바다 풍경을 감상할 수 있는 스폿들도 많다.

미야코 제도

오키나와 남부에 있는 또 하나의 제도. 미야코 블루로 대표되는 아름다운 바다가 끝없이 펼쳐진 곳이다. 오키나와에서 가장 개발이 더딘 곳이라 때묻지 않은 순수한 자연을 만끽할 수 있다. 속칭 일본의 몰디브라고 불린다.

야에야마 제도

이시가키 섬

이리오모테 섬

다케토미 섬

야에야마 제도

일본 열도의 최남단. 오랜 기간 사람 손이 닿지 않던 절해고도가 모여 있는 작은 열도다. 이시가키는 미야코 섬보다 개발이 빠른 편이었지만, 그 옆의 이리오모테는 아직도 울창한 원시림과 인간의 손이 닿지 않은 해변이 펼쳐져 있다.

오키나와 기본 정보

오키나와

일본 최남단에 있는 지역으로 일본 내 중고등학생들의 수학여행지로 유명한 관광지다.

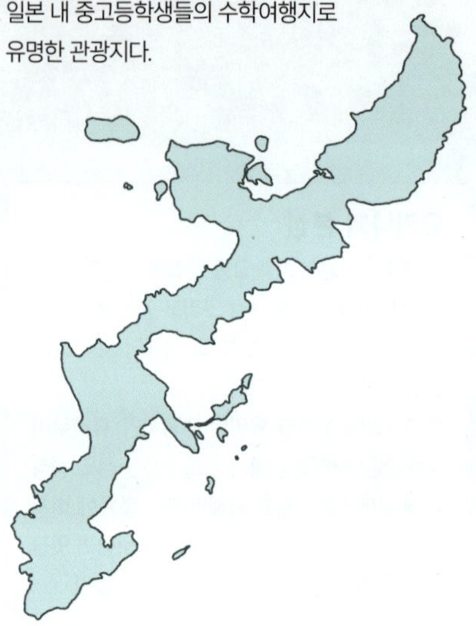

화폐

1엔

5엔

10엔

50엔

100엔

500엔

1000엔

5000엔

10000엔

비행 시간

인천, 부산에서 **약 2시간 15분**

시차

시차가 없다.

통화

일본의 엔円을 사용하며 표기는 ¥로 한다.

비자

한국인은 관광 목적일 경우 **최대 90일까지 무비자**로 여행할 수 있다.

환율

100엔 = 약 935원

* 2026년 3월 기준

환전

일본은 신용카드 사용이 안 되는 곳이 많다. 기본적으로 엔화 현금으로 여행한다고 생각하자. 한국에서 엔화로 환전해도 되고, 트래블카드로 일본 ATM에서 엔화를 인출해도 된다.

전압

100V로 2구 전기 콘센트 플러그를 사용한다. 우리가 가지고 있는 제품 대부분은 100~240V 사용이 가능한 프리볼트라서 변압기 없이 사용이 가능하다. 단 콘센트 모양이 달라 변환 플러그가 있어야 한다. 요즘은 다이소만 가도 변환 플러그를 쉽게 구할 수 있다.

기후

일년 내내 온화한 날씨를 자랑한다.
해수욕 가능 시기는 4~10월.
장마철은 5월 중순부터 6월 중순까지다.
적도 부근에서 발생한 태풍이 북상하는 길목인데다가 오키나와 근처에서 발생하는 태풍도 많기 때문에 일기예보를 항시 주시해야 한다.

면적

2281㎢로 한국의 제주도보다
23%가량 더 크다.

전화

- 대한민국 국가번호 +82
- 일본 국가번호 +81
- 오키나와 지역번호 098

인구

146만 명

제주도가 67만 명인 것과 비교하면 인구밀도 자체는 꽤 높은 편이다.

긴급 연락처

대한민국 대사관

주일본 대한민국 대사관은 도쿄에 총영사관은 고베, 나고야, 니가타, 삿포로, 센다이, 오사카, 요코하마, 히로시마, 후쿠오카에 있다. 오키나와에서는 후쿠오카 총영사관을 이용해야 한다.

후쿠오카 대한민국 총영사관

福岡市 中央区 地行浜 1-1-3
+81 92 771-0461~2(업무 시간 내)

언어

일본어를 쓰지만, 노인들은 오키나와 고유 언어인 류큐어를 사용하는 경우도 많다. 몇몇 류큐어 단어는 현재도 쓰이고 있다.
대표적인 것이 인사말인 '하이사이', 어서오세요, 환영합니다라는 뜻의 류큐어인 '멘소레' 등이다.

키워드로 보는 오키나와

Keyword 01

츄라우미 美ら海

'아름다운 바다'라는 뜻으로 에메랄드빛을 띠는 오키나와의 바다를 말한다. 압도적인 바다의 아름다움은 츄라우미 수족관에서도 직간접적으로 느낄 수 있다.

Keyword 02

태풍

태풍 발생 뉴스가 나온 지 2~3일 만에 태풍이 오키나와를 직격하는 경우도 많다. 잦은 태풍 때문에 오키나와는 깃발을 간판 대용으로 사용하는 편이다. 입간판은 거의 볼 수가 없다.

Keyword 03

노출 콘크리트

노출 콘크리트 건물이 많고 집을 지을 때 돌을 많이 사용한다. 간판도 페인트를 사용해 벽에 그리거나 작은 크기의 간판이 대부분이다. 이 모든 것이 태풍과 바람이 많은 오키나와 날씨 때문이라고 한다.

Keyword 04

시사

건물 입구나 지붕 위에는 다양한 모양의 시사シーサー가 있다. 액막이를 위한 것으로, 수놈은 입을 벌려 복을 받아 들이고 암놈은 복이 빠져나가지 못하게 입을 다물고 있다.

Keyword 05

류큐 왕국

1879년 이전까지 오키나와는 일본이 아니라 류큐 왕국이었다. 망국의 한을 어렴풋하게나마 전해 들으며 자라난 오키나와 노인들에게 류큐는 아직까지도 가슴 뛰는 이름이다.

Keyword 06

찬푸르

오키나와식 모둠 볶음 요리를 찬푸르라고 한다. 찬푸르의 어원은 인도네시아 요리에서 넘어왔는데, 인도네시아에서는 밥과 여러 반찬을 한데 먹는 걸 참푸르라고 한다. 일본 본토, 동남아, 중국, 미국의 영향을 고루 받은 오키나와의 문화를 통칭해 찬푸르 문화라고도 부른다.

Keyword 07

미군 기지

1879년 일본에 무력으로 점령당했고, 태평양 전쟁으로 일본이 패전한 1945~1972년까지 27년간 미국의 통치를 받았다. 일본으로 반환된 지금도 오키나와엔 미군 기지가 남아 있다.

Keyword 08

미국 문화

오랜 미군정 시대를 겪은 탓에 오키나와 곳곳엔 일본 본토와는 다른 미국풍이 느껴지곤 한다. 실제로 스테이크는 일본 본토 여행자들에게 오키나와 전통 요리처럼 여겨지고 있으며, 미국식 햄버거와 아이스크림을 일본에서 최초로 맛볼 수 있던 곳이기도 하다. 특히 스팸은 오키나와 식재료의 정점 중 하나인데, 초밥이나 된장국에도 스팸이 들어간다.

오키나와 여행 캘린더

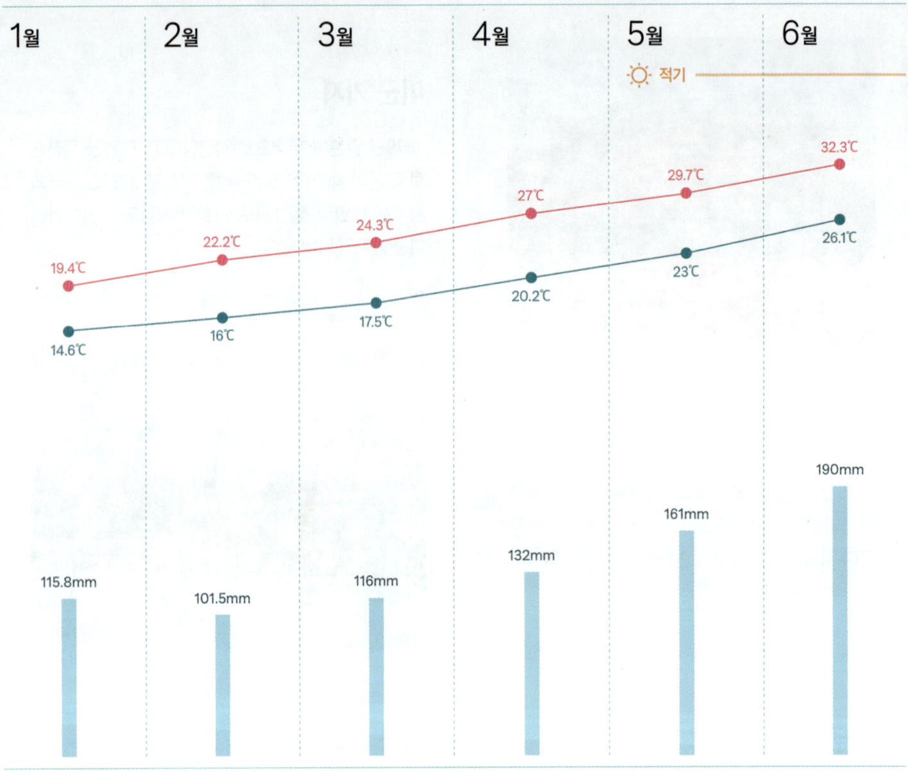

	1월	2월	3월	4월	5월	6월
					적기	
	19.4℃	22.2℃	24.3℃	27℃	29.7℃	32.3℃
	14.6℃	16℃	17.5℃	20.2℃	23℃	26.1℃
	115.8mm	101.5mm	116mm	132mm	161mm	190mm

오키나와 해수욕 최적기는 5~10월

1년 내내 20℃를 넘는 따뜻한 날씨다. 기본적으로는 사계절이지만 여름이 가장 길고 태풍이 잦다.
섬 특유의 변화무쌍한 날씨는 때론 신비롭지만, 곤혹스러울 때도 많다.

겨울 1~2월

말이 겨울이지 영상 10도 이하로 내려가는 날은 없다. 단, 바람이 많이 불어 추울 수 있다. 1월 중순부터 벚꽃이 피기 시작하는데, 야에다케 쪽에는 벚꽃 가도가 펼쳐진다.

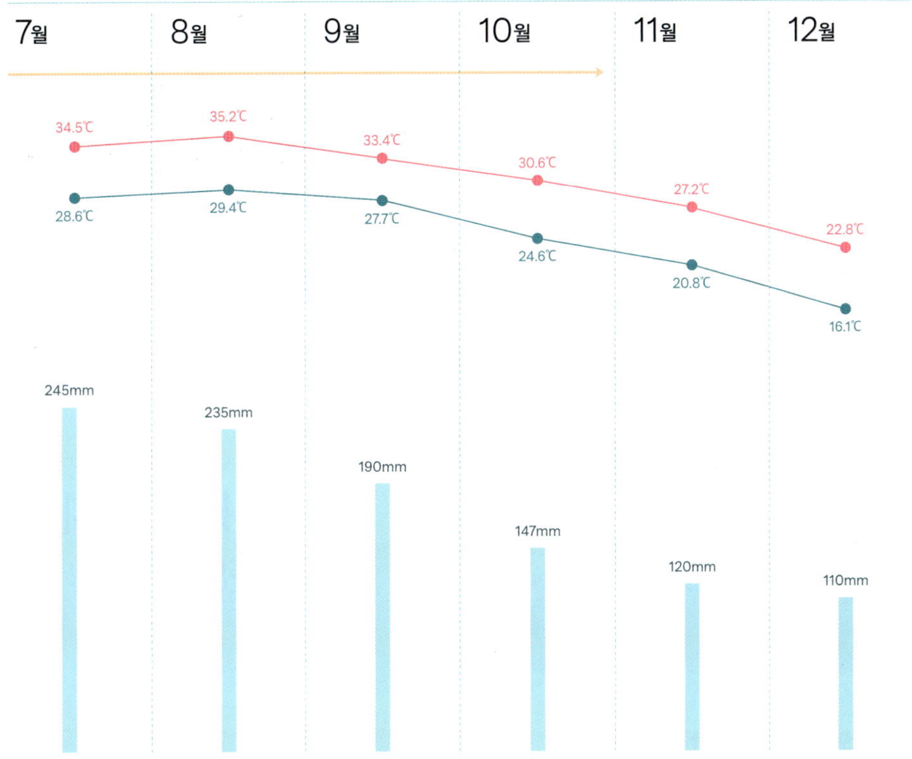

봄 3~4월, 가을 10~12월

대체로 우리나라 5월 날씨와 비슷하다. 래시가드를 착용한다는 전제하에 4월과 11월의 한낮은 해수욕도 가능하며, 다이빙은 겨울철에도 가능하다. 12월 중순~1월 중순은 확실히 쌀쌀해진다.

여름 5~9월

5월 중순부터 6월 중순은 장마철에 속하지만 비가 오지 않는 날엔 해수욕도 가능하다.

장마가 끝나자마자 폭염이 몰려오는데, 이러다가 타버리는 게 아닐까 싶을 정도로 뜨겁다. 늦여름인 9월엔 태풍 러시가 시작된다.

일본의 공휴일

- **1월 1일** 설날
- **2월 11일** 건국 기념일
- **2월 13일** 덴노 탄생일
- **3월 21일** 춘분
- **4월 29일** 쇼와의 날(골든위크 시작)
- **5월 3일** 헌법 기념일
- **5월 4일** 녹색의 날
- **5월 5일** 어린이 날
- **9월 16일** 경로의 날
- **9월 23일경** 추분날
- **10월 둘째 주** 월요일 체육의 날
- **11월 3일** 문화의 날
- **11월 23일** 근로 감사의 날

오키나와 여행지 BEST 10

1

오키나와에 왔음을 인증하는

만자모(중부)

2

거대한 고래상어와 만타가 유영하는

츄라우미 수족관(북부)

5

자마미 섬에 있는 환상적인 비치

후루자마미 비치(케라마 제도)

7

호텔, 맛집, 쇼핑몰이 있는

아메리칸 빌리지(중부)

8

스노클링과 다이빙의 성지

마에다 곶(중부)

3

오키나와가 독립국임(류큐 왕조)을 확인할 수 있는

슈리성(나하)

4

관광객들의 성지

국제거리(나하)

온화한 기후와 짙푸른 바다 말고는
오키나와에 대해 딱히 떠오르는 게 없었다면
이 페이지를 눈 여겨 보자.
놓치기엔 너무나도 아쉬운 특별한 경험을
선사할 BEST 10 여행지만
잘 따라가도 풍성한 여행이 될 것이다.

6

순백의 산호 모래사장, 바닥까지 비치는 투명한 바다

도구치 해변(미야코 제도)

9

오키나와 본섬에서 가장 길고 아름다운

코우리 대교(북부)

10

미야코 블루라는 신화를 만들어낸 아름다운 해변

요나하 마에하마 비치(미야코 제도)

오키나와 체험 BEST 6

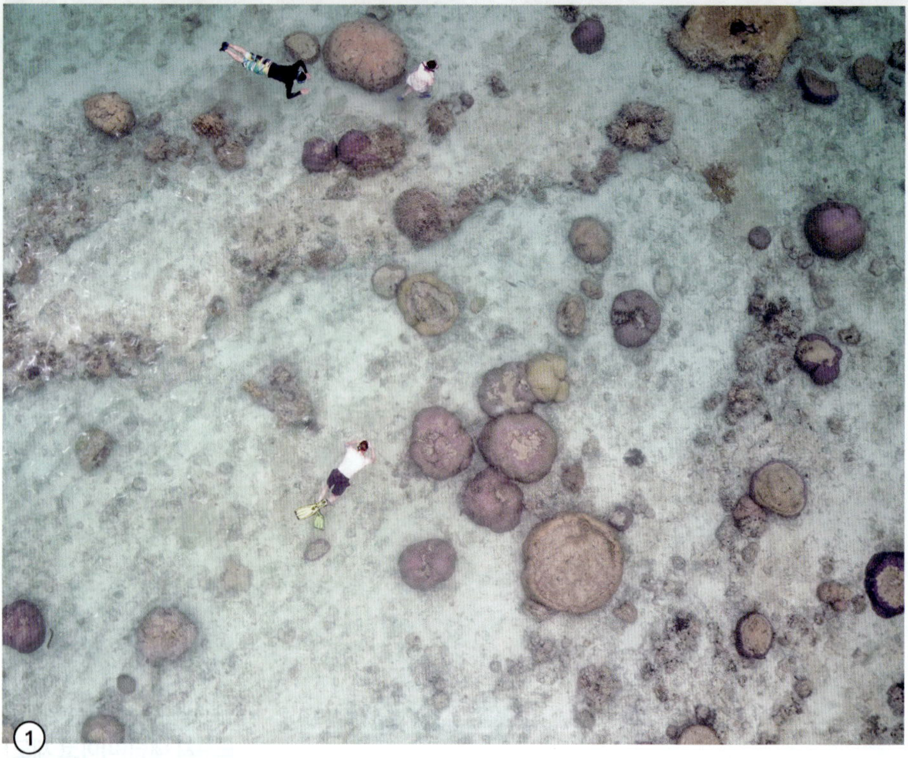

①
간단한 장비만으로도 바다를 충분히 즐길 수 있는
스노클링

③
매년 12월부터 4월까지 자마미 섬을 찾는
혹등고래 투어

④
바닥이 투명한 보트를 타고 바닷속을 관찰하는
글라스 보트

②

본격적으로 바다의 신비로움을 즐기는

스쿠버다이빙

⑤

여유롭게 여행의 피로를 풀어주는

온천

⑥

맹그로브 숲이 있는 강에서 여유롭게 즐기는

카약

오키나와의 역사

오키나와 여행에 앞서 역사를 훑어보는 건 필수다.
현재의 오키나와가 비극적 역사와 깊이 연관되어 있고 미완의 역사가 여전히 진행 중이기 때문이다.

역사 이전 시대

오키나와에 사람이 살았던 흔적 중 가장 오래된 것은 약 3만 2천 년 전으로 보인다. 약 2만 년 전까지만 해도 중국과 한반도, 일본과 오키나와는 모두 육지로 연결되어 있었기 때문에 자유로운 왕래가 가능했을 것으로 추정된다.
한편 1986년 요나구미 섬与那国島 지하에서 해저 유적으로 보이는 거대 석조물이 발견됐다. 오키나와 고대 문명설, 초고대 문명설, 자연지형설, 12세기 문명설 등 다양한 의견들이 갑론을박 중인데, 오키나와 사람들은 2만 년 전으로 추정되는 고대 문명설에 방점을 찍는 분위기. 현재까지도 수중탐사가 이루어지고 있는데, 역사 이전 시대 부분이 어떻게 바뀔지 여전히 의문이다.
오키나와가 외부 사람들에게 알려진 것은 610년, 중국 수나라의 해군 제독에 의해서다. 그는 황제에게 올린 장계를 통해 '류큐인들은 용명하고 전쟁을 좋아하며, 식인을 한다'고 기술해 오랜 기간 오키나와는 타이완과 함께 식인 문화가 있다고 알려져 있었다.
이즈음 각 나라의 항해술이 발달하며 일본도 오키나와의 존재를 인식하게 된다. 오키나와를 처음 언급한 일본서기에 의하면 616년 류큐인 30명이 일본으로 건너와 영주했다는 기록이 남아 있다.

구스쿠グスク 시대

원시적인 형태의 국가가 발생하기 시작한 건 12세기 이후. 성곽 건축이 등장하고 농경 기반 사회가 출현한다. 갑자기 오키나와 전역에서 등장한 급격한 문명화에 대해서는 이런저런 설이 있는데, 한국에선 삼별초의 대몽 항쟁 잔여 세력이 오키나와까지 건너갔다는 설을 주장하는 학자들이 있다. 각지에 산재해 있던 세력들은 14세기쯤 오키나와의 본섬을 크게 셋으로 나눴다. 즉 현재의 난조 시南城市를 중심으로 한 남산南山, 나하 시를 중심으로 하는 중산中山 그리고 나키진今帰仁을 중심으로 한 북산北山이 그것이다.
삼산은 각각 이웃 국가들과 수교 관계를 맺고 조공을 보냈는데, 특히 중산의 경우는 조선과도 사대 관계를 맺었다.

류큐 왕국琉球王國 시대

불안정했던 삼산 시대는 1429년 나하에 기반을 둔 쇼하시尙巴志에 의해 통일된다. 본격적인 류큐 왕국의 탄생이다. 류큐는 지리적 위치를 적극 활용해 중국, 조선, 일본은 물론 오늘날 말레이지아 땅인 말라카Malacca까지 무역선을 파견, 중계무역 국가로 번영을 누린다. 그동안, 일본은 100년간의 전국시대를 끝내고 도요토미 히데요시豊臣秀吉(1536~1598)에 의해 통일이 이루어진다. 토요토미 히데요시는 조선을 침공하기 전, 속국이라 분류하던 류큐 왕국에도 전쟁 비용으로 쌀을 공출할 것을 명령했지만, 류큐 왕국은 조선과의 관계를 들어 이를 거절한다. 조·일 전쟁 이후 일본을 지배하게 된 에도 막부幕府는 류큐 왕국이 친중국적 외교 정책을 펴며 막부의 요구를 무시한다는 이유로 사쓰마번薩摩藩의 류큐 침공을 허용한다.

사쓰마薩摩 지배 시기

정벌군의 규모는 80척의 함정과 3000명의 병력에 불과했지만 오키나와 북단인 아마미 섬奄美島부터 차근차근 점령해 나갔다. 일부 지역에서는 강력한 저항이 있었고, 심지어 천여 명의 류큐군 병력이 사쓰마군을 포위한 적도 있었다. 하지만 신무기 조총의 무서움에 그저 연전연패만 했을 뿐이다. 3월 25일 사쓰마군은 오키나와 본섬 북단 나키진에 상륙했지만, 삼산 시절 가장 강력한 성을 구축했던 나키진의 성주는 성을 비우고 달아난 상태였다. 변변한 전투 없이 일주일만인 4월 1일 류큐 왕국은 항복했다. 하지만 사쓰마는 류큐 왕국을 존속시켰다. 이유인즉, 류큐 왕국이 중국에 2년에 한 번씩 사절을 보낼 수 있는 권리가 있었기 때문이라고. 이는 중세 사회에서 중국과의 정기적인 조공무역이 얼마나 중요했는지를 알 수 있는 대목이다. 이후 조공무역의 과실을 모두 사쓰마가 가져갔다.
막부는 사쓰마번을, 사쓰마번은 류큐 왕국을, 류큐 왕국은 오키나와 본섬을, 오키나와 본섬은 미야코 제도와 야에야마 제도를 다중 지배하는 지경에 이르게 된다. 사쓰마의 수탈은 상상을 초월했다. 할당량을 책임져야 했던 무능력한 류큐 왕조는 오키나와 본섬 이외의 지역에는 인두세人頭稅까지 거둬들였고, 미야코 제

도에서는 가혹한 세금을 피하고자 임산부들을 죽이거나, 모임을 가장해 늙은 사람을 죽여야 하는 끔찍한 시절을 20세기 초까지 견뎌야 했다.

수탈에 참다못한 섬 사람들 일부는 탈출을 감행했고, 이를 막기 위한 항행 금지가 이루어졌다. 어업도 할 수 없는 상황. 이쯤에 자색고구마가 오키나와에 전해지지 않았다면 엄청난 아사자들이 발생했음은 불을 보듯 뻔한 일. 오키나와의 해초 요리가 발달하게 된 것도, 항행 금지의 여파였다.

무엇보다 사쓰마번이 오키나와에서 주목한 건 귀한 설탕을 만들 수 있는 사탕수수였다. 식민지가 피식민지를 지배할 때 건설하는 대규모의 농장은 오키나와 사례가 최초다. 몇몇 지역에서는 쌀 재배를 금지하고 모든 땅에 사탕수수를 심게 했다. 오키나와 사람들은 사탕수수를 헐값에 팔고, 사쓰마의 쌀을 비싼 값에 사 먹어야 했다. 그러는 와중에 세금은 또 쌀로 걷었다. 오키나와의 피눈물인 사탕수수는 사쓰마에 의해 일본 전역으로 퍼졌고, 오늘날 달콤한 맛을 중시하는 일본 요리의 기반은 오키나와의 희생으로부터 이루어졌다.

그리고 후일의 일이지만, 이렇게 사탕수수 무역으로 떼돈을 번 사쓰마가 메이지유신明治維新 시대, 결국 막부까지 무너뜨린다.

1879년 류큐 처분琉球處分

1868년 막부는 붕괴됐고 천황이 다시 일본의 지배자로 떠올랐다. 1879년 고작 160명의 경찰관과 400명의 군인으로 재차 오키나와에 침입해 류큐 왕국을 멸망시키고 그 자리에 오키나와 현을 설치한다. 성터였던 슈리성엔 일본 군대가 머물렀고 류큐 언어는 사용이 금지됐다. 대대적인 창씨개명으로 오키나와 사람들은 모두 일본식 이름을 가지게 되었다. 1879년의 류큐 처분은 일본이 제국주의로 가는 첫 번째 걸음이었다. 류큐 처분 3년 전 조선이 일본의 무력에 굴복해 강화도조약江華島條約을 맺고 강제 개항했고, 류큐 처분 31년 후, 조선이 일본에 의해 멸망했다.

철의 폭풍

제2차 세계대전 중 일본이 아시아를 지배하려는 야욕은 1941년 12월 미국령이었던 하와이의 진주만을 기습하면서 절정에 달한다. 초반 6개월은 홍콩, 싱가포르, 말레이시아, 필리핀까지 차지하며 잘나갔다. 하지만 미드웨이 해전ミッドウェー海戦의 대패로 이내 열세에 몰리게 되고 미국의 대대적인 물량 공세가 시작된다.

일본 본토에 대한 미군의 공격은 시간문제였고, 일본군은 오키나와를 방패 삼아 미군의 진격을 저지하려고 했다. 1945년 4월 1일 미군이 오키나와 본섬, 가네다嘉手納에 상륙을 시작, 같은 해 6월 20일 종료한다. 이 기간에 오키나와에 떨어진 포탄 수만 271만 6천 발, 인구 1인당 약 6발의 포탄이 떨어진 셈이다.

특히 민간인들의 희생이 눈에 띄는데, 당시 일본군은 미군에게 잡히면 남자는 찍어 죽이고, 여자는 성폭행한 후 죽인다고 겁을 줘 자살로 내몰았다.

오키나와 전투 당시의 민간인 사망자에 대해서는 전수조사가 이루어지지 않았고, 현재까지 민간 조사단이 발굴해 낸 사례만 천여 건이 된다.

일본군은 오키나와 전투로 미군을 질리게 하는 목표는 달성했지만, 질려버린 미군은 전쟁을 빨리 끝내기 위해 나가사키長崎와 히로시마広島에 두 발의 원자폭탄을 떨어뜨렸다. 일본은 애꿎은 오키나와 사람만 죽게 만든 채, 결국 항복했다.

미국령 오키나와

선택할 수 없는 삶의 비극은 계속 이어졌다. 전쟁 이후, 오키나와는 1972년까지 미군의 지배를 받는다. 1950년 한국전쟁이 발발했고 오키나와는 이내 미국의 주요 병참기지로 재확인되며 군사기지화 된다. 그리고 이어진 베트남전에서 오키나와의 군사적 중요성은 각인되고야 만다. 오키나와의 미군기지에서 뜬 B52 폭격기는 베트남 상공에 수많은 폭탄과 고엽제를 살포했다.

한편 미국령 시기 오키나와에 미국과 같은 자가용 위주의 문화가 확립되며 대중교통망이 일본에서 가장 부실한 지역이 되었고, 스팸이나 햄버거 같은 미국식 정크 푸드들이 식탁을 지배하기 시작했다. 오랜 기간 장수 지역으로 유명했던 오키나와가 미국식 음식을 먹고 자란 사람들 덕에 단명 지역이 되고 있다.

일본 복귀

1969년 일본과 미국은 오키나와를 일본에 반환할 것을 합의한다. 1972년 오키나와는 일본에 반환됐다. 오키나와의 면적은 일본 국토의 0.3%에 불과하지만 일본 내 미군지의 70%를 떠안고 있다.

오키나와 사람들은 지금도 평화를 목 놓아 부르짖고 있지만, 일본 본토의 정치세력은 요지부동이다.

추천 여행 코스

COURSE ①
오키나와 맛보기 2박 3일

DAY 1
한국에서 오키나와로+나하 관광

- 오키나와로 출발
  - 비행기 2시간 10분
- 나하 국제공항 도착
  - 모노레일+도보 10~20분
- 점심, 슈리 소바
  - 도보 5분
- 슈리성
  - 도보 5분
- 긴조우초 돌다다미길
  - 차 10분 또는 모노레일+도보 30분
- 저녁, 마쓰모토 혼텐
  - 도보 10분
- 국제거리

DAY 2
중·북부 관광

- 아사히바시 역, 버스터미널
  - 도보 5분
- 투어 버스(B 코스) 출발
  - 투어버스
- 만자모
  - 투어버스
- 점심(투어 상품에 포함)
  - 투어버스
- 츄라우미 수족관
  - 투어버스
- 나키진 성터
  - 투어버스
- 나고 파인애플 파크
  - 투어버스
- 나하 버스터미널 도착
  - 도보 10분 또는 차 5분
- 저녁, 잭 스테이크 하우스
  - 차 7분 또는 도보 16분
- 술집, 우오지마야

DAY 3
온천욕+오키나와에서 한국으로

- 공항(코인라커에 짐 보관)
  - 택시 15분
- 세나가지마 호텔 온천욕
  - 도보 5분
- 우미카지 테라스
  - 택시 15분
- 나하 국제공항 도착

COURSE ②
가족여행 3박 4일

DAY 1
한국에서 오키나와로+아메리칸 빌리지

- 오키나와로 출발
  비행기 2시간 10분
- 나하 국제공항 도착
  픽업차 5분
- 렌터카 픽업
  차 10~15분
- 점심, 시마규
  차 20~30분
- 숙소(중부)
  차 15분 또는 도보 5~10분
- 아메리칸 빌리지
  도보 10분
- 저녁, 구루메 회전초밥
  도보 5~10분
- 이온몰
  도보 5~10분
- 테르메 빌라 츄라유
  도보 5~10분
- 숙소

DAY 2
오키나와 중·북부 관광

- 류큐무라
  차 20~25분
- 점심, 우민츄 식당
  차 35분
- 만자모
  차 30분
- 휴게소, 미치노에키 쿄다
  차 40~50분
- 츄라우미 수족관
  차 5~10분
- 저녁, 쥬베이
  차 5~10분
- 숙소

DAY 3
숙소 휴식+북부 관광

- 점심, 캡틴 캥거루
  차 35~40분
- 코우리 대교
  차 6분
- 코우리 오션 타워
  차 25분
- 티타임, 야치문킷사 시사엔
  차 30분
- 비세마을 후쿠기 가로수길
  차 40분
- 저녁, 만미
  차 7분
- 이온몰 & 돈키호테 나고점
  차 10~20분
- 숙소

DAY 4
오키나와에서 한국으로

- 나하 국제공항 도착

COURSE ③

케라마 제도를 포함한 4박 5일

DAY 1

한국에서 오키나와로

- 오키나와로 출발
  비행기 2시간 10분
- 나하 국제공항 도착
  모노레일+도보 10~20분
- 숙소(짐 보관)
  도보 10~20분
- 점심, 유우난기
  도보 15분
- 쓰보야 도자기 거리
  도보+모노레일 30분
- 슈리성
  도보 5분
- 긴조우초 긴조우초 돌판길
  도보 10~15분
- 저녁, 슈리 소바
  도보+모노레일 30분
- 숙소(나하)

DAY 2

- 토마린 항
  고속선 35분
- 토카시키 항
  정기버스 15~20분
- 아하렌 비치
  도보 10~15분
- 점심
  도보 10~15분
- 아하렌 전망대
  도보 10~15분
- 아하렌 마을 돌아다니기
  정기 버스 15~20분
- 토카시키 항
  페리 1시간 10분
- 토마린 항
  도보 5~15분
- 숙소
  도보 10~20분 또는 차 10분
- 저녁, 잭 스테이크 하우스
  차 10분
- 숙소

DAY 4

- 아침, 미야자토 소바

  차 15분
- 간식, 시마 도넛

  차 30~40분
- 츄라우미 수족관

  차 5분
- 비세마을 후쿠기 가로수길

  차 30분
- 코우리 대교

  차 25분
- 티타임, 야치문킷사 시사엔

  차 30분
- 저녁, 우후야

  차 20~30분
- 숙소

DAY 5

오키나와에서 한국으로

- 나하 국제공항 도착

DAY 3

- 토마린 항 OST 렌터카 픽업

  차 35분
- 오키나와 월드

  차 20분
- 점심, 카페 쿠루쿠마

  차 5분
- 니라이·카나이 다리

  차 40분
- 디저트, 오하코르테

  차 1시간
- 오리온 해피 파크

  차 10분
- 숙소(나고)

  차 10분
- 저녁, 만미

COURSE ④

북부에 숙소를 둔 3박 4일

DAY 1

한국에서 오키나와로

- 오키나와로 출발

  비행기 2시간 10분

- 나하 국제공항 도착

  픽업차 5분

- 렌터카 픽업

  차 1시간 20분

- 점심, 우민츄 식당

  차 15분

- 요미탄 도자기 마을

  차 30~40분

- 만자모

  차 25분

- 휴게소, 미치노에키 쿄다

  차 25분

- 석양 포인트 (6~8월 기준)
  Map Code 206 766 257, 좌표 26.631271, 127.8864431

  차 15분

- 숙소(북부)

DAY 2

- 츄라우미 수족관

  도보 5분

- 오키짱 극장

  도보+관람차 20분

- 에메랄드 비치

  차 30분

- 코우리 대교

  차 10분

- 점심, 시라사

  차 5분

- 하트 바위

  도보 10분

- 도케이 비치

  차 35분

- 저녁, 우후야

  차 30분

- 마하이나 엔카와 온천

  차 15분

- 숙소

DAY 3

- 비세마을 후쿠기 가로수길과 비세자키

  차 30~40분
- 세소코 비치

  차 30분
- 점심, 나고어항 수산물 직판소

  차 30분
- 류큐무라

  차 20분
- 잔파 곶/ 잔파 비치

  차 1시간
- 해중도로 일주

  차 30분
- 이온몰 오키나와 라이카무

  차 20분
- 저녁, 히토시즈쿠

  차 45분
- 숙소

DAY 4

오키나와에서 한국으로

- 렌터카 반납

  픽업차 15분
- 나하 국제공항 도착

COURSE ⑤

아메리칸 빌리지에 숙소를 둔 커플 3박 4일

DAY 1

한국에서 오키나와로

- 오키나와로 출발

  비행기 2시간 10분

- 나하 국제공항 도착

  픽업차 5분

- 렌터카 픽업

  차 15분

- 점심, 야기야

  차 35분

- 니라이·카나이 다리

  차 10분

- 티타임, 해변의 차야

  차 5분

- 미이바루 비치

  차 40분

- 저녁, 산스시

  차 20분

- 숙소

DAY 2

- 푸른동굴 픽업

  픽업차 1시간

- 마에다 곶

  도보 5분

- 스노클링 또는 스쿠버다이빙 시작

  스노클링 또는 스쿠버다이빙

- 스노클링 또는 스쿠버다이빙 종료, 샤워

  픽업차 1시간

- 숙소

  차 10분

- 점심, 트랜짓 카페

  차 30분

- 류큐무라

  차 5분

- 간식, 츠키지 긴다코

  차 30분

- 선셋 비치

  도보 5분

- 아메라칸 빌리지

  도보 5분

- 저녁, 킨파긴파

  도보 5분

- 숙소

DAY 3

- 휴게소, 미치노에키 쿄다
  차 30분
- 츄라우미 수족관
  도보 5분
- 오키짱 극장
  차 15분
- 점심, 기시모토 식당
  도보 2분
- 간식, 아라가키 젠자이야
  차 30분
- 코우리 대교
  차 7분
- 하트 바위, 도케이 비치
  차 1시간
- 만자모
  차 30분
- 저녁, 킨파긴파
  차 30분
- 테르메 빌라 츄라유
  도보 5~15분
- 숙소

DAY 4

오키나와에서 한국으로

- 아침, 오하코르테 베이커리 또는 미소메시야 마루타마
  차 20분
- 렌터카 반납
  픽업차 10분
- 나하 국제공항 도착

PART 2

가장 멋진 오키나와와 테마 여행

THEME 1

지역별 해변과 리조트

중부 서해안 비치

중부 서해안 최고의 프라이빗 비치

니라이 비치

- **장점** 물이 맑고 한적하다. 가족적인 분위기.
- **거리** 나하공항에서 차로 1시간 10분

추천 리조트 | 호텔 닛코 아리비라

바다거북의 산란지였던 곳. 환경을 최대한 해지지 않는 선에서 개발해, 호텔이 들어섰다. 산란기가 되면 출입 금지 라인이 쳐지고 바다거북은 비치까지 올라와 알을 낳는다고 한다.

남북으로 긴 오키나와는 해안선을 따라 크고 작은 해변들이 각각의 매력을 뽐낸다.
아름다운 해변에는 어김없이 리조트들이 자리하고, 각종 편의시설까지 더해져 휴양지 느낌을 더한다.
그중에서도 대표 해변과 리조트를 소개한다.

모든 액티비티를 즐길 수 있는 팔방미인

만자 비치

- **장점** 규모, 수질, 모래 모두 훌륭하다. 다양한 해양스포츠 프로그램이 많다.
- **거리** 나하공항에서 차로 1시간

추천 리조트

ANA 인터컨티넨탈 만자 비치 리조트

최고급 리조트로 멀리 만자모 절벽이 보이는 고즈넉한 해변에 위치.

동해안 비치

스노클링 포인트로 각광받는

무루쿠하마 비치

- **장점** 해변 안에 두 섬이 있어 파도가 잔잔하고 물이 맑다.
- **거리** 나하공항에서 차로 1시간 20분

추천 리조트 | 호텔 하마리가시마 리조트

본섬에서 꽤 외진, 하마히가 섬에 있는 조용한 리조트의 끝판왕.

북부 비치

북부의 인기 해변

세소코 비치

- **장점** 수영과 스노클링이 모두 가능. 800m 가량의 널찍한 백사장
- **거리** 나하공항에서 차로 1시간 30분

추천 리조트 | 힐튼 오키나와 세소코 리조트

2020년에 오픈한 호텔. 세소코 비치 바로 앞에 위치하고 있어 석양 및 조망권이 환상적이다.

고즈넉한 분위기

오쿠마 비치

- **장점** 천연 산호모래 해변으로 순백 그 자체다.
- **거리** 나하공항에서 차로 2시간

추천 리조트 | 오쿠마 프라이빗 비치 & 리조트

본섬 북부 끄트머리에 위치한 최고급 리조트. 이름처럼 프라이빗함을 즐길 수 있다.

THEME 2

스노클링 비치

오키나와 본섬에서 가장 대중적인 스폿은 중부에 있는 마에다 곶이다. 푸른 동굴이라고도 불리는데, 해안 절벽에 바다로 연결되는 계단이 있어 비치 스노클링과 스쿠버다이빙이 가능하다. 츄라우미 수족관에서 가까운 비세자키 해변에서는 자유로운 스노클링을 즐긴다. 진정한 바닷속의 아름다움을 만끽하고 싶다면 케라마 제도의 토카시쿠 비치나 후루자마미 비치에 가자.

오도 비치 米須海岸 남부

날카로운 돌들이 많고 수심이 깊은 편이라 어린아이에게는 부적합하다. 물고기는 많은 편.

도카시쿠 비치 케라마 제도

물이 점차 깊어지는 지형이라 스노클링을 즐기기에 최적인 비치. 바다거북의 산란 장소이자 서식지라 스노클링 도중 바다거북을 볼 수도 있고, 산호와 물고기를 감상하기에 좋은 곳이다.

스노클링을 위한 준비물

스노클링은 수면 위에 떠서 바닷속을 보는 일종의 해양 스포츠다. 마스크를 통해 물속을 바라보고, 마스크에 고정된 빨대인 스노클로 숨을 쉰다. 오리발을 착용하면 이동이 한결 수월해진다.

이런 장비는 현지에서 빌려도 되고, 장만해도 된다. 여러 번 바다에 들어갈 예정이라면 몇 가지 정도는 구입하는 것도 고려해 보자. 마스크, 스노클, 오리발을 스노클링 3종 세트라고 한다.

- **스노클** 입에 꽉 물고 입으로 숨을 쉰다. 가장 먼저 장만한다.
- **마스크** 코가 덮이는 물안경. 물안경 주변의 실리콘 부위가 얼마나 정밀하게 얼굴 표면에 밀착하느냐가 기술이다.
- **오리발** 핀이라고 한다. 바다는 기본적으로 파도가 있기 때문에 어지간한 맨발의 수영 실력으로는 좀처럼 나아가기가 힘들다.
- **래시가드** 스노클링은 산호초가 많은 얕은 바다에서 주로 이루어지기 때문에 파도에 떠밀려 찰과상을 입을 우려가 많다. 때문에 스노클링 시 몸을 보호할 수 있는 옷이 필요한데 이걸 래시가드라고 부른다. 3종 세트에는 빠져 있지만, 오키나와에서는 필수다.
- **스노클링용 구명조끼** 수영을 못하는 사람이 부력을 확보하기 위해 착용하는 장비다. 물에서 어느 정도 팔을 자유롭게 가눠야 하기 때문에 일반 구명조끼에 비해 얇은 편이다.
- **아쿠아슈즈** 발을 보호하는 용도의 물놀이용 신발이다. 아쿠아슈즈 위에 오리발을 착용한다.

안전을 위한 다섯 가지 원칙

① 부력을 확보한다.
물에 제대로 뜰 자신이 없으면 무조건 구명조끼를 착용하자. 안전이 제일이다.

② 혼자 물에 들어가지 마라.
물에서는 어떤 상황이 발생할지 모른다. 2인 1조 원칙 엄수.

③ 자만은 금물
수영을 못해도 스노클링을 즐길 수 있지만, 수영을 잘한다고 무조건 스노클링을 잘할 수 있는 것은 아니다. 스노클링은 장비에 대한 의존도가 높은 편이다 보니, 장비 사용법을 꼼꼼히 익혀야 한다. 난 수영을 잘하니 문제 없을거라는 마음가짐은 위험하다.

④ 준비 운동
구명조끼가 주는 안도감 때문인지, 준비 운동을 생략하는 사람이 많다. 쥐가 나면 몸이 굳어 몸의 균형을 잡을 수가 없다. 수영할 때처럼 안전에 대한 대비는 철저히 하자.

⑤ 여기는 어디인가?
스노클링을 즐기는 장소가 어디인지, 날씨는 어떤지, 해변에 안전요원은 상주하는지 여부를 반드시 확인하자. 오키나와에는 외진 해변이 많다. 이런 곳을 물색했다면 근처에 있는 큰 해변으로 가서 분위기 파악을 하자.

비세자키 북부

츄라우미 수족관에서 가까운 비세마을 끝자락에 있는 작은 해변. 천혜의 자연환경을 가지고 있어 여행자들 사이에서 입소문이 자자한 명소다.

마에다 플랫 Maeda Flats 중부

마에다 곶 왼쪽에 있는 스노클링 포인트. 편의시설도 가까이 있어 이용이 편리한 게 장점. 산호가 많아 레깅스와 래시가드, 아쿠아슈즈 등은 챙기는 게 좋다. 해변에는 편의시설이 전무하기 때문에 마에다 곶 주차장과 샤워장 등을 이용해야 한다.

민나 비치 북부

모토부 항에서 배로 15분 정도 거리에 있는 민나 섬에 있는 비치. 섬 자체가 작고 수심도 얕아 스노클링과 수영을 비롯해 물놀이를 하기에 제격이다.

THEME 3

오키나와 드라이브 여행

오키나와 본섬에서는 남부의 니라이·카나이 다리, 중동부의 해중도로,
북부의 코우리 대교가 대표적인 드라이빙 포인트다.

COURSE 1

남부 드라이브 코스

86번 국도 끝, 해발 고도 162m 높이에 니라이 다리와 카나이 다리가 660m 길이로 연결되어 있다. 엄청난 높이로 인해 한번도 느껴보지 못한 주행감을 맛볼 수 있는 곳. 이곳이 놀이공원인지 도로인지 헷갈릴 정도로 아찔한 스릴을 느낄 수 있다. 오토바이를 탔다면 하늘을 날아 바다로 향하는 기분을 만끽할 수도 있다. 공항에서 차로 50분 거리에 있는 곳으로 나하에 머물며 반나절 일정을 만들 수 있다. 포토 스폿으로 유명한 해변의 차야나 오키나와 튀김 맛집인 나카모토 센교텐 등 함께 둘러볼 만한 스폿은 충분하다.

- **주변의 볼거리** 평화 기념 공원, 오키나와 월드, 세화 우타키
- **주변의 해변** 미이바루 비치, 아지마 사산 해변
- **주변의 맛집** 나카모토 센교텐, 카페 쿠루쿠마, 카페 야부사치, 해변의 차야

COURSE 2

중동부 드라이브 코스

오키나와 본섬, 카쓰렌 반도에서 헨자 섬까지 이어지는 4.7km가량의 해상도로다. 스릴은 없지만 양쪽으로 펼쳐진 바다를 충분히 즐길 수 있는 호쾌함이 있다. 유명한 스노클링 포인트도 많다. 한적함을 즐기는 여행자에게 제격인 코스.

- **주변의 볼거리** 카쓰렌 성벽, 누치우나 소금공장
- **주변의 해변** 무루쿠하마 비치, 이케이 해변, 오오도마리 비치, 히마히가 비치
- **주변의 맛집** 루안 시마이로

COURSE 3

북부의 드라이브 코스

오키나와 본섬에서 가장 길고 아름다운 다리. 2km의 아치형 교각으로 오키나와 자동차 드라이브 코스 중 가장 인기가 많은 곳이다. 드라마 '괜찮아, 사랑이야'에서도 드라이브 코스로 등장할 정도로 유명. 본섬과 코우리 섬을 연결하는 코우리 대교는 차를 타고 바다를 가르는 기분이 든다.

- **주변의 핫스폿** 휴게소, 미치노에키 쿄다
- **주변의 볼거리** 츄라우미 수족관, 하트록, 코우리 오션 타워
- **주변의 해변** 도케이 비치
- **주변의 맛집** 토리요시, 시라사, 쉬림프 웨건

THEME 4

뷰가 좋은 식당과 카페

맑은 바다와 깊은 산이 공존하는 위대한 자연을 감상하기 위한 장소로 카페를 빼놓을 수 없다. 단언하건대 목 좋은 곳에서 바라보는 풍경이야말로 오키나와라는 그림의 완성판이다. 단 이런 멋진 카페를 방문하기 위해서는 렌터카가 필수다. 편의성보다는 전망과 고즈넉함을 추구하다 보니 대중교통으로는 연결할 수 없는 외진 곳에 위치한 경우가 많다.

트랜짓 카페 Transit Cafe

도심 로맨틱 카페 어워드가 있다면 가장 유력한 금상 후보감이다. 2층에서 바라보는 오키나와 서해의 풍경이 끝내준다. 미군 부대가 많은 지역이라 밥을 먹다 보면 전투기들의 공중 비행도 감상할 수 있다. 이 또한 오키나와가 만들어내는 독특한 풍경이기도 하다. 예약 필수.

해변의 차야 浜辺の茶屋

1990년에 오픈, 오키나와 카페의 원조라고까지 불리는 곳. 목조 건물 특유의 정감과 바다가 한눈에 보이는 뻥 뚫린 전망은 당신의 넋을 빼앗아 버린다. 최근에는 카페 옥상에도 자리를 만들어 두었으나, 나무집 안에서 바라보는 고즈넉함에 비할 바는 아니다.

카진호우 花人逢

산 위에서 조망하는 바다의 풍경이 일품인 곳이다. 산이면 산, 물이면 물이라지만, 산과 물을 동시에 즐길 수 있다는 점은 카진호우의 독특한 장점. 언제나 풍경을 촬영하는 사람들로 북적인다. 최소 30분 대기는 기본인데, 주변을 둘러보며 놀다 보면 금세 차례가 돌아온다.

야치문킷사 시사엔

やちむん喫茶シーサー園

TV 드라마 〈괜찮아, 사랑이야〉에서 조인성과 공효진이 방문했던 카페다. 시샤를 테마로 한 카페로 2층 테라스석에 앉으면 맞은편 1층 지붕 위 수많은 시사들의 진풍경과 야에다케의 녹지를 감상할 수 있다. 맛보다 풍경과 분위기를 즐기자.

오하마 테라스 OHAMAテラス

미야코 제도 끝, 이케마 섬에 숨어 있는 그림 같은 풍경의 카페. 저멀리 수평선 너머 뭉개뭉개 피어오르는 구름

THEME 5

오키나와 다크 투어리즘

오키나와를 대하는 한국 여행자의 태도는 양극단이다. 누군가는 '동양의 하와이'라는 이곳에서 정해진 관광코스를 돌며 경쟁적으로 사진을 올리고, 또 다른 누군가는 한때 독립 국가였다가 일본의 식민지로 전락했던 이곳에서 뼈아픈 수탈의 역사를 읽어낸다.

사키마 미술관

길이 8.5m, 높이 4m에 달하는 거대한 크기의 그림 '오키나와 전쟁도'는 오키나와 사람들의 슬픔과 비극을 상징한다. 오키나와 섬 최대의 비극인 제2차 세계대전 중 오키나와 전쟁을 체험했던 사람들의 증언을 종합해 그렸다고.

한의 비

제2차 세계대전 당시 일본에 강제 노역으로 끌려온 조선인의 넋을 기리는 위령비. 당시 조선인 징용자는 100만 명을 헤아렸고 오키나와에도 1만 명 징용 노동자와 정신대 여성들이 있었던 것으로 추정된다. '한의 비'는 오키나와에서 강제 노역 생활을 했던 것을 증언한 두 명의 한국인과 일본인 평화 운동가들이 주축이 돼 우리나라의 경상북도 영양군과 오키나와 요미탄 시에 건립하게 되었다.

평화 기념 공원

1945년 있었던 태평양 전쟁 최대의 전투로 일본군 18만, 미군 1만 2천 명, 도합 약 20만 명의 사람이 죽었다. 이중 민간인 사망자만 무려 9만 4천 명에 달했다고. 평화 기념 공원은 오키나와 반전운동의 상징과도 같은 곳이다.

THEME 6

오키나와 미식 여행

찬푸르 ちゃんぷる

오키나와를 대표하는 요리이자 밥반찬이다. 조리법은 비교적 간단한데, 주재료에 두부나 얇게 썬 삼겹살, 숙주, 스팸 같은 부재료를 더해 소금, 후추, 약간의 간장으로 간을 해 볶아내는 요리다. 특히 찬푸르하면 고야 찬푸르ゴーヤちゃんぷる가 떠오르는데 오키나와 대표 야채가 고야라는 것을 생각하면 이해가 된다. 고야 특유의 쌉쌀한 맛이 매력적인 요리다.

오키나와 소바 沖縄そば

일본에서 소바そば는 메밀로 만든 국수를 뜻하는데, 특이하게도 오키나와 소바는 밀가루로 만든다. 툭툭 끊어지는 거친 면발이 특징. 가쓰오부시와 돼지 뼈 혹은 닭 뼈를 혼합한 국물에 삼겹살과 가마보코가 고명으로 나온다. 투박한 맛이 처음에는 낯설지만 나중에 두고두고 생각나는 맛이다.

지마미 두부 ジーマーミ豆腐

땅콩에 고구마 전분을 섞어 만든 지마미 두부. 한 수저 떴을 때, 쭉 끌려 나오는 진득함은 고구마 전분의 힘이다. 단단하게 만든 떡을 씹는 질감이지만, 잇새에 달라붙지는 않는다. 땅콩 덕에 전체적으로 고소한 맛이 입안에 퍼지고 지마미 두부에 곁들인 간장이나 흑당 맛이 뒤이어 따라온다.

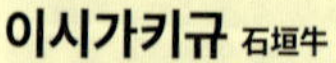

이시가키규 石垣牛

지역의 마이너 브랜드에 불과했던 이시가키규가 전국적 지명도를 올리게 된 계기는 2000년 오키나와에서 열린 G8(주요 8개국 정상회의)이었다. 각국 정상은 소고기의 맛에 찬사를 보냈다. 현재 이시가키규의 위상은 상당한데도 가격 거품은 많지 않은 편이다. 우리나라 소고기 전문점에서 한우를 먹는 가격과 비교했을 때, 더 비싸단 느낌은 없다.

아구 アグー

오키나와 토종 돼지. 다 자라도 체중이 110kg 정도로, 제주도의 순종 흑돼지와 거의 같다고 보면 된다. 담백한 맛이 특징인데, 실제로 샤부샤부와 같은 요리에 들어가는 아구는 돼지고기 특유의 누린내가 전혀 나지 않는다. 그만큼 일반 돼지의 두 배 가까운 가격대를 자랑한다. 일반적으로 오키나와 본섬은 아구로 대표되는 돼지고기를, 미야코 제도와 야에야마 제도는 소고기를 더 중요하게 취급한다.

모즈쿠 もずく

우리나라 말로는 '큰 실말'이라고 하는데, 길고 끈적끈적한 해초로 일본에서는 상당히 대중적인 식용 해초 중 하나. 알긴산이라는 섬유질 성분이 다량 함유되어 있어 각종 성인병 예방에 특효로 알려져 있다. 모즈쿠로 만든 대표적인 요리는 식초와 설탕 그리고 가쓰오부시를 넣은 국물에 모즈쿠를 담가서 먹는 모즈쿠쓰もずく酢다. 새콤달콤한 맛과 해초 향의 모즈쿠가 썩 잘 어울리는데, 오키나와 식당 어디에서나 먹을 수 있다.

우미부도 海ぶどう

흔히 바다포도로 알려진 해초로 지역에 따라 '그린 캐비아'라는 거창한 이름을 붙이기도 한다. 한입 물면 열매 모양의 가지가 톡톡 터지며 해초 특유의 바다 내음이 나는 꽤 재미있는 식감을 선사한다. 오키나와에서는 이런저런 요리에 고명처럼 따라 나오는 식재료. 널리 알려진 우미부도 요리는 우미부도 돈부리. 폰즈 소스를 뿌린 밥에 우미부도를 얹어 떠먹는 요리로, 식당에 따라 성게알이나 각종 회를 곁들이기도 한다. 특히 성게알과의 궁합이 환상적이다.

타코라이스와 타코 タコライス & タコス

타코라이스는 미군들이 즐겨 먹는 타코를 활용해 일본인들의 취향대로 덮밥화한 요리다. 흰밥 위에 타코의 재료인 다진 고기, 치즈, 양상추를 듬뿍 얹고 토마토 두어 쪽을 올려 마무리하는 패스트푸드다. 따뜻한 밥과 아삭거리는 양상추, 고기와 치즈가 어우러져 질감이나 맛이 그럭저럭 괜찮다. 일본식 돈부리와 미국식 식재료를 오키나와식으로 재해석한 이른바 찬푸르 문화의 극치라 할 수 있다.

젠자이 ぜんざい

일본 본토에서는 우리나라에서 동지에 먹는 것과 같은 따뜻한 단팥죽이라는 의미인데, 오키나와로 가면서 형태가 아예 달라져, 차가운 빙수를 뜻한다. 얼음을 간 다음, 흑설탕을 넣고 졸인 강낭콩 소를 넣어 먹는 디저트가 바로 오키나와 젠자이다.

THEME 7

추천! 오키나와 맥주 & 음료 리스트

하이사이신뻥차
102~110엔

시쿠아사 음료
101~110엔

오기미장수물
93~98엔

소금흑당 음료
110엔

오키나와 소금 사이다
205~216엔

아메리칸 크림 소다
100엔

미야코지마 사이다
250엔

루트 비어
210엔

파인애플 음료
162엔

환타 망고
108엔

킬레이트 레몬
100엔

오키나와 한정 코카콜라
110~120엔

비타민 레몬
100~113엔

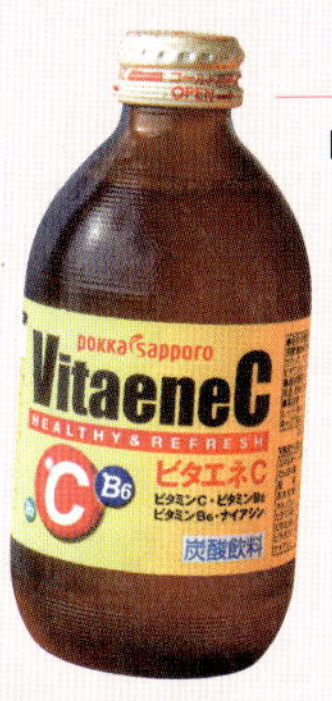

비타에네C
100엔

패션프루트 음료
500엔

솔트&프루프
150엔

니헤데 맥주
540엔

고야 맥주
350엔

바이젠 맥주
286엔

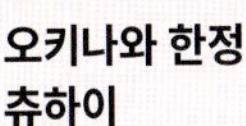
오키나와 한정
츄하이
108~134엔

파인애플 와인
508~540엔

시쿠아사
화이트에일
284엔

오키나와 구아바 음료
100~160엔

클리어 라테
117엔

핫가쿠 츄하이
185엔

THEME 8

추천! 오키나와 한정 먹거리 리스트

파인애플 케이크
1512엔

베니이모 타르트
648~756엔

새우 센베이
600~648엔

친스코
540엔

프린세스문
751엔

베니이모
스위트포테이토
630엔

파링
750엔

흑당 땅콩
108엔

흑당
204엔

흑당 카린토
200엔

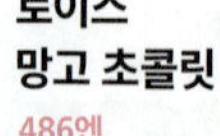

로이스
망고 초콜릿
486엔

흑당 땅콩
356엔

바움쿠헨
베니이모 맛
1400엔

로이스 흑당 초콜릿
702엔

베니이모 샤브레 파블로
1080엔

고야 칩스
108엔

킷캣 베니이모
350엔

와사비 오일
700엔

베니이모
음료 파블로
648엔

고야 스팸
000엔

머랭쿠키
후와와
360엔

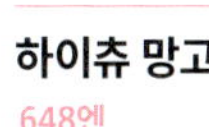

제브라 빵
162엔

하이츄 망고
648엔

프레첼
자색고구마
100엔

본 카레
111엔

프레첼 소금
100엔

하부 카레
540엔

히비스커스 티
540엔

오키나와
소바 컵라면
138엔

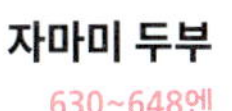

자마미 두부
630~648엔

베이이모
타르트 파블로
300엔

THEME 9

추천! 오키나와 기념품 리스트

술잔
1800엔

머그잔
2800엔

전통무늬 컵
432엔

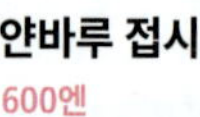

얀바루 접시
600엔

모기향 꽂이
2268엔

시사 인형
865엔

오르골
4800엔

얀바루 인형
2000엔

얀바루 쿠이나
280엔

고래상어
스티커
390엔

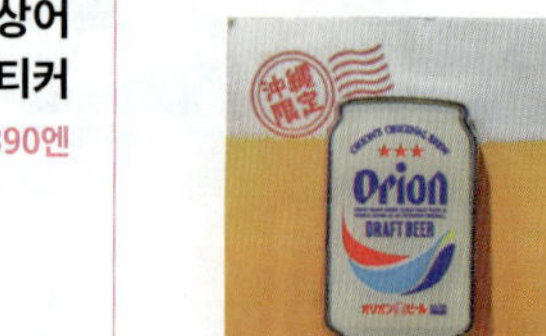

오리온맥주 브로치
324엔

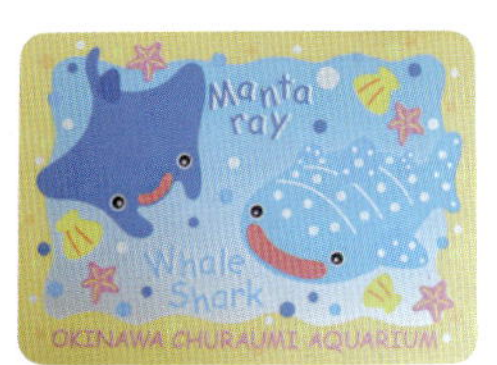

마우스패드

100엔

찡 아나고 인형

450엔

캔버스백

2500엔

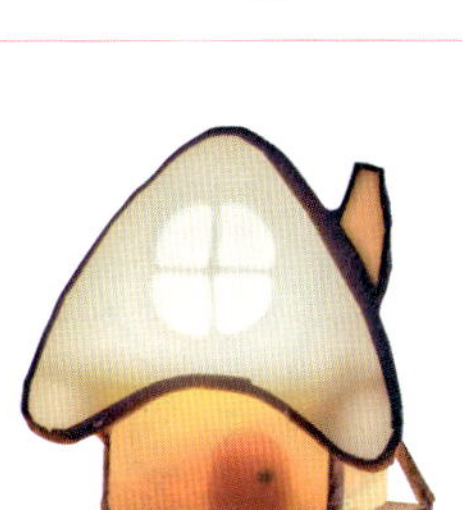

스테인드글라스 라이트 홀더

3650엔

소바 파일첩

226엔

시사 수제슬리퍼

2376엔

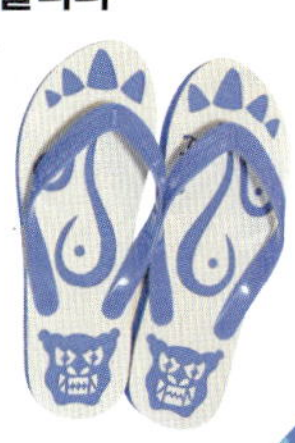

혹등고래 스티커

350엔

스타벅스 오키나와 컵

1944엔

츄라우미 커피 스푼

152엔

이브이 판초

2000엔

컵 위의 후치코상

650엔

THEME 10

추천! 오키나와 마트 쇼핑 리스트

가루비
김맛 포테이토칩
108~116엔

닛신 컵누들 미니
108엔

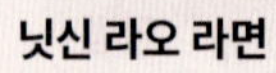

닛신 라오 라면
105엔

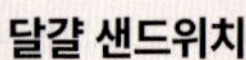

달걀 샌드위치
220엔

모리나가 솔트카라멜
108엔

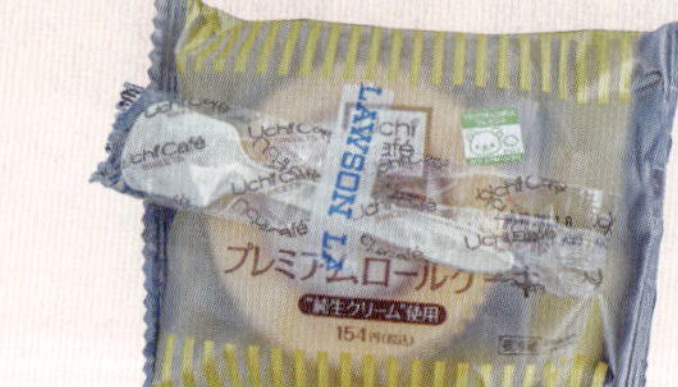

로손 롤케이크
154엔

GUM 치약
312엔

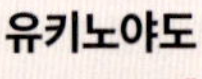

유키노야도
204엔

실내 건조용 세제
88~129엔

친스코 아이스크림
149~174엔

킷캣-말차맛
800엔

THEME 11

추천! 오키나와 드럭스토어 쇼핑 리스트

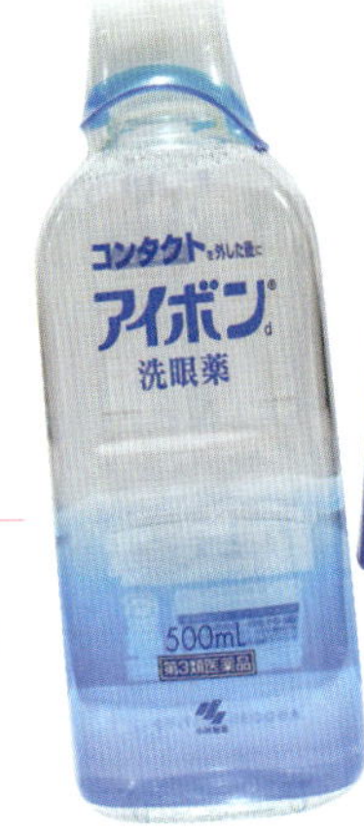

아이봉
618~718엔

해열 시트
570엔

동전 파스
570~615엔

퍼펙트 휩
398엔

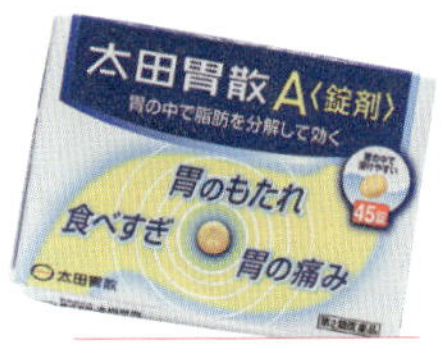

오타이산 소화제
648~699엔

카베진
1980엔

휴족시간
498~615엔

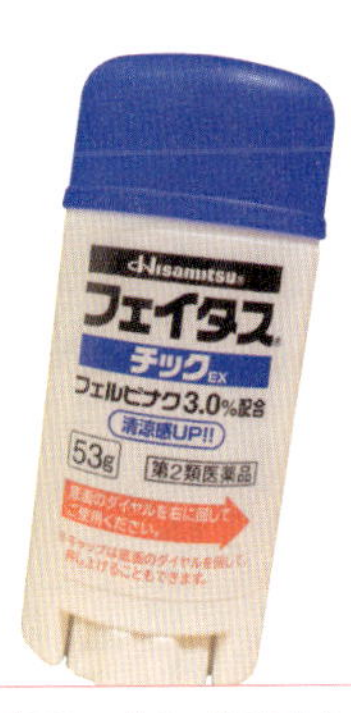

바르는 파스 페이타스
1280엔

메구리즘 온열 안대
980엔

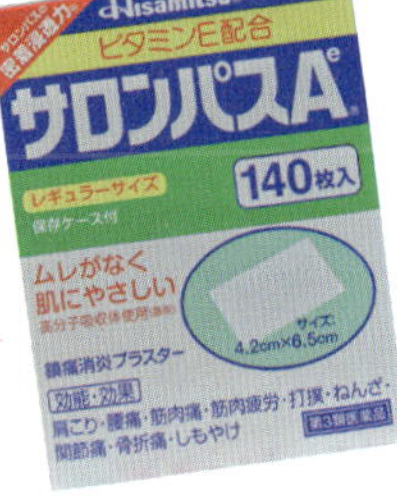

히사마츠 샤론 파스
1300엔

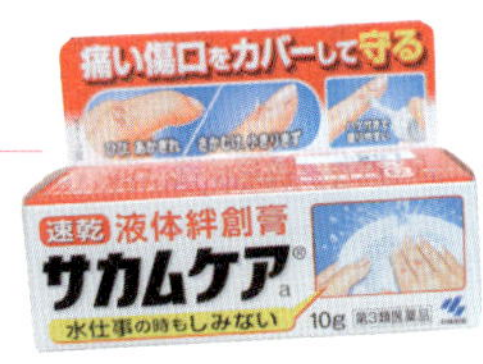

바르는 반창고
사카무케아
537엔

츠루리 모공솔
2000엔

PART 3

진짜 오키나와를 만나는 시간

KID HOUSE VIII
おみやげ屋
ハイチュウ
380
370
組み合わせ自由
5000 円以上お買上げで送料・梱包料金
キッドハウ

사라진 류큐 왕국의 수도

나하 那覇

오키나와의 역사적, 그리고 정신적 수도이자 오키나와 여행의 시작을 알리는 관문 도시다. 1429년부터 1879년까지 약 450년간 현존했던 류큐 왕국의 수도였고, 제2차 세계대전 당시 일본과 연합국이 벌인 가장 치열했던 전투의 현장이기도 하다. 현재는 일본에서 가장 작은 현인 오키나와 현의 현청 소재지로, 일본다움과 일본답지 않은 모습이 혼재된 기묘한 느낌이다. 인구는 약 30만 명. 작디작은 크기지만 인구가 수백~수천에 불과한 오키나와 북부나 일대의 작은 섬을 돌다 나하로 돌아오면 대도시로 돌아왔다는 안도감이 들기도 한다.

한눈에 보는 나하 여행

#국제거리 #슈리성 공원 #류큐 왕국 #모노레일 #시마규 #와규 #오키나와 아구 #슈리 소바 #고민가 #일본식 정원 #오키나와 요리 #인생 스시 #생참치 #이유마치 수산시장 #스테이크 #타코 #지마미 두부

나하 전도

토마린 항
AREA 01 국제거리 주변
나미노우에 비치
47
미에바시 역
퍼시픽 호텔 오키나와
58
겐초마에 역
222
아사히바시 역
332
나하공항
쓰보가와 역
221
오노야마코엔 역
329
나하공항
331
오로쿠 역
N
아카미네 역
0
500m
231

우라소에마에다 역
교즈카 역
이시미네 역
AREA 02 오모로마치 주변
후루지마 역
오키나와 현립박물관 · 미술관
시리쓰뵤인마에 역
기보 역
오모로마치 역
더블트리 바이 힐튼 호텔
나하 슈리 캐슬
호텔 노보텔 오키나와 나하
AREA 03 슈리성 주변
슈리 역
옥릉
슈리성 공원
긴조우초 돌판길
국제거리
마키시 역
아사토 역
마키시 공설시장
쓰보야 도자기 박물관
쓰보야 도자기 거리
시키나엔
58
330
50
241
329
222
46
507
82
329

나하 추천 코스

예상 소요 시간 **10시간**

포크타마고 오니기리 본점 아침

차로 15~20분 또는 도보 9분+
모노레일 5정거장+도보 13분

슈리성 공원

도보 10분

긴조우초 돌판길

도보 20분

슈리 소바 점심
웨이팅이 길다

도보 9분+모노레일 3정거장+도보 11분

오키나와 현립박물관

도보 5분

산에 나하 메인 플레이스 쇼핑
도큐핸즈, 슈퍼마켓

도보 8분+모노레일 2정거장+도보 9분

쓰보야 도자기 거리

도보 5분

하나쇼 간식

도보 6분

마키시 공설시장

도보 5분

국제거리

도보 5분

류보 백화점 쇼핑
무인양품, 프랑프랑

도보 15분

잭 스테이크 저녁
웨이팅이 길다

차로 8분 또는 도보 20분

우오지마야
스테이크가 싫다면 이곳으로

AREA ····①

오키나와 여행의 일번지

국제거리 주변 **国際通り**

전쟁의 상처를 딛고 새롭게 만들어진, 전후 오키나와의 상징과도 같은 곳이다. 왕복 4차선 도로를 중심으로 쇼핑가가 조성되어 있는데, 굳이 쇼핑몰을 갈 게 아니라면 오키나와에서 다양한 쇼핑을 즐길 수 있는 거의 유일한 곳이다. 하여 첫날이든 마지막 날이든 반나절은 이곳에 들를 수밖에 없다. 그저 돌아다니며 아이쇼핑만 하는 것도 좋지만, 흥미로운 아이템이 있다면 바로 돌진해서 카드가 닳을 때까지 긁기에도 제격인 오키나와 관광의 일번지다.

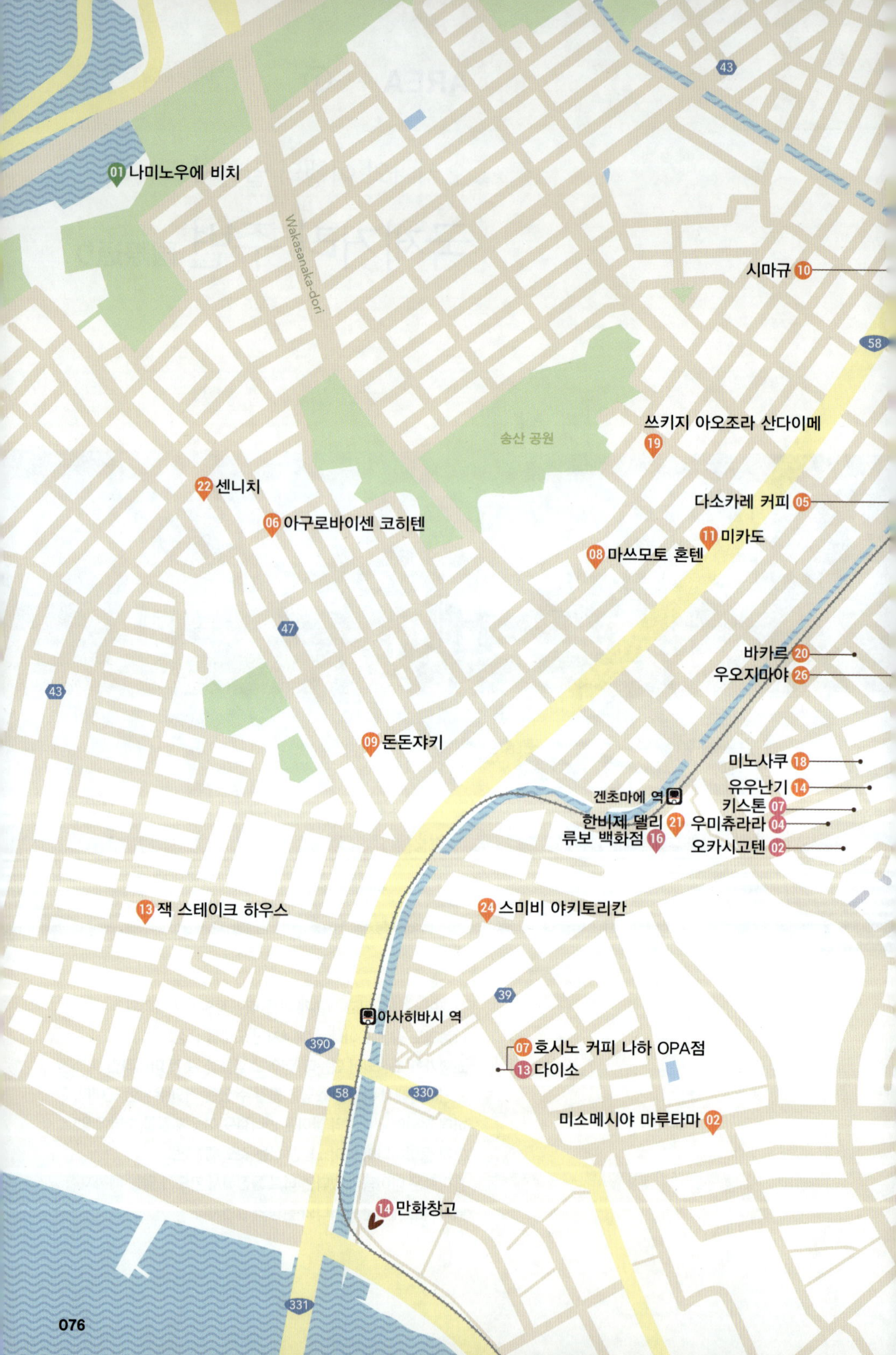

01 나미노우에 비치
Wakasanaka-dori
시마규 10
송산 공원
쓰키지 아오조라 산다이메
19
22 센니치
06 아구로바이센 코히텐
다소카레 커피 05
11 미카도
08 마쓰모토 혼텐
바카르 20
우오지마야 26
09 돈돈쟈키
미노사쿠 18
유우난기 14
겐초마에 역
키스톤 07
한비제 델리 21
우미츄라라 04
류보 백화점 16
오카시고텐 02
13 잭 스테이크 하우스
24 스미비 야키토리칸
아사히바시 역
07 호시노 커피 나하 OPA점
13 다이소
미소메시야 마루타마 02
14 만화창고
43
58
47
39
390
330
331

국제거리 주변 상세 지도

미에바시 역
29
15 오오토야 맥스벨류 마키시점
03 국제거리
마키시 역
니노니 25
Midorigaoka Park
03 마스야
마제멘 마호로바
17
09 쿠쿠루
16 슈리천루
222
12 돈키호테
39
11 카이소우
04 히바리네 커피집
10 스플래시 오키나와
03 포크타마고 오니기리 본점
15 고양이네 집
01 시앤시 브렉퍼스트
05 후쿠라샤
02 마키시 공설시장
06 미무리
티투티 오키나완 크래프트 08
05 쓰보야 도자기 박물관
12 얏빠리 스테이크
01 오키나와야 본점
23 하나쇼
04 쓰보야 도자기 거리
222
221
330

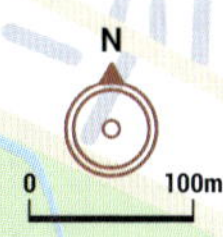

N
0
100m

도심 속에 숨어있는 작은 해변 ······ ①

나미노우에 비치

波の上 ビーチ

나하 시내 유일의 해수욕장. 자그마한 인공 비치로 나하 사람들은 시민 비치라고도 부른다. 공항 연결 고가도로인 나하니시 도로那覇西道路가 해변 바로 앞에 있고, 시내인 만큼 물이 빼어나게 맑은 편도 아닌데다 조금만 나가면 훨씬 좋은 해변이 있기 때문에 해수욕을 추천하는 곳은 아니다. 다만, 나하 시내에 머물며 가까운 밤바다에서 파도 소리를 듣고 싶다면 여기가 제격이다. 수영 구역과 스노클링 구역이 나뉘어 있다. 한편, 나미노우에 비치 옆 언덕에는 류큐 왕조 시절에 만들어진 나미노우에 신사가 있다. 한때 류큐 신도의 본산 중 하나였고, 지금은 불교풍이 강한 신사로 남아있어 함께 둘러볼 수 있다.

🚶 모노레일 겐초마에県庁前 역 북쪽 출구로 나가서 42번 국도를 따라 걷다 보면 왼쪽에 후쿠슈엔福州園이 나오고, 큰 사거리를 건너 왼쪽으로 한 블록 들어간 후, 오른쪽으로 방향을 틀어 쭉 걸어 가면 된다. 도보로 15~20분. 🕓 4~10월 09:00~18:00
¥ 무료(샤워 100엔, 코인로커 200~300엔) Ⓟ 30분 이내 무료, 30분 이상 1시간 이내 200엔, 이후 1시간마다 100엔 가산, 24시간내 최대 한도 500엔
🏠 www.naminouebeach.jp 🔍 나미노우에 해수욕장

나미노우에 비치에서 즐길 수 있는 해양 스포츠 & 시설

액티비티/시설	영업/이용 시간	예약	요금(1인)
체험스노클링	9, 11, 14, 16시, 매회 1시간 30분	www.naminouebeach.jp	¥4000(초등생 ¥3500)
체험 다이빙	9, 11, 14, 16시, 매회 2시간	www.naminouebeach.jp	¥8500(10세 이상 참여가능)
바비큐	17:00~21:00	090 8407 8911(일본어)	바비큐 장소에 따라 테이블 당 ¥5000~18000, 바비큐 식재 세트는 1인 ¥1650~13200

2023년 3월 드디어 재개장! ······ ②

마키시 공설시장

牧志公設市場 🔈 마키시 고세츠이치바

제2차 세계대전 직후 미군정이 세운 최초의 공설시장으로, 이전까지는 빼돌린 미군 물자를 밀거래하는 암시장이었다고 한다. 오키나와 사람들은 '나하의 부엌'이라 부르며 마키시 시장에 대한 애정을 공공연히 드러낸다. 시장 안쪽으로 들어가면, 갓 수확한 오키나와산 채소와 반찬 가게, 도시락집, 장과 젓갈류를 파는 곳, 심지어 바다에서 갓 건져 올린 싱싱한 횟감을 파는 어물전도 만날 수 있다. 기본적인 구성은 가락동 농수산물 시장이나 노량진 수산시장과 같다. 생선을 구입해 2층으로 올라가면 요리를 해준다.

🚶 모노레일 마키시牧志 역 서쪽 출구에서 도보 8~10분 또는 돈키호테 옆 시장본거리市場本通り로 쭉 들어가 사거리가 나오면 오른쪽으로 꺾어 들어가면 왼쪽에 입구가 있다
🕓 08:00~21:00(상점에 따라 다름, 매월 4번째 일요일 휴무)
¥ 무료 Ⓟ 주변의 사설 주차장 이용
🏠 makishi-public-market.jp 🔍 마키시 공설시장

나하 여행의 1번지. 관광, 쇼핑, 미식이 모두 한자리에 ······ ③

국제거리 国際通り 🔈 고쿠사이도오리

나하의 상징 중 하나. 제2차 세계대전 이후 잿더미가 되어버린 나하 시내에서 가장 먼저 복구가 된 구역이라 오키나와의 노인들은 '기적의 1마일'이라 불렀다고 한다. 국제거리라는 이름이 붙은 데에는 여러 가지 설이 있는데, 가장 유력한 이야기는 1948년, 제2차 세계대전 이후 최초의 상업극장인 어니파일 국제극장アーニーパイル国際劇場이 이곳에 문을 열면서부터라고 한다. 참고로 당시의 극장에서는 영화 상영은 물론 복싱 경기, 심지어 야간에는 스트립쇼 공연도 열렸다.

어쨌건 어니파일 국제극장은 전후 우울했던 나하 시민들에게는 거의 유일한 오락원이었고, 결국 극장이 있던 거리의 이름이 국제거리가 되는 데 지대한 공을 세웠다. 참고로 국제거리 뒷길의 이름은 평화거리平和通り다. 두 거리의 이름을 한데 부르면 국제 평화가 된다. '국제 평화'. 일본과 미국 사이에 끼어 새우 등 터진 오키나와 사람들에게 국제 평화라는 말이 얼마나 절절했을지 생각해 보면 가슴이 숙연해진다. 일요일은 차 없는 거리라 보행자 천국으로 변하는데, 이때 거리 공연도 열린다. 이 일대를 여행하기 위해서는 사설 주차장을 이용해야 하는데, 주차난이 심각하다. 대중교통인 모노레일을 이용하면 그 모든 걱정으로부터 해방된다.

🚶 모노레일 겐초마에県庁前 역과 마키시牧志 역 출구는 각각 국제거리의 양쪽 끝과 연결된다. ¥ 무료 Ⓟ 주변의 사설 주차장 이용 🏠 naha-kokusaidori.okinawa

🔍 국제거리

나하의 인사동 ······ ④

쓰보야 도자기 거리 壺屋やちむん通り 🔈 쓰보야 야치문 도오리

오키나와 도자기의 본고장이자, 도예 공방과 카페, 도자기 체험장이 몰려 있는 고즈넉한 작은 골목이다. 쓰보야 도자기 거리는 20년 전쯤 인사동의 차분한 모습을 고스란히 간직하고 있다. 오키나와 도자기의 역사는 대략 12세기경 시작된 것으로 보지만, 본격적으로 도자기 산업에 불을 당긴 건 1616년 가고시마에서 초빙한 여섯 명의 조선 도공이 오키나와에 정착하고부터다. 이후 궤도에 오른 오키나와의 도자기 산업은 17세기 당대의 자기 선진국이었던 청나라에 도공을 파견, 청나라의 선진 자기 기법을 습득하며 도약하게 된다. 나하 시내에서는 드물게 2차 대전 당시 미군 폭격에서 벗어난 곳이라 유독 예스러운 느낌이 가득하다.

🚶 모노레일 마키시牧志 역 서쪽 출구에서 도보 8~10분 또는 가루비 플러스를 오른쪽에 두고 조금 올라가면 나오는 삼거리에서 오른쪽으로 꺾어져 4분 정도 가면 사거리가 나오고 왼쪽으로 길을 건너면 입구가 나온다 ¥ 무료 Ⓟ 주변의 사설 주차장 이용 🔍 쓰보야야치문 거리

오키나와 도자기를 조금 더 알고싶다면 ······ ⑤

쓰보야 도자기 박물관

壺屋焼物博物館 🔈 쓰보야 야키모노 하쿠부츠칸

오키나와로 도자기가 전해진 과정을 비롯해 오키나와 도자기의 모든 것을 볼 수 있는 박물관이다. 제2차 세계대전 이전, 이 일대에 있었던 민가의 부엌과 오름 가마를 재현해 놓은 코너는 민속촌 느낌도 난다.

🚶 모노레일 마키시牧志 역 서쪽 출구에서 도보 8~10분, 쓰보야 도자기 거리 초입에 있다 🕐 10:00~18:00(월요일, 12월 28일~1월 4일 휴무) ¥ 350엔(어린이, 학생 무료, 학생증 제시) Ⓟ 주변의 사설 주차장 이용 🏠 www.edu.city.naha.okinawa.jp/tsuboya 🔍 쓰보야 도자기 박물관

나하에서 보기 드문 아침 스폿 ······ ①

시앤시 브렉퍼스트 C&C Breakfast

여행지에서 먹는 든든하고 맛있는 하와이 스타일의 아침 식사가 콘셉트다. 과일과 오키나와산 제철 채소가 가득 담긴 접시를 내온다. 고급 호텔에서 조식을 먹는다면야 이 집에 관심이 없을 수 있겠으나, 그게 아니라면 고려해 볼 만한 집이다. 에그 베네딕트エッグ ベネディィト, 프렌치 토스트 후르츠 스페셜フレンチトーストフルーツスペシャル 이 가장 인기 있는 메뉴.

🚶 모노레일 마키시牧志 역 서쪽 출구에서 도보 9분 또는 돈키호테 옆 시장본거리市場本通り로 들어가 조금 걸으면 오른쪽으로 작은 골목이 나오는데 그곳으로 들어가 왼쪽에 있다
📞 (098)927-9295 🕒 09:00~14:00(화요일 휴무)
¥ 1500~2000엔 🅟 주변 사설 주차장 이용
🏠 www.ccbokinawa.com 🔍 C&C Breakfast

아침의 된장국 정식, 든든할 수 밖에 ······ ②

미소메시야 마루타마 味噌めしや まるたま

류큐 왕국 시절부터 궁전에 된장을 납품하던, 160년의 역사를 자랑하는 오키나와 된장 명가. 현재는 된장을 활용한 각종 요리를 판매하는 식당으로 재탄생했다. 이른 아침 된장국과 따끈한 밥으로 하루를 시작하고 싶다면 이 집이 오키나와 최강. 아침은 된장국 정식, 점심 이후부터는 다양한 일식 요리를 선보인다. 밥은 현미와 백미 중 선택할 수 있다. 된장국 정식具だくさん味噌汁定食과 돼지고기 생강구이 정식紅豚味噌生姜焼き定食을 지나치면 후회할지도.

🚶 모노레일 아사히바시旭橋 역 2번 출구와 연결된 나하 버스 터미널에서 도보 5분 🕒 07:30~14:30, 17:00~22:00 (일요일, 매월 2·4번째 목요일 휴무) 📞 (098)831-7656
¥ 1100~1800엔 🅟 주변 사설 주차장 이용
🏠 marutama-miso.com 🔍 마루타마

이게 뭐라고 이리 꿀맛인지 ③

포크타마고 오니기리 본점

ポークたまごおにぎり本店

대박 난 오키나와식 주먹밥 전문점. 몇 년째 인기 만점인 집으로 매일 아침 긴 줄이 늘어서 있다. 인기의 비결은 만만한 메뉴와 적당한 가격, 그리고 아침 먹을 만한 몇 안 되는 식당이라는 삼박자가 고루 갖춰졌기 때문. 오키나와식 주먹밥의 기본 옵션인 스팸+달걀+밥 조합을 뛰어넘어, 새우튀김エビタル, 명란 마요明太マヨ가 들어가는 고급 주먹밥도 있다. 본점 외에 오키나와에 4곳과 규슈 4곳, 그리고 도쿄와 오사카에 각 하나씩 분점이 있다.

모노레일 마키시牧志 역에서 도보 10분 (098)867-9550 07:00~19:00
¥ 400~600엔 주변 사설 주차장 이용 porktamago.com 포크타마고

진짜 노천카페 ④

히바리네 커피집 ひばり屋 히바리야

기묘한 은신처. 국제거리의 혼잡함에서 살짝 벗어나 나만의 노천 아지트를 찾고 싶은 사람을 위한 공간이다. 개업 이래 4번이나 자리를 바꾼 노점 카페이지만, 그때마다 극성팬들이 귀신같이 찾아내 위치를 공유한다. 메뉴는 커피 그리고 열대 과일 주스뿐. 대단히 매혹적인 맛은 아닌데, 머물다 보면 묘하게 정감이 간다. 이 집을 좋아하는 사람들은 다들 그런 마음인 것 같다. 키위 시럽과 레몬, 소금이 든 사자나미 사이다さざなみ サイダー는 호불호가 갈리는 맛이지만, 어떤 사람에게는 깜짝 놀랄 최애 음료가 된다.

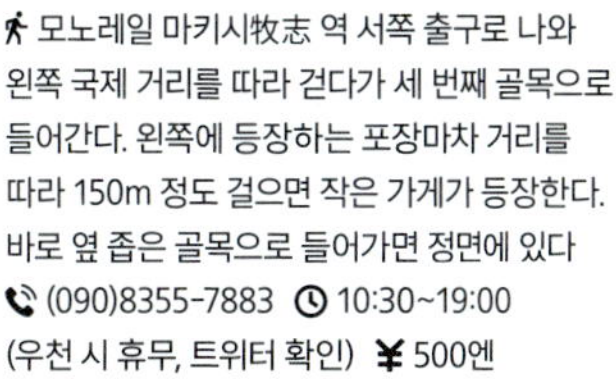

모노레일 마키시牧志 역 서쪽 출구로 나와 왼쪽 국제 거리를 따라 걷다가 세 번째 골목으로 들어간다. 왼쪽에 등장하는 포장마차 거리를 따라 150m 정도 걸으면 작은 가게가 등장한다. 바로 옆 좁은 골목으로 들어가면 정면에 있다 (090)8355-7883 10:30~19:00 (우천 시 휴무, 트위터 확인) ¥ 500엔 주변 사설 주차장 이용 twitter.com/hibariyasachiko 커피야타이 히바리야

레트로라는 말로도 부족한 신기한 공간 ……⑤

다소카레 커피 たそかれ珈琲

덕력 충만한 카페. 주인장이 커피 배전부터 샌드위치에 들어가는 빵과 햄, 잼까지 모두 손수 만들어낸다. 레트로 감성이 사방에서 쏟아져 나오는 카페 분위기도 일품인데다 오래된 앰프에서 나오는 음악과 선곡 덕분에 70~80년대로 시간여행을 온 것 같은 느낌. 여기에 커피와 음식 맛도 일품이니 소개 안 할 도리가 없다. 무척 조용한 공간이니 만큼 소근소근거리는 게 예의. 달달이를 좋아한다면 흑당 카페오레黒糖カフェオレ를 마셔보자. 뜬금없어 보이지만 카레라이스도 판매한다.

🚶 모노레일 미에바시美栄橋 역에서 도보 5분 📞 비공개
🕘 09:00~16:00(목·일·공휴일 휴무) ¥ 500~1000엔 Ⓟ 주변 사설 주차장 이용
🏠 www.instagram.com/tasokarecoffee 🔍 다소카레 커피

오키나와에서 커피 좀 마실 만한 로스터리 ……⑥

아구로바이센 코히텐 あぐろ焙煎 珈琲店

커피 맛으로는 다소카레 커피와 함께 나하의 투 톱. 테이블 두 개와 카운터에 의자 다섯 개 있는 아주 작은 곳이지만, 단골이 꽤 많은 집이다. 토스트 같은 가벼운 먹거리들도 취급하기 때문에 아침 포인트로 애용하는 사람들도 많다. 음식에 커피를 추가하면 약간의 할인 혜택이 있다. 달달이 선호자라면 오키나와 브라운 슈거 카페라테沖縄黒糖カフェラテ, 여기에 열량을 더하고 싶다면 앙꼬 버터 토스트あんバタートースト까지 가보자.

🚶 모노레일 아사히바시旭橋 역 서쪽 출구 또는 겐초마에県庁前 역 북쪽 출구에서 도보 10분 📞 (098)862-1995
🕘 월~금 09:00~18:00, 토 10:00~18:00(일요일 휴무)
¥ 500~1000엔 Ⓟ 주변 사설 주차장 이용
🔍 agurobaisen

유행은 돌고 돌아 다시 예전으로 ⑦

호시노 커피

나하 OPA점 星乃珈琲店 那覇OPA店

스타벅스와는 정반대로, 점원이 직접 주문을 받고 서빙하는 역발상의 서비스로 전국적 히트를 친 커피숍 체인이다. 무엇보다 오키나와는 스타벅스를 제외하고는 큰 규모의 카페가 없었기 때문에 이 부분에 대한 여행자들의 갈증이 있었고, 이제는 오키나와 현지인들에게도 인기만점. 커피도 커피지만 이 집의 수플레 케이크名物スフレパンケーキ는 꽤 인기 있는 메뉴다. 만약 아침이 필요하다면 커피와 토스트, 달걀이 나오는 모닝 세트モーニングセット를 노려보자.

모노레일 아사히바시旭橋 역 2번 출구와 연결된 OPA건물로 들어가 왼쪽으로 가면 된다.
(098)894-2289 10:00~20:00 ¥ 1000엔 Ⓟ 있음
www.hoshinocoffee.com 호시노 커피 나하

비슷한 메뉴는 오키나와에 널렸지만,
이 퀄리티는 여기뿐 ⑧

마쓰모토 혼텐 まつもと 本店

오키나와 토종돼지인 아구アーグ만을 취급하는 돼지고기 샤부샤부 전문점. 메뉴는 단 하나, 돼지고기 샤부샤부 코스뿐이다. 돼지고기로 무슨 샤부샤부냐고? 일단 먹고 나면 생각이 바뀐다. 돼지고기 잡내라는건 존재하지도 않고, 고기의 질감과 부드러움에 반해 앞으로도 샤부샤부는 돼지고기로만 먹겠다고 결심하게 만든다. 코스 형식으로 애피타이저, 샤부샤부, 그리고 다 먹고 나서 죽과 디저트까지 나온다. 사전 예약을 할 수 있으면 한국에서부터 해 두는 것이 좋고, 예약을 했으면 반드시 엄수하자. 한국인 노쇼가 종종 있는 편이라고 주인장이 타박 중이다.

모노레일 겐초마에県庁前 역 북쪽 출구에서 도보 5분
(098)861-1890 월~금 17:00~23:00, 토·일 12:00~22:00 ¥ 6000~8000엔 Ⓟ 식당 건물에 유료 주차장 있음
agu-matsumoto.com 아구 샤브 마쓰모토 혼텐

흔해 빠진 돈가스? 아니 아니! ……⑨

돈돈쟈키 豚々ジャッキー

나하 최고의 돈가스 가게다. 모든 식사 메뉴는 샐러드, 밥, 장아찌, 그리고 곤약과 돼지 부속을 넣고 푹 끓여낸 된장국이 함께 나온다. 일반 돼지고기보다 오키나와 아구로 만든 돈가스가 ¥400~500정도 더 비싸다. 참고로 아구는 너무 담백해 기름기가 적어 불만인 사람도 있으니 참고하자. 새우튀김エビフライ도 맛있다.

모노레일 겐초마에県庁前 역 북쪽 출구 또는 아사히바시旭橋 역 서쪽 출구에서 도보 7분 (098)866-1010 11:30~14:00, 17:00~20:00(월·화요일 휴무) ¥ 1200~2000엔 P 없음
www.facebook.com/ 213126105380206 돈돈쟈키 돈까스

한우는 정말 비싼 소고기였구나! ……⑩

시마규 島牛

오키나와산 소고기와 돼지고기만을 취급하는 고기구이 전문점. 한국에서 수입산 소고기를 먹을 가격으로 오키나와산 소고기를 맛볼 수 있는 집이다. 한국과 다른 점이라면 상추와 김치도 모두 사 먹어야 한다는 것. 위치가 살짝 외진데 그 덕에 긴 대기 행렬로부터 해방될 수 있다. 돼지고기 드래곤 컷あぐ~三角一枚カルビ 부위는 꼭 한번 먹어볼 만하다. 소고기를 제대로 즐기고 싶다면 오마카세おまかせ盛에 도전해보자.

모노레일 미에바시美栄橋 역에서 도보 5분 이내
(098)863-2941 17:00~21:30(일요일 휴무)
¥ 2000~2500엔 P 없음 시마규

오키나와 짬뽕 한번 먹어볼래요? ……⑪

미카도 みかど

오키나와 가정식 식당. 현지인>일본인 여행자>외국인 여행자 순으로 많이 찾는다. 오키나와 짬뽕이 이 집의 명물 요리인데, 우리가 아는 그 짬뽕, 혹은 나가사키 짬뽕이 아니라 덮밥이다. 그래서인지 일본인 여행자들도 '에에에에~ 이게 짬뽕이야?' 라는 말을 연발한다. 중요한 건 맛있다는 점. 배우 나카마 유키에가 일본 맛집 프로에 이집을 소개한 이후로 예전과 달리 좀 붐빈다. 가츠동かつ丼과 고야 찬푸르ゴーヤーちゃんぷるー도 맛있다.

모노레일 겐초마에県庁前 역 북쪽 출구에서 도보 7분
(098)868-7082 10:00~21:00 ¥ 1000엔 P 없음
미카도 오키나와

만 원짜리 스테이크도 있는 나라 ⋯⋯ ⑫

얏빠리 스테이크 3호점 やっぱりステーキ

2015년에 문을 연 ¥1000 스테이크 전문점. 스테이크 집치고는 드물게 식권 자판기를 도입하는 등 비용 절감을 통해 이 가격을 만들어냈다고 한다. 현재는 오키나와 전역에 13개의 점포가 있다. 기본으로 제공되는 고기가 100~150g이라 남성 여행자에게 절대적으로 부족한 양이긴 하다. 하지만 고기 추가 요금을 감안해도 저렴한 것은 사실이라, 낯선 요리 모험도 싫고 익숙하게 고기로 배를 채우겠다면 추천한다. 셀프 샐러드바가 있는데, 밥, 국, 샐러드가 전부.

모노레일 겐초마에県庁前 역 또는 미에바시美栄橋 역에서 도보 8분, 1층에 있는 상점 안쪽에 있는 에스컬레이터를 타고 2층으로 가면 된다 (098)917-0298 11:00~21:30
¥ 1000~1200엔 Ⓟ 없음 yapparigroup.jp
얏빠리 스테이크 3호점

오키나와 스테이크의 대명사 ⋯⋯ ⑬

잭 스테이크 하우스 ジャッキーステーキハウス

1953년 개업한 대표적인 스테이크 노포. 요즘 사람이 보기엔 레트로 스타일로, 한국의 80년대에나 주던 수프, 양배추 샐러드가 기본으로 따라온다. 하지만 실망은 이른 게 스테이크 자체는 가격 대비 아주 훌륭한 편이다. 퀄리티 대비 놀랄 만큼 저렴하고, 조리 상태도 훌륭하다. 점심에는 저렴한 세트 메뉴를 판매하며, 그중에는 오키나와식 미군 요리도 다수 포함되어 있다. 근래 들어 고급 레스토랑 스타일의 스테이크 하우스도 나하에 속속 생겨나고 있는데 그건 그냥 서양식 스테이크고, 미 군정 시절을 겪어내며 오키나와 전통 요리로 자리잡은 스테이크를 먹어 보고 싶다면 현재까지는 잭 스테이크가 최고다. 타코스도 꽤나 훌륭하다.

모노레일 아사히바시旭橋 역 서쪽 출구에서 도보 8분
(098)868-2408 11:00~22:30(수요일, 1월 1일 휴무)
¥ 1500~3000엔 Ⓟ 있음 steak.co.jp
잭 스테이크 하우스

초심을 잃지 않은
여행자 식당 ⑭

유우난기 ゆぅなんぎい

원래도 일대에서 소문난 맛집이었는데, 대폭 늘어난 여행자들이 요즘은 더 많이 찾는다. '엄마 손맛'을 표방하는데, 그래서 그런지 이 집엔 남성 점원이 한 명도 없다. 굳이 이 집에서 오키나와 소바를 먹을 이유는 없어 보인다. 오키나와 전통 요리는 이런저런 찬푸르에 생선구이 하나쯤 곁들이면 꽤 훌륭한 정찬이 된다. 오징어 먹물 볶음밥イーカスミジューシ은 풍미도 좋다. 오키나와 요리로만 구성하고 싶다면 유우난기 A정식ゆうなんぎい A 定食에 도전해보자.

🚶 모노레일 겐초마에県庁前 역 동쪽 출구에서 도보 5분 📞 (098)867-3765
🕔 17:00~21:00(일요일 휴무)
¥ 1500~4000엔 Ⓟ 없음 🔍 유우난기

오키나와에서 밥힘이 필요하다면 ⑮

오오토야 맥스벨류

마키시점 大戸屋ごはん処 マックスバリュ牧志店

다양한 일본식 정식을 맛볼 수 있는 전국 체인 레스토랑. 여행을 다니다 보면 따끈한 흰밥과 국, 그리고 생선구이 같은 반찬을 곁들인 한 상 차림이 그리울 때가 있는데, 오오토야는 그럴 때 크게 실패하지 않는 가장 무난한 옵션이다. 꽤나 큰 규모로 어린이 동반도 환영, 사진 메뉴가 있어 일본어를 몰라도 주문하는데 별 어려움이 없다. 한마디로 따끈한 밥과 반찬이 필요한 여행자에게 제격. 돼지고기 등심 된장구이와 고등어 숯불구이 정식豚ロースの味噌漬けとさばの炭火焼き定食은 어떤 한국인이 먹어도 맛있을 맛이다.

🚶 모노레일 마키시牧志 역에서 도보 5분 📞 (098)863-2902
🕔 11:00~21:30 ¥ 1300엔 Ⓟ 없음 🏠 www.ootoya.com
🔍 오오토야 마키시점

공연과 식사와 음주가 한 곳에서 ⑯

슈리천루 首里天楼

오키나와 전통 음악 라이브 공연과 전통요리를 결합한, 일종의 디너쇼 스타일의 레스토랑이다. 성채처럼 생긴 식당 외관도 인상적이지만 내부는 더 흥미롭다. 1층은 시냇물이 흐르는 류큐 정원 콘셉트, 2층은 류큐 왕국 8인의 위인들을 테마로 한 연회석, 3층은 무대가 설치된 극장식 디너쇼 콘셉트다. 전통 공연을 보고자 한다면 입구에서 3층으로 올라간다고 말해야 하며, 공연 요금은 별도다. 웹페이지를 통해 예약이 가능하다.

모노레일 미에바시美栄橋 역에서 도보 10분 (098)863-4091
11:00~15:00, 17:00~23:00 ¥ 3000엔~ P 없음
마키시 1 조메-3-60

사장님이 직접 비벼주는 ⑰

마제멘 마호로바 まぜ麺マホロバ

오키나와 최초의 마제멘まぜ麺 전문점. 해산물 등으로 우린 자작한 소스, 김가루, 그리고 달걀노른자가 가미된 농후한 비빔면이다. 면은 딱 네 가지. 면의 양과 토핑을 선택할 수 있는데, 잘 모르겠으면 일단 토핑 없는 오리지널 맛을 즐겨보자. 주문 방법은 맛 고르기(매운 맛은 매운 정도)→토핑 고르기→면의 양 선택→밥 추가 여부 선택하기로 이어진다. 맥주 한 잔 곁들이면 금상첨화.

모노레일 미에바시美栄橋 역 남쪽 출구에서 도보 8분
(098)917-2468 11:30~21:00 ¥ 1000엔 P 없음
mazemen-mahoroba.com 마제멘 마호로바

바삭바삭 튀김돈부리, 시원한 자루소바 ⑱

미노사쿠 美濃作

오키나와 소바가 아닌 메밀로 만든 일본식 소바 장인의 식당. 오키나와산 메밀 사용을 고집하고 있는데, 겟토우月桃라는 폴리페놀 가득한 꽃을 면에 가미한 미노사쿠 겟토우 소바美濃作月桃蕎麦가 간판 메뉴다. 새우튀김이 가득 올라간 텐동天丼도 빼놓으면 서운하다.

겐초마에県庁前 역에서 도 보 5분
(098)861-7383 11:00~22:00
¥ 1000~1300엔 P 없음 미노사쿠 소바

본섬 제일의 에도마에 스시집 ······ ⑲

쓰키지 아오조라 산다이메 築地青空三代目

도쿄 쓰키지 시장 생선가게에서 시작해 현재는 전국에 10개의 분점을 거느리고 있는 에도마에 스시의 명가. 오키나와에는 이 집이 유일하다. 오키나와 본섬에서 본격적인 스시를 먹고 싶다면 이 집 외에 별다른 대안이 없을 정도로 독보적이다. 네타(스시 위에 올라가는 생선)는 대부분 도쿄에서 공수하고, 오키나와 특산물인 바다포도와 쟈코조개, 모토부 소고기, 갑오징어 등은 이곳 재료를 사용한다. 스시는 그나마 노려볼 만한 가격대지만, 요리로 넘어가면 가격이 만만치 않다. 3종류의 코스요리가 있는데, 뭘 시켜야 할지 모르겠다면 이게 최선의 선택일 수도. 특상 카이센동(해물 돈부리)特上海鮮丼과 쓰키지 최강의 구이 덮밥築地最強の炙り丼은 야식 삼아 딱 한 그릇으로 끝내고 싶을 때 추천한다. 지갑의 두께만 넉넉하다면 마음껏 먹어보고 싶었던 집. 가급적 예약해야 하며, 타베로그에서 예약 가능하다.

🚶 모노레일 겐초마에県庁前 역 북쪽 출구에서 도보 7분 또는 미에바시美栄橋 역 북쪽 출구에서 도보 10분 ☎ (050)5486-4950 🕔 17:00~23:00(일요일 휴무)
¥ 5000엔 Ⓟ 없음 🏠 tsukijiaozora-sandaime.com 🔍 쓰키지 산다이메 나하점

이 작은 섬에서 인생피자를? ······ ⑳

바카르 Bacar

자타 공인 오키나와 No.1 피자. 오키나와산 모차렐라 치즈와 천일염 때문에 담백하면서도 강렬한, 쉬이 잊히지 않는 맛이다. 저녁 시간에만 영업하는데, 단품이 아닌 코스요리를 선보이는 곳으로 업그레이드되었다. 물론 예약은 필수고 인기는 날로 더해가는 분위기지만, 코스요리만으로 구성되어 있기도 하고, 사람에 따라 많이 비싸다고 느낄 수도 있다. 방문 예정이라면 인스타로 최신 스케줄을 확인하고 타베로그나 오토리저브 등의 사이트에서 예약하면 된다.

🚶 모노레일 겐초마에県庁前 역 동쪽 출구에서 도보 5분 ☎ (098)863-5678
🕔 17:00~19:15, 19:30~22:00(완전 예약제로 2부제 진행 / 일·월요일 휴무)
¥ 14500엔~ Ⓟ 없음 🏠 www.instagram.com/bacarokinawa
🔍 바카르 오키나와

오키나와에서 보기 드문,
그리고 먹을 만한 한식! ······ ㉑

한비제 델리 韓美膳

류보リウボウ 백화점 지하 푸드코트에 있는 한식당. 일본식 한국 요리가 아닌 비빔밥, 삼계탕, 순두부찌개, 냉면 등 한국인들이 일상에서 즐겨먹는 요리들을 맛볼 수 있다. 가격도 일본에서 먹는 한식치고는 저렴한 편이다. 오키나와의 몇 없는 한국 식당 중에서는 그나마 정통의 맛에 가깝다. 바로 옆에서 반찬가게를 함께 운영하고 있어 김치, 김밥, 해물전 등을 테이크아웃 할 수도 있다.

모노레일 겐초마에県庁前 역 앞 류보 백화점 지하 1층 (098)867-1043 10:00~21:00 ¥ 1000~1300엔 P 있음 류보 백화점

여고 앞 빙수집 ······ ㉒

센니치 千日

50년의 역사를 자랑하는 빙수 전문점. 빙수의 높이가 25cm에 달할 정도인데, 이걸 무너지지 않게 떠먹는 것도 꽤 재주가 필요하다. 한여름에는 북새통을 이루기 때문에 합석은 기본이다. 뭐 별난 요리라고 여기까지 와서 빙수를 먹나 싶지만, 의외로 오키나와 현지 학생들의 숨넘어가는 웃음소리, 서민적인 분위기가 이국적인 정취를 자극한다. 혼자면 우유 빙수ミルク金時를 둘이라면 딸기우유 빙수いちごミルク金時를 함께 시키자.

모노레일 겐초마에県庁前 역 북쪽 출 구에서 도보 10분
(098)868-5387 11:30~20:00, 겨울 11:30~19:00(월요일 휴무)
¥ 500엔 P 있음 센니치

이게 두부라고? 두부가 간식이 되네!! ······ ㉓

하나쇼 花商

오키나와 섬 특유의 땅콩 두부인 지마미 두부 전문점ジーマーミ豆腐이다. 부드럽고 고소한 맛 뒤로 약간의 떫은맛이 스쳐 지나가는데, 그 밸런스가 정말 훌륭하다. 한국으로 들고 올 수 있는 소포장 제품도 있는데, 이 집 지마미 두부 맛에 빠진 사람들은 스스럼없이 트렁크를 가득 채우는 일이 벌어지기도 한다.

모노레일 마키시牧志 역에서 도보 10분 또는 돈키호테 옆 시장본거리로 들어가 직진, 횡단보도와 신천지 시장 거리 新天地市場通り 입구와 함께 보인다. (098)863-8720
09:00~18:00(일요일 휴무) ¥ 300엔 P 없음
www.ji-ma-mi-hanasyo-shop.com 지마미 두부 하나쇼

직화가 주는 강렬한 맛 ······ 24

스미비 야키토리칸 炭火やきとり 寛

숯불에 직화로 구워주는 야키토리 전문점. 인근 샐러리맨들이 퇴근길에 한 잔을 즐기는 집이었는데, 입소문을 타고 찾아오는 한국인 손님들이 늘어나면서 한글 메뉴판도 구비하고 있다. 혹시 식사 전이라면 주먹밥 구이焼きおにぎり를 주문해 보자. 음주의 마무리로 새콤한 아세로라 주스를 한 잔 마시면 다음 날 숙취가 전혀 없을 것 같은 기분이 든다.

🚶 모노레일 아사히바시旭橋 역 2번 출구 또는 겐초마에県庁前 역에서 도보 5분, 호텔 카리유시 LCH. 이즈미자키 겐초마에 뒤쪽에 있다
📞 (098)862-8761 🕔 17:00~23:00(부정기 휴무)
¥ 1500엔 Ⓟ 없음 🏠 www7b.biglobe.ne.jp/yakitorikan
🔍 스미비 야키토리칸

교자엔 맥주! 맥주엔 교자 ······ 25

니노니 弐ノ弐

큐슈의 쿠마모토에 본점을 둔 교자 전문점. 메인 메뉴는 교자, 즉 일본식 군만두焼餃子고, 분위기는 선술집이다. 교자 외에 철판에 구운 새우를 마요네즈에 버무린 에비마요香港エビマヨ, 고소한 일본식 딴딴면麻辣担担面 등이 인기 메뉴다. 무제한으로 술을 마실 수 있는 90분 제한의 노미호다이飲み放題(2명 이상)가 있는데 주당이라면 도전해 볼 만하다.

🚶 모노레일 마키시牧志 역 서쪽 출구에서 도보 4분
📞 (098)867-4322 🕔 17:00~24:00(12월 30일~1월 1일 휴무)
¥ 1000엔 Ⓟ 없음 🏠 www.ninoni.jp 🔍 니노니 나하

생참치의 농후한 맛을 염가에 ······ 26

우오지마야 魚島屋

나하 제일의 참치집. 한때 참치잡이배 선장이었다는 주인장의 인맥으로 공수한, 아주 고퀄의 참치를 몹시 무난한 가격으로 판매한다. 가장 많이 팔리는 메뉴는 '혼마구로 모둠 사시미本マグロ劇場 刺身盛り'라는 이름의 요리인데 세 가지 참치와 계절 생선회 2종을 포함해 총 5종의 회가 나온다. 참치 마니아라면 사전 예약이 필요한 '참치 다 먹어 코스マグロ食べ尽くし!!コース'에도 도전해 보자. 만약 탄수화물이 필요하다면 대게 볶음밥本ズワイガニ荒ほぐし炒飯이 기다리고 있다.

🚶 모노레일 겐초마에県庁前 역에서 도보 5분 📞 (098)869-7204
🕔 17:00~24:00 ¥ 2000엔 Ⓟ 없음 🔍 우오지마야

불량식품을 찾아가는 여정 ······ ①

오키나와야 본점 おきなわ屋 本店

학교 앞 문방구에서 팔던 아폴로나 쫀디기를 기억한다면, 오키나와야는 매력적인 보물 창고다. 일본에서는 이런 류의 간식을 다가시駄菓子라 부른다. 오키나와에서만 볼 수 있는 다가시를 비롯해 우마이봉처럼 한국인들에게 널리 알려진 다가시도 있다. 낱개 구매가 가능하고 가격도 저렴하다. 이것저것 골라 담아 실패해도 큰 타격(?)은 없다는 말씀. 헬로키티와 시사가 결합한 시사키티 같은 오키나와 한정 액세서리도 있으니 구석구석 둘러보자.

🚶 모노레일 미에바시美栄橋 역에서 도보 10분 📞 (098)860-7848 🕓 09:30~22:00
Ⓟ 없음 🏠 www.okinawaya.co.jp 🔍 오키나와야 본점

본격적인 오키나와 특산 선물이 필요하다면 ······ ②

오카시고텐 御菓子御殿

오키나와야가 나 혼자 챙겨두고 먹는 간식거리 전문점이라면, 오카시고텐은 오키나와 토산품으로 만든 오미야게お土産가 가득하다. 무엇보다 이 집 제일의 미덕은 시식 시스템이다. 판매하는 상품 대부분을 시식할 수 있는데, 맛을 보고 살 수 있어 실패 확률이 줄어든다. 관광객들에게는 거의 필수 방문지 중 하나로, 나하의 국제거리점 외에도 오키나와 본섬 곳곳에 대규모 분점을 두고 있다.

🚶 모노레일 겐초마에県庁前 역 남쪽 출구에서 도보 5분 📞 (098)862-0334
🕓 09:00~22:00 Ⓟ 없음 🏠 www.okashigoten.co.jp 🔍 오카시고텐 국제거리점

소금으로 이럴 일인가 싶지만
아이스크림은 맛있어! ……③

마스야 塩屋

오키나와는 물론 전 세계에서 생산되는 특산 소금을 판매하는 말 그대로 소금 전문점. 소금은 시식이 가능하며, 조리/고기/회/튀김용으로 크게 나뉜다. 소금에 대한 생경함을 없애고 싶다면, 마스야에서 판매하는 유키시오雪鹽라는 회사의 소금으로 만든 아이스크림을 먹어보자. 흰살 생선과 붉은살 생선을 먹을 때 각각 찍어 먹는 소금이 다르고, 이런 소금을 찾는 미식가들이 존재한다는 건 일반인들에겐 꽤 놀라운 사실. 이외에 소금으로 만든 입욕제, 화장품, 비누 같은 물건도 판매한다.

🚶 모노레일 마키시牧志 역 1번 출구에서 도보 4분
📞 (120)408-385 🕓 10:00~21:00
🅿 없음 🏠 www.ma-suya.net/ 🔍 소금전문점 마스야

츄라우미 수족관의 추억을 다시 한 번 ……④

우미츄라라 うみちゅらら

츄라우미 수족관 기념품점에서 구입 여부를 망설이다 귀국 직전 후회막급이라면 당장 이곳으로 차를 돌리자. 매장 가운데 있는 커다란 뽑기 기계는 ¥200을 넣고 돌리면 랜덤으로 기념품이 나오는데 가격 대비 품질이 꽤 괜찮아 애, 어른 할 것 없이 앞다투어 찾는다.

건물 1층에 있는 와시타わしたショップ는 오키나와 특산품 전문점. 본섬 바깥인 미야코 섬의 특산품 소금인 유키시오雪鹽와 바나나 케이크 몬테돌モンテドール도 구입할 수 있어 오키나와 본섬 바깥을 궁금해하는 여행자들에게 대리만족을 선사한다.

🚶 모노레일 겐초마에県庁前 역 남쪽 출구에서 도보 7분
📞 (098)917-1500 🕓 10:00~20:30 🅿 없음
🏠 www.umichurara.com 🔍 우미츄라라

도자기를 구입하기에도 좋은 ⑤

후쿠라샤 ふくら舎

오키나와 문화의 진원지인 사쿠라자카 극장桜坂劇場 1층에 위치한 잡화점. 오키나와 출신 공예 작가들이 만든 도자기, 유리공예품, 목공예품, 손수건이나 보자기 같은 나염 제품들도 판매한다. 가끔, 일본 본토 공예 디자이너의 작품만 모아서 특별 기획전을 열기도 하는데, 감각적인 소품을 구입하고 싶다면 이쪽에 집중하는 것도 좋은 방법이다.

모노레일 마키시牧志 역 서쪽 출구에서 도보 8분
(098)860-9555 10:00~18:00
P 없음 fukurasha.net 후쿠라샤 잡화점

인상적인 에코백을 찾아서 ⑥

미무리 MIMURI

이시가키 섬 출신 여성 디자이너의 개인숍. 이시가키에서 처음으로 가게를 연 이래, 연이은 주목을 받으며 현재는 나하까지 확장한 상태다. 오키나와의 자연과 동식물들로부터 받은 영감을 바탕으로 오키나와 색채의 손수건, 가방, 파우치 등을 만들어 판매하고 있다. 트렌드세터를 자처한다면 한번쯤 가볼 만한 매장이다. 오리지널 상품임을 감안한다면 가격도 납득할 만한 수준이다.

모노레일 마키시牧志 역과 겐초마에県庁前 역, 미에바시美栄橋 역에서 도보 10~15분 (050)1122-4516 10:00~18:00
P 없음 www.mimuri.com/ 미무리

오키나와 도기를 구입하기 위해
딱 한 곳만 가야 한다면 ⑦

키스톤 キーストン

국제거리에 있는 대규모 생활 자기 매장. 요미탄의 대표 가마인 기타가마北窯를 비롯해 오키나와 내 12개 가마가 이 집에 물건을 공급하고 있다. 오키나와 전통 자기 외에 가마에서 구워낸 토용, 유리공예 아이템도 만날 수 있다. 특히 유리공예 쪽은 상당한 퀄리티를 자랑하는 제품들이 많아 구매욕을 상승시킨다. 물건이 너무 많아 선택 장애가 올 정도.

모노레일 겐초마에県庁前 역에서 도보 5분 (098)863-5348
09:00~22:30 P 없음 koosya.co.jp/store/keystone/kumoji.html 류큐 민예 갤러리 키스톤

로컬 아티스트들의 연합 공방 ⑧

티투티 오키나완 크래프트

tituti Okinawan Craft

도자기, 천연 염색, 직물 그리고 목공을 담당하는 4명의 아티스트들이 공동 출자해 만든 공방이다. 작가들은 모두 오키나와의 무형문화재 전수자들로, 오키나와 전통의 공예기법을 현대적으로 해석하는 데 골몰하고 있다. 가게의 상호 중 '티 ti'는 오키나와 방언으로 손이라는 뜻이다. 즉 가게명 티투티tituti는 손에서 손으로 오간다는 뜻. 작가와 소비자 사이에서 오키나와의 전통 공예를 이어준다는 의미라고.

모노레일 겐초마에県庁前 역과 미에바시美栄橋 역에서 도보 6~8분
(098)862-8184 09:30~17:30(화요일 휴무)
없음 tituti.net 티투티 오키나완 크래프트

오키나와 여행 인증 아이템! ⑨

쿠쿠루 Kukuru

티셔츠 전문점. 디자인은 하와이안풍이지만, 염색 방법은 오키나와 전통 나염인 빙가타紅型 기법, 여기에 자수를 더했다. 이 집에 유명세를 더한 건 부채扇子인데, 대나무와 한지로 만드는 우리나라 전통부채와 달리 오키나와에선 빙가타 날염 천과 오키나와산 갈대로 만든다. 원래 일본에서 부채 하면 교토의 것을 최고로 치는 경향이 있는데, 최근 오키나와 부채가 특유의 디자인을 앞세워 본토 공략에 나서고 있다고 한다.

모노레일 겐초마에県庁前 역 남북쪽 출구에서 도보 5분
(098)988-0236 09:00~22:30 없음
kukuru.official.ec/ 쿠쿠루 오키나와

반짝이는 여행자 감성 아이템 ⑩

스플래시 오키나와

Splash Okinawa

여행자 감성으로 충만한 패션 소품 전문점이다. 관광객 취향에 딱 맞는 콘셉트로 인해 대중적 지지도는 오키나와에서 이 집만한 곳이 없다. 해변에 어울릴 톡톡 튀는 옷이나 소품을 즉석에서 구입하고 싶다면 가볼 만하다. 가게에서 한껏 쇼핑하고 나오면, 금세 바다를 배경으로 한 뮤직비디오 속 걸그룹으로 변신할 만큼, 콘셉트 하나는 정말 확실하다. 국제거리에만 두 곳의 분점이 있다.

모노레일 마키시牧志 역에서 도보 10분 (098)894-7090 10:00~21:30 P 없음
splashokinawa.com Splash okinawa 1号店

바다가 만들어준 액세서리의 향연 ⑪

카이소우 海想 카이소우

바다를 테마로 한 셀렉트숍. 이 집에서 파는 모든 티셔츠와 액세서리에는 고래나 맹그로브 나무, 바다거북 혹은 오키나와에서만 볼 수 있는 나비들이 그려지거나 새겨져 있다. 특히 상어와 고래의 이빨, 고래수염으로 만든 액세서리도 별도의 코너를 차지하고 있어 이목을 끈다. 물론 액세서리에 사용된 상어의 이빨과 고래의 수염들은 자연사한 것들에서만 채취해 사용한다고 하니, 동물 학대를 걱정하진 않아도 된다. 나만의 아이템을 찾는다면 방문해 볼 만한 곳이다.

모노레일 마시키牧志 역에서 도보 5분
(098)862-9750 10:00~19:00
P 없음 kaisouokinawa.com
카이소우 2호점

한 손엔 빈 트렁크! 또 한 손엔 신용카드! ······ ⑫

돈키호테 ドン・キホーテ

말이 필요 없는 쇼퍼들의 성지. 거짓말 조금 보태어 일본에서 유통되는 제품 대부분이 모여 있는 곳이다. 게다가 정가 대비 전 품목 할인! 가장 인기 있는 품목은 간식과 화장품이다. 다른 돈키호테 매장과 달리 오키나와 한정 특산품도 만나볼 수 있다. 소비자의 관점에서 돈키호테는 오키나와 쇼핑을 상당히 단순한 동선으로 만들었다는 호평도 있지만, 본토의 자본이 지역 상권을 고사시킨다는 반발도 존재한다. 국제거리점 외에 오키나와 본섬에 5곳, 미야코 섬과 이시카시 섬에도 분점이 있다.

모노레일 미에바시美栄橋 역에서 도보 8분 (098)951-2311
09:00~05:00 없음 www.donki.com 돈키호테 국제거리점

내 푼돈 모아 태산 ······ ⑬

다이소 ダイソー

그간 오키나와의 다이소 분점들은 현지인 거주 구역에 위치해서 방문이 힘들었다. 돈키호테로 몰리는 여행자를 보다 못한 다이소가 '나도 참전!'을 선언하며 나하 버스터미널 3층에 대규모 매장을 냈다. 한국과 달리 ¥100대 상품이 정말 많다. 참고로 2층은 다양한 일제 화장품을 만날 수 있는 드럭스토어 오페레타Operette by Ohga Pharmacy를 비롯해 각종 스트리트 패션 브랜드가 즐비하니 함께 둘러보면 좋다.

모노레일 아사히바시旭橋 역과 연결되는 나하 버스터미널 건물 3층
(098)996-2108 10:00~20:00 없음
www.daiso-sangyo.co.jp/ 다이소 나하점

은혼을 원어로 읽을 수 있는 기회! ······ ⑭

만화창고 まんが倉庫 망가소우코

중고 만화책을 거래하는 매장으로 시작해, 지금은 일본 최대의 중고거래 매장으로 재탄생했다. 물론 지금도 핵심 상품은 만화나 만화 캐릭터 피규어. 요즘은 중고 의류, 신발, 악기, 심지어 골프·낚시 용품, 카메라까지 거래되고 있다. 일본의 중고 시장은 의외의 보물창고다. 품질도 좋고 가격도 훌륭하다. 중고 상품에 대한 거부감만 없다면, 당신의 보물창고가 되는 건 한순간일지도 모른다. 우라소에와 오키나와 시에도 분점이 있다.

모노레일 아카미네赤嶺 역에서 도보 5분 (098)891-8181
09:00~00:00 있음 mangasouko-okinawa.com/naha
만화창고

냐옹이 아이템만으로 이루어진 집사들의 성지 ······ ⑮

고양이네 집 猫家 In Neko Fan

식탁보, 사진 엽서, 에코백, 티셔츠, 커튼, 슬리퍼, 스마트폰 케이스 등 온갖 물건에 고양이 그림이 그려져 있다. 한마디로 일본 덕력의 진수를 보여 주는 곳. 단 하나의 주제로도 이 작은 섬에서 지속 가능한 덕질이 가능하다는 게 놀라울 뿐이다. 직접 제작하는 아이템과 일본 각지에서 가져온 아이템으로 나뉘는데, 후자의 경우 회전율이 빠른 편. 재방문했을 때 반 이상이 새로운 상품으로 바뀌어있어 깜짝 놀랐던 적이 있다.

모노레일 미에바 시美栄橋 역 또는 마키시牧志 역에서 도보 10분 (098)800-2057
10:30~19:00 없음 nekofan.thebase.in 잡화점 고양이네 집

국제거리의 유일한 백화점 ······ ⑯

류보 백화점

デパートリウボウ 데파토 류우보우

오키나와 유일의 토종 백화점으로 1954년 문을 열었다. 도쿄에 미쓰코 시三越가 있다면, 오키나와에는 류보 백화점이 있다고 할 정도로 오키나와 사람들에게 사랑받는 곳이다. 오키나와는 일본에서 가장 가난한 지역이라 자국 내 명품 브랜드의 입점조차 지지부진한 상태. 그나마 눈에 띄는 게 무인양품無印良品 그리고 프랑프랑Francfranc 정도다.

그래도 지하 푸드코트의 먹거리는 꽤 훌륭하다. 나가사키 카스텔라의 명가인 분메이도文明堂, 고베 후게츠도風月堂의 명물 고프레Gaufre와 양과자의 본가라 할 수 있는 모노조프モロゾフ, 혼타카사소야本高砂屋의 제품도 만날 수 있다. 오키나와 특산의 투박한 오미야게에 물렸다면 강력 추천하고 싶다.

모노레일 겐초마에県庁前 역 동쪽 출구에서 연결된다 (098)867-1171
10:00~20:30 있음, 2시간 무료
ryubo.jp 류보 백화점

AREA ····②

나하의 번화가

오모로마치 주변

おもろまち

나하의 신시가. 국제거리가 오키나와 바깥에서 온 여행자들을 위한 공간이라면 오모로마치는 로컬 나하 시민들을 위한 공간이다. 그러다 보니 외국인 여행자 입장에서는 오키나와 현립박물관과 미술관을 들르기 위해서나 가는 곳이다.
식당도 본토 체인점 위주라 일본인 여행자들에게는 심심한 곳이지만, 외국인에게는 매력적이다.
일본인이야 오키나와에 와서 오키나와식을 먹고 싶어하지만, 일본 바깥에서 온 외국인에게는 일식이건 오키나와식이건 이색적이기는 매한가지이기 때문이다. 이방인이 아닌 로컬 사이에 숨어들고 싶다면 오모로마치는 꽤 좋은 방문지다.

오모로마치 주변 상세 지도

05 이유마치 수산시장
오키나와 현립박물관 · 미술관 01
01 나하 메인 플레이스
후루지마 역
산치쿠쥬 04
251
02 타코스야 신도심점
토마린 항
43
58
오모로마치 역
330
251
29
N
0
200m
미에바시 역
07 자고르텐 스와로
포토호토
01
우리준 03
06 벤리야
마키시 역
아사토 역

본토와 다른 오키나와만의 독자성을 두 시간이면 캐치 할 수 있는 ······ ①

오키나와 현립박물관·미술관 沖縄県立博物館 美術館 🔈 오키나와 켄리츠하쿠부츠칸 비주츠칸

오키나와에서 단 하나의 박물관만 본다면 바로 이곳이다. 내부에는 박물관과 미술관이 함께 있지만, 입장료도 따로 징수할 만큼 두 구역은 독립적이다. 박물관과 미술관 모두 상설전과 특별전을 여는데, 제시된 요금은 상설전 요금이고, 특별전은 전시에 따라 별도의 요금이 있다.

역사관에서는 역사, 고고학, 자연사, 민속학 측면에서 본토와는 다른 오키나와의 독자적인 모습을 보여주는데 주력하고 있다. 특히 자연사관은 오키나와의 특성을 잘 나타내는 전시관이다. 이리오모테 고양이, 바다거북, 맹그로브 나무가 생태계에 미치는 영향을 박제와 모형으로 친절하게 설명하고 있다. 민속관도 빼놓긴 아깝다. 여행자들은 쉽게 접할 수 없는 오키나와 민가를 그대로 재현했고, 류큐 왕국 시절의 복식을 재현한 코너도 눈길을 끈다. 참고로 오키나와 현립박물관은 사진 촬영 규정이 상당히 복잡하다. 전시관별로 '촬영 가능', '플래시 금지', '촬영 불가'로 나뉜다. 각 전시관 앞에 커다랗게 촬영 안내 마크가 있으니 참고하자.

🚶 모노레일 오모로마치おもろまち 역 서쪽 출구에서 도보 10분 🕔 화~목 09:00~18:00, 토, 일 09:00~20:00 (월요일, 12월 29일~1월 3일 휴무) ¥ 박물관 530엔(고등·대학생 270엔, 초·중학생 150엔), 미술관 400엔(고등·대학생 220엔, 초·중학생 100엔) Ⓟ 158대를 수용할 수 있는 무료 주차장이 있다 🏠 okimu.jp/kr 🔍 오키뮤

엄청난 경력에도 이 정도 매장 규모라는 게 오히려 놀라운 ······①

포토호토 Potohoto

사카에마치 시장 안쪽에 있는 정말 작은 커피숍으로 시작해 로스터리를 겸하는 규모 있는 카페로 성장했다. 주인장의 실력은 출중해 2014년 전일본 커피 대회 배전 부문 전국 3위의 기록을 가지고 있다. 에스프레소보다는 싱글 오리진 드립 커피가 이 집의 간판 메뉴. 6~8가지의 지역별 원두를 보유하고 있다. 전체적으로 연하게 내리는 편이다. 요즘은 원두 판매에 더 주력하는 느낌.

모노레일 아사토安里 역 동쪽 출구에서 도보 6분, 만두집 벤리야에서 시장 안쪽으로 조금 더 들어가면 된다
(098)886-3095 10:00~18:00(일요일 휴무)
¥ 500엔 Ⓟ 없음 www.potohoto.jp 포토호토

미군 부대가 전파한 제2선 요리 ······②

타코스야 신도심점 タコス屋 新都心店

오키나와 전통(?) 요리인 타코스와 타코 라이스 전문점. 타코 라이스는 타코스와 같은 고명에 토르티야 대신 밥을 얹어 먹는 일종의 덮밥이다. 바삭하고 고소한 맛의 토르티야와 아삭한 상추, 진한 맛의 치즈는 의외로 궁합이 잘 맞는 편. 시원하고 고소하면서도 담백한 세 가지 맛에 포인트가 되는 매콤한 소스가 어우러져 개운하기까지 하다.

모노레일 후루지마古島 역 서쪽 출구에서 도보 10분
(098)867-2644 11:00~21:00(화요일 휴무) ¥ 800엔
Ⓟ 없음 타코스야 신도심점

오키나와풍 이자카야 ······③

우리준 うりずん

오키나와 요리로만 이루어진 이자카야 겸 레스토랑. 1972년에 문을 연 노포 중 하나다. 오키나와 현지인들에게 오키나와 요리를 본격적으로 즐길 수 있는 곳을 문의하면 열 명 중 서넛은 이 집을 꼽을 정도. 1관과 2관으로 나뉘는데, 1관은 완전히 술집 분위기고 2관은 훨씬 차분한 느낌이다. 외국인이라면 대부분 2관으로 안내받는다. 요리도 다양하지만, 무려 47종에 달하는 아와모리 셀렉션은 주당들을 설레게 한다. 아와모리의 경우 브랜드를 고르고, 이후 몇 년 숙성된 술을 마실지 선택해야 한다. 이 집에서 시작해 오키나와 전역에 퍼진 도우루텐ドゥル天이라는 일종의 크로켓은 일본인 여행자들이 반드시 주문하는 요리. 오키나와 해저에 서식하는 자코조개로 만든 사시미 シャコ貝刺身는 '바다의 맛'이 뭔지 알려준다. 사전 예약을 권한다.

🚶 모노레일 아사토安里 역 동쪽 출구에서 오키나와 은행을 지나 오른쪽 골목으로 들어가면 본점이 보인다. 도보 4 분 📞 (098)885-2178 🕒 17:30~24:00 ¥ 2500~4000엔
🅟 없음 🏠 urizun.okinawa 🔍 우리준 본점

나하에서 츠케멘은 이 집 ······ ④

산치쿠쥬 三竹寿

오키나와에서 제일 유명한 츠케멘집이다. 2014년에는 오키나와 베스트 라멘으로 선정되기도 했다. 메뉴는 크게 세 가지, 찍먹 라멘인 츠케멘つけめん, 뜨거운 면을 뜨거운 소스에 찍어 먹는 아츠모리あつもり 그리고 비빔면인 마제소바まぜそば다. 이 세 가지를 베이스로 매운맛과 보통맛으로 나뉜다. 한국인 여행자들은 매콤하고 진한 츠케멘濃厚豚骨魚介辛つけ麺을 선호하는 편.

모노레일 후루지마古島 역 서쪽 출구로 가서 왼쪽 계단으로 내려오면 정면에 아크로스 플라자 アクロスプラザ 쇼핑센터가 보인다. 쇼핑센터 2층 (098)868-8933 11:00~21:00(부정기 휴무) ¥ 1000엔 Ⓟ 쇼핑센터 주차장 이용 자가제면 산치쿠쥬

해산물 마니아라면 눈이 휘둥그레지는 미식 낙원 ······ ⑤

이유마치 수산시장 泊いゆまち 토마리 이유마치

오키나와 최대 규모의 해산물 직판장이자, 회 마니아들의 성지다. 오키나와의 다양한 근해 생선을 비롯해, 부위별로 잘라놓은 생참치, 참치 바비큐 구이, 즉석에서 빚어 담아 놓은 초밥 도시락 등을 저렴한 가격에 먹을 수 있다. 특히 참치 마니아들에게는 더욱 반가운 소식이 있다. 참치 중 가장 비싼 부위로 알려진 오오토로大トロ는, 여성 팔뚝만한 조각이 5000~6000엔 정도다.
물론 구입하자마자 숙소로 돌아가 냉장 보관한 후, 여행을 이어가야 하는데, 참치 고급 부위에 죽고 못 사는 사람이라면 이럴 가치는 충분하다.

모노레일 미에바시美栄橋 역에서 차로 10분 (098)868-1096 06:00~18:00 ¥ 800~2000엔 Ⓟ 있음 www.tomariiyumachi.com 토마리 이유마치 수산시장

덮밥·초밥 참치 본점
丼·すし まぐろや本舗

이유마치 수산시장 내 해산물 돈부리 전문점. 절인 참치나 참치 붉은살 덮밥은 놀랄 만큼 저렴하지만, 덮밥의 고명을 참다랑어 대뱃살로 올리면 아무래도 기본 단가가 있으니 가격은 꽤 올라간다. 하지만 그래도 한국과 비교하면 염가 수준인 것은 분명하다. 참고로 덮밥·초밥 참치 본점은 테이블과 의자가 있어 주문한 식사를 매장에서 즐길 수 있다. 이유마치 시장에는 이외에도 沖興水産食品이나 丸六水産처럼 덮밥, 스시 도시락을 파는 가게도 있다.

지도 봤쥬? 오키나와랑 타이완이랑 가까운 거 ⑥

벤리야 べんり屋 玉玲瓏 🔈 벤리야 교쿠레이로

타이완 사람들이 운영하는 샤오룽바오小籠包를 비롯한 만두 전문점. 사카에마치 시장에서 가장 핫한 집 가운데 하나다. 일본 언론에도 제법 노출된 공인 맛집이라 영업 개시 10~20분 전에 가도 가게 앞에 줄을 선 사람들이 많다. 채친 생강과 식초는 샤오룽바오의 풍미를 더해주는 소품이니 잊지 말고 곁들여보자. 새우 찐만두 エビ蒸し餃子도 놓치면 나중에 뼈아프다.

🚶 모노레일 아사토安里 역 동쪽 출구에서 도보 5분(시장 안쪽에 있어 찾기가 쉽지 않다)
📞 (098)887-7754 🕔 17:00~22:30(일요일 휴무) ¥ 1000엔 🅟 없음 🔍 벤리야

혁명의 기운으로 과식하자 ⑦

자고르덴 스와로 金燕楼 The Golden Swallow

요코하마와 홍콩에서 어린 시절을 보낸 주인장이 오키나와에 정착해 만든 레스토랑. 매콤한 마파두부四川麻婆豆腐와 완탕면わんたん麵은 한국인들의 입맛에도 제격인 베스트 메뉴다. 문화혁명 시기의 중식당 콘셉트라 테이블과 의자는 일부러 볼품없게 만들었고, 일부 점원들은 홍위병 복장을 하고 있다. 요리 맛도 훌륭하고 가격대 또한 적당하다. 라조기辣子鷄도 맛있다.

🚶 모노레일 마키시牧志 역 또는 아사토安里 역에서 도보 10분 📞 (098)860-9089 🕔 화~금 17:00~24:00, 토 15:00~24:00, 일 12:00~23:00(월요일 휴무)
¥ 1000엔 🅟 없음 🏠 tsubame-gumi.com/the-goldenswallow 🔍 자고르덴 스와로

여행자들을 위한 신개념 쇼핑몰 ······ ①

나하 메인 플레이스 Naha Man Place

오키나와를 대표하는 유통그룹인 산에サンエー가 운영하는 복합 쇼핑센터. 오키나와의 신도심으로 불리는 오모로마치에 있다. 여행자들보다는 현지인들이 즐겨 찾는 곳으로, 헬로키티 제품이 가득한 산리오 기프트 게이트サンリオギフトゲート, 서핑보드를 비롯해 스노보드와 스케이트보드까지 온갖 종류의 보드를 취급하는 무라사키 스포츠ムラサキスポーツ, 루피시아 같은 점포들이 눈에 띈다. 쇼핑센터치고 식당은 약한 편이다. 극장과 서점, 레코드숍이 있다.

🚶 오모로마치おもろまち 역 서쪽 출구에서 도보 6분, DFS 갤러리아 맞은편
📞 (098)951-3300 🕘 09:00~22:00 Ⓟ 있음 🏠 www.san-a.co.jp/nahamainplace
🔍 산에이 나하 메인 플레이스

AREA ···· ③

사라진 왕국의 불타버린 폐허

슈리성 주변 首里城

슈리성이 불타 버리기 전만 해도 슈리성 일대는 독립적인 지역이자 오키나와를 방문한 여행자에게는 필수 방문지였지만, 안타깝게도 지금의 슈리성은 그전에 비하면 위상이 반의 반도 안된다. 그럼에도 왕조 시절의 중심지였던 덕에 지금도 이 일대는 예스러움이 넘쳐난다. 그 기반 하에 류쿠의 전통문화를 슬쩍 엿보고 싶다면 슈리성 일대는 여전히 매력적이다.
특히 슈리성 주변에서만 맛볼 수 있는 오키나와 소바집은 한 끼 식사를 위해서라도 들러볼 만한 가치가 있다.

슈리성 주변 상세 지도

슈리성 공원 입구(도노쿠라 방면)
슈리성 공원 입구(시내 방면)
03 슈리 호리카와
29
49
50
02 옥릉
슈레이문
소노향 우타키 석문
간카이문
용통
즈이센문
로우코쿠문
원각사지
고우후쿠문
만국진량의 종
슈리성 공원 01
푸진문
수리기산공원
03 긴조우초 돌판길
아마고이다케 전망대
01 텐토텐
04 시키나엔

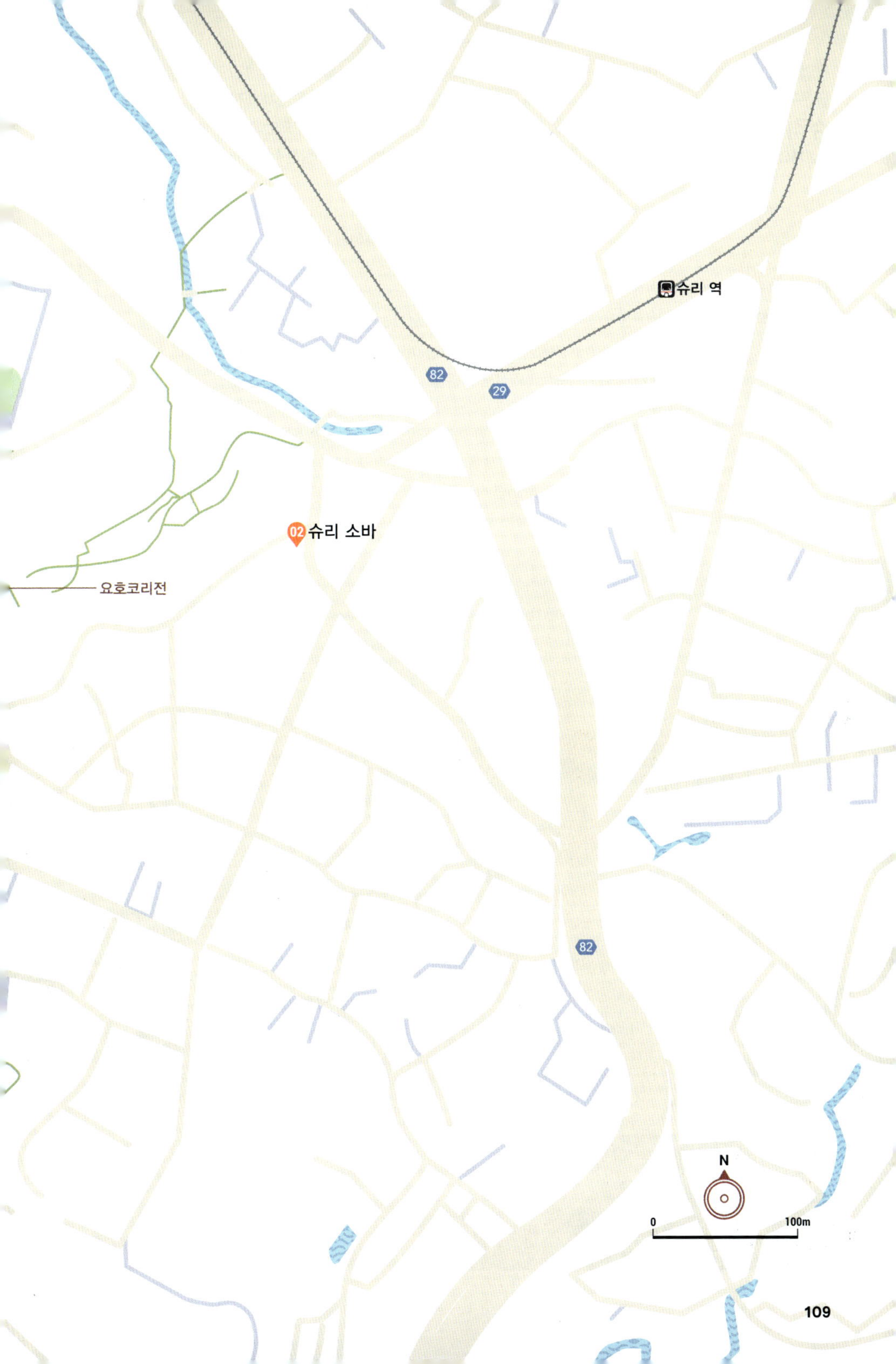

슈리 역
82
29
02 슈리 소바
요호코리전
82
N
0
100m

장엄하게 남아버린 슬픈 폐허 ······ ①

슈리성 공원

首里城公園 🔈 슈리조 코엔

🚶 모노레일 슈리首里 역 남쪽 출구에서 도보 15분 또는 1·14·16·46번 버스를 타고 슈리성 공원 입구首里城公園入口 하차, 도보 5분 🕓 무료 구역 08:30~18:00, 유료구역 09:00~17:30(매년 7월의 첫 번째 수요일과 그 다음날) ¥ 400엔(고등학생 300엔, 초·중학생 160엔) ※모노레일 정기권(1, 2일권)을 제시하면 각각 320, 240, 120엔으로 할인 Ⓟ 원내에 대형 주차장이 있다. 소형차 기준 320엔(3시간 이내) 🏠 oki-park.jp/shurijo 🔍 슈리성

1429년 쇼씨 왕조가 오키나와 일대를 통일한 후 1879년 일본에 편입되기까지 약 450년간 류큐 왕조의 정궁正宮이었던 곳. 2차 대전 당시에는 일본 육군 32군의 총사령부로 쓰이며 성 자체가 격전지가 되었다. 1945년 5월 초 미군의 나하 포격이 시작되며 슈리성은 장장 사흘에 걸친 함포 사격으로 흔적도 없이 소멸되고 만다.

망국이어서 더 서러운 법이었을까? 이미 망해버린 류큐 왕조였지만, 그나마 슈리성의 존재가 오키나와 사람들에게 나름의 위안이 되었는데 이제는 그마저 사라진 것이다. 슈리성의 재건은 1972년 오키나와가 일본에 반환되면서부터 재점화된다. 우여곡절 끝에 1989년 슈리성 복원 공사가 시작되었고 전국에서 공예가와 장인들이 몰려와 복원 작업에 힘을 보탠다.

1992년 11월 2일, 4년 여의 공사 끝에 궁전의 본전 격인 정전이 완공, 이후 주변의 크고 작은 부분을 보강하며 최종적으로 2019년 1월 복원 완료를 선언하게 된다. 하지만 복원 완료를 선언하고 채 1년도 되지 않은 2019년 10월 31일, 전기 합선으로 인한 화재가 발생해 정전, 북전, 남전, 서원, 쇄지간, 황금어전, 이층어전 등 총 6개 동이 전소되고 만다. 2020년 11월부터 다시 복구 작업에 들어갔는데, 2026년 가을 재복원을 목표로 현재까지도 공사가 진행 중이다. 현재는 불에 타지 않은 구역에 한해 일반에 공개되고 있다.

슈레이문 守礼門 🔈 슈레이몬

슈리성의 정문으로 일본인들에게는 ¥2000짜리 지폐의 주인공으로 더 유명하다. 현판에 쓰여 있는 '슈레이노쿠니守禮之邦'는 예절을 중시하는 나라라는 뜻으로, 중국에 열심히 사대하겠다는 의미다. 실제로 슈레이문은 중국에서 책봉사들이 류큐 왕국을 방문했을 때, 류큐 왕조의 고관대작들이 황제의 사신에게 무릎을 세 번 꿇고 머리를 조아리며 머리를 땅에 아홉 번 부딪치는 삼배구고두三拜九叩頭를 행했던 곳이기도 하다. 현재의 문은 1958년에 복원한 것이다.

소노향 우타키 석문 園比屋武御嶽石門 🔈 소노향우타키 이시몬 유네스코 세계문화유산

슈리성 내에 있는 우타키御嶽 중 하나다. 우타키란 오키나와의 전통 신앙에서 가장 중요한 존재 중 하나로, 신이 내려오는 곳을 의미한다. 소노향 우타키는 왕만 출입할 수 있는 일종의 전용 예배처로 성 밖을 나갈 때면 어김없이 이곳에 들러 예식을 드렸다고 한다. 이곳 역시 1945년 오키나와 전투 때 파괴되었지만, 복원 과정에서 과거의 잔해들을 모두 활용한 탓에 유네스코 세계문화유산 중 하나로 선정되었다.

간카이문 歓会門 🔈 칸카이몬

성내 첫 번째 문, 중국에서 오는 사신이나 책봉사를 환영한다는 의미를 지닌 문이기도 하다. 이곳에서부터 이후 나오게 될 고우후쿠문廣福門까지는 류큐 왕국의 국왕과 중국 사신만 지나다닐 수 있었다고 한다.

용통 龍樋 🔈 류우히

류큐 왕국 시절 왕실 전용 샘. 당시 로열패밀리들만 이 샘의 물을 마실 수 있었다. 현재는 행운을 비는 샘물 정도로 격하돼 관광객들이 던져놓은 동전만 수북하다. 샘에서 물을 뿜어내는 용 조각은 1532년 류큐 왕국의 재상이었던 다쿠시 모리사토沢岻盛里가 중국에서 가져온 것이라고. 전쟁통에 기적적으로 살아남은, 몇 안 되는 2차 대전 전 슈리성의 구성 요소이기도 하다.

즈이센문 瑞泉門 🔈 즈이센몬

슈리성 제2문. 현판의 뜻은 '상서로운 샘이 나오는 문'이라는 의미로, 위에서 설명한 용통 때문에 붙은 이름이다. 계단을 2/3쯤 올라 즈이센문을 등지고 올라왔던 구간을 내려다보면, 눈 앞에 꽤 근사한 풍경이 펼쳐진다. 한편, 즈이센문과 용통 주변에는 7기의 비석이 있는데, 이는 책봉칠비라고 한다. 중국 황제가 보낸 책봉사가 류큐 국왕을 책봉하면서 남긴 칭찬(?)의 말을 비석으로 만들었다고. 가장 오래된 것은 1719년 강희 58년의 비석이고 가장 최근 것은 1866년 동치 5년에 만든 것이다. 마지막 비석이 만들어지고 5년 후, 류큐 왕국은 일본에 의해 멸망한다.

로우코쿠문 漏刻門 🔈 로우코쿠몬

슈리성 제3문. 1879년까지는 문 위에 물시계가 있었다고 하는데, 즈이센이란 말 자체가 물시계란 뜻이다. 예전에는 몰 앞에 큰 북을 놓고 2시간마다 한 번씩 쳐서 시간을 알렸다고 한다. 류큐 왕국이 일본에 합병된 1879년 이후부터는 서양식 자명종이 도입되어 물시계의 용도는 유명무실 해졌다고 한다.

만국진량의 종 万国津梁の鐘 🔈 반코쿠신료노

원래는 슈리성의 정전에 매달려 있던 종. 현재 진품은 오키나와 현립박물관에 있고 여기에 있는 건 복제품이다. 1458년에 주조되었는데, 그 시절 한창 중계무역으로 명성을 떨치던 류큐 왕국의 자부심이 잘 드러나 있다. 만국진량은 종에 새겨진 명문으로 세계를 잇는 가교라는 뜻이다. 명문은 '류큐는 남해의 은혜로운 땅에 있다. 삼한(한반도)의 우수한 문화를 모으고, 중국과는 위아래의 중요한 관계이며 일본과는 혀와 입술의 관계처럼 친밀하다. 이 사이에 있는 류큐야말로 이상향이다'로 시작한다. 문장에 한반도가 가장 먼저 나오는 탓에 한국의 민족주의자들은 이를 근거로 류큐 왕족이 한반도 출신이라 그렇다는 등 온갖 행복한(?) 상상의 나래를 펴는 중이기도 하다.

고우후쿠문 廣福門 🔈 고우후쿠몬

지금까지의 문과는 달리 석조 기단 없이 목조 건물만 올라가 있다. 류큐 왕국 시절에는 궁전인 정전으로 가는 출입구였다. 문을 통과하면 오른쪽에 유료 구역으로 입장하기 위한 매표소가 마련되어 있다. 즉 여기까지는 무료 구역이라는 이야기.

푸진문 奉神門 🔈 푸진몬

1562년 처음 지어진 이 문은 류큐 왕국의 신성한 영역과 속세를 구분하는 경계였다. 2층 구조의 웅장한 목조 건축물로, 붉은 기와지붕과 화려한 단청이 조화를 이룬다. 문을 통과하면 비로소 왕이 정무를 보던 정전 광장이 펼쳐진다. 2019년 화재로 소실됐으나 2026년 복원을 목표로 재건 중이다.

요호코리전 世瓏殿 🔈 요호코리덴

한참 복구 공사 중인 슈리성 정전 공사 구역을 뒤로 돌아 나오면 만날 수 있는 작은 궁전 부속 건물이다. 류큐 왕국 시절에는 미혼인 공주의 거실로 쓰였고, 국왕이 죽었을 때 차기 국왕의 즉위 의례가 여기에서 이루어졌다고 한다. 지금은 불타기 전 슈리성의 모습을 보여주는 영상 자료를 상영하는 공간으로 쓰인다.

동쪽 아사나

東のアザナ 🔈 히가시노 아자나

슈리성 동쪽 성벽길. 나하 시내를 굽어볼 수 있는 전망대다. 참고로 슈리성의 유료 구역은 2023년 4월 현재 이 세 곳 뿐이다. 문화재 복원에 지대한 관심이 있어 슈리성 복원을 위해 입장료를 보태주고 싶다면 모르겠으나, 단 세 곳을 보기 위해 입장료를 내는 건 조금 아깝다는 생각이 들기도 한다. 각자의 판단에 따르도록 하자.

왕가의 무덤군 ······ ②

옥릉 玉陵 🔈타마우둔 유네스코 세계문화유산

류큐 왕국 역대 왕들의 능묘. 정확히는 1469년 쇼엔왕尚円王부터 1872년 퇴위한 쇼타이왕까지 약 400년에 걸친 류큐 왕국의 왕들이 묻힌 무덤군이다. 오키나와는 전통적으로 풍장風葬을 선호한다. 왕이나 왕족들이 죽으면 시신 안치소에 5년 정도 보관만 한다. 그쯤 되면 시신이 모두 부패해 뼈만 남기 마련인데, 그 후 안치소 문을 열고 뼈를 깨끗하게 닦은 후에 유골 항아리에 담아 보관한다. 장례법이 이렇다 보니 한반도나 중국과 달리 각 왕의 능이 있는 게 아니라 유골 항아리만 보관하는 현대의 납골당 같은 왕릉이 생겨난 셈이다. 겉에서 보는 왕릉은 크게 세 동이다. 가운데 건물이 앞서 말한 시신 보관소, 옥릉을 마주 보고 왼쪽에 있는 동실東室이 왕과 왕비의 유골 단지가 모셔져 있는 곳이고, 서실에는 왕과 왕비를 제외한 왕족들이 모셔져 있다. 제2차 세계대전 당시 일본군이 주둔했을 때, 본토 사람들이 죽은 사람을 바로 화장하자 오키나와 사람들은 깜짝 놀라며 말렸다고 한다. 죽은 것도 서러운데, 시신을 태우는 건 너무하다는 논리와 함께 말이다.

🚶 슈리성 공원 입구에서 도보 5분 🕘 09:00~18:00 ¥ 300엔(중학생 이하 150엔)
Ⓟ 슈리성 주차장을 이용하자 🏠 www.city.naha.okinawa.jp/kankou/bunkazai/tamaudun.html 🔍 옥릉

나하에서 가장 매력적인 도보 산책길 ······ ③

긴조우초 돌판길 金城町石畳道 🔈 킨죠우쵸 이시타다미미치

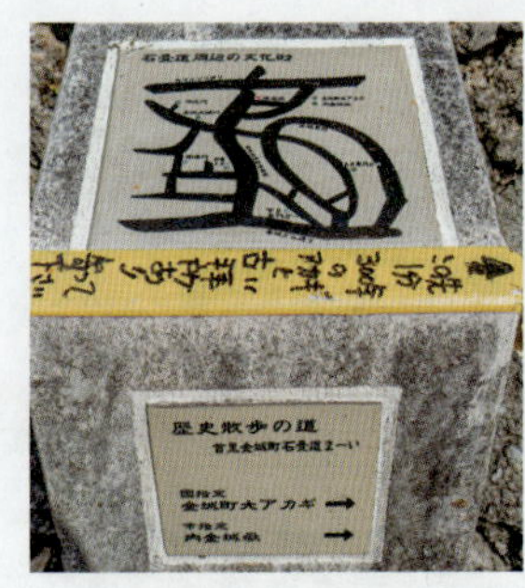

나하에 남아있는 거의 유일한 류큐 왕국 시절의 옛길. 류큐 왕국 시절에는 길이 4km, 총연장 10km를 자랑했다지만, 현재 남은 것은 고작 238m뿐이다. 나머지 구간은 제2차 세계대전 중 오키나와 전투를 거치며 모두 파괴돼 버렸다고. 류큐 왕국 시절에 이 일대는 귀족들의 거주지였다. 드물지만 당시에 지어진 돌담이 지금도 남아 있어 그때를 상상해 볼 수 있다. '일본의 아름다운 길 100선'에 뽑힌 길이니만큼 커플 여행자라면 이곳에서의 산보를 잊지 말자.

🚶 슈리성 슈레이문으로 들어가 오른쪽 흥선사 방향으로 5분 정도 내려가면 찻길이 나오고 그 길을 건너면 돌다다미길 입구가 나온다. 🕓 상시 개방 ¥ 무료 🅟 구글맵 '26.214357, 127.715424' 🏠 www.odnsym.com/spot/kinisidatami.html 🔍 긴조정 돌다다미길

아침나절 숲과 함께하는
최고의 산책 코스 ······ ④

시키나엔 識名園

류큐 왕국의 별궁이자 중국 황제의 사신들이 류큐를 방문했을 때 영빈관으로 쓰였던 곳. 일본 정원의 전통 기법인 회유식 정원廻遊式庭園 구조다. 회유식 정원은 큰 연못을 중심에 두고 연못 주변에 가산假山, 작은 섬, 정자, 다리 등을 배치해 다양한 풍경을 감상할 수 있게 해 준다. 주로 교토와 와카야마 지방에서 많이 볼 수 있는데, 시키나엔은 오키나와에 있는 유일한 회유식 정원으로 약간의 중국 정원 기법도 첨가되었다. 열대지방에서나 볼 수 있는 반얀 나무도 감상해 보자.

🚶 슈리성에서 차로 10분, 버스 2, 3, 4, 5, 14번 시키나엔 하차
🕓 4월~9월 09:00~18:00, 10월~3월 09:00~17:30(수요일 휴무)
¥ 400엔(중학생 이하 200엔) 🅟 시키나엔 북쪽에 무료 주차장이 있다 🏠 www.city.naha.okinawa.jp/kankou/bunkazai/shikinaen.html 🔍 식명원

전통을 살린 신세대 소바의 선두주자 ······ ①

텐토텐 てんtoてん

오키나와 소바의 전설 중 하나. 전통기법과 자가제면, 부드럽고 은은한 국물과 여느 오키나와 소바에서는 볼 수 없는 탄력있는 면발까지. 무엇 하나 빼놓기 아까운 집이다. 특히 이 집의 면은 글루텐을 활성화시키기 위해 재를 사용하는데, 이 또한 면을 맛있게 만들기 위한 전통 기법이라고. 주먹밥의 쌀은 오키나와 재래종을 사용한다고 한다. 성수기 때는 예약이 필요하니 서둘러야 한다. 오키나와 소바木灰すば와 오니기리古代米のおにぎり가 기본 메뉴. 영업시간이 변동이 잦다. 방문 전 체크 필수.

모노레일 아사토安里 역에서 차로 10분 또는 시키나엔識名園에서 도보 10분
(098)853-1060 수~금 11:30~13:30 (토·일·월요일 휴무) ¥1000엔 P 있음
www.tentoten.ryukyu 텐토텐

오키나와 소바의 표준 ······ ②

슈리 소바 首里そば

삼겹살과 가마보코가 고명으로 올라가는 오키나와 소바의 '표준'같은 집이다. 점심 장사만 하기 때문에 시간을 잘 맞춰야 한다. 일본인들이 면을 대하는 자세는 경건 그 자체인데, 이 집에서는 조금 더 심해 면을 먹자는 건지 예배를 보는 건지 알 수 없을 정도다. 한국인 입장에서는 떠들면 큰일 나나 싶은 침묵. 면 넘기는 소리와 국물 마시는 소리만 들린다. 맛도 맛이지만 꽤 재미있는 집이다. 소바와 함께 오키나와식 삼겹살찜煮汁け을 곁들이면 한 끼로 든든하다.

모노레일 슈리首里 역 남쪽 출구에서 도보 5분 (098)884-0556
월~토 11:00~14:00쯤(목·일요일 휴무) ¥700~1000엔 P 6대 가능 슈리 소바

여기가 맞나 싶은 맛집 ······ ③

슈리 호리카와 首里 ほりかわ

가정집을 개조한 소박한 오키나와 소바집. 슈리성 구역, 주택가 좁은 골목 안에 자리하고 있어 약간은 비밀스러운 느낌이다. 다른 집과 달리 숙성 면을 쓰기 때문에 면발이 쫄깃하다. 자판기를 통해 주문해야 하는데 종이 메뉴와 자판기 표기가 좀 다르다. 소바는 필수고, 여기에 모즈쿠 초절임もずく酢, 후식으로 지마미 두부じーまみ豆腐를 곁들여보자. 완벽하다!

모노레일 슈리首里 역 남쪽 출구에서 도보 15분 (098)886 3032
11:00~16:00(수·목요일 휴무) ¥2인 1000~1200엔 P 없음
슈리 호리카와

오키나와에서 가장
신성한 지역

남부
南部

북부에 츄라우미 수족관이 개관하기 전까지만 해도 남부 지방은 오키나와 여행의 일번지였다. 나하와 거리적으로 가까울 뿐만 아니라, 태평양과 동중국해를 아우르는 긴 해안선은 바다의 참맛을 즐기기에 부족함이 없었다. 무엇보다 제2차 세계대전의 유적지들이 많아, 휴양과 역사를 모두 아우를 수 있는 복합 여행지로서의 가치 또한 만만치 않았기 때문이다. 중부나 북부에 머문다면 다소 멀겠지만, 잘 보존된 마을의 정감어린 풍경을 사랑한다면 남부는 여전히 훌륭한 여행지다.

한눈에 보는 남부 여행 해시태그

#세화 우타키 #우미카지 테라스 #세나가지마 호텔 #온천 #니라이·카나이 다리 #베스트 드라이브 코스 #평화 기념 공원 #오키나와 전투 기념관 #한국인 위령탑 #류큐 온천 용신의 탕 #나하공항 #해수 천연온천 #야기야 #오래된 민가 #아사 소바 #전망 #타이 음식 #해변의 차야 #바다 전망 카페

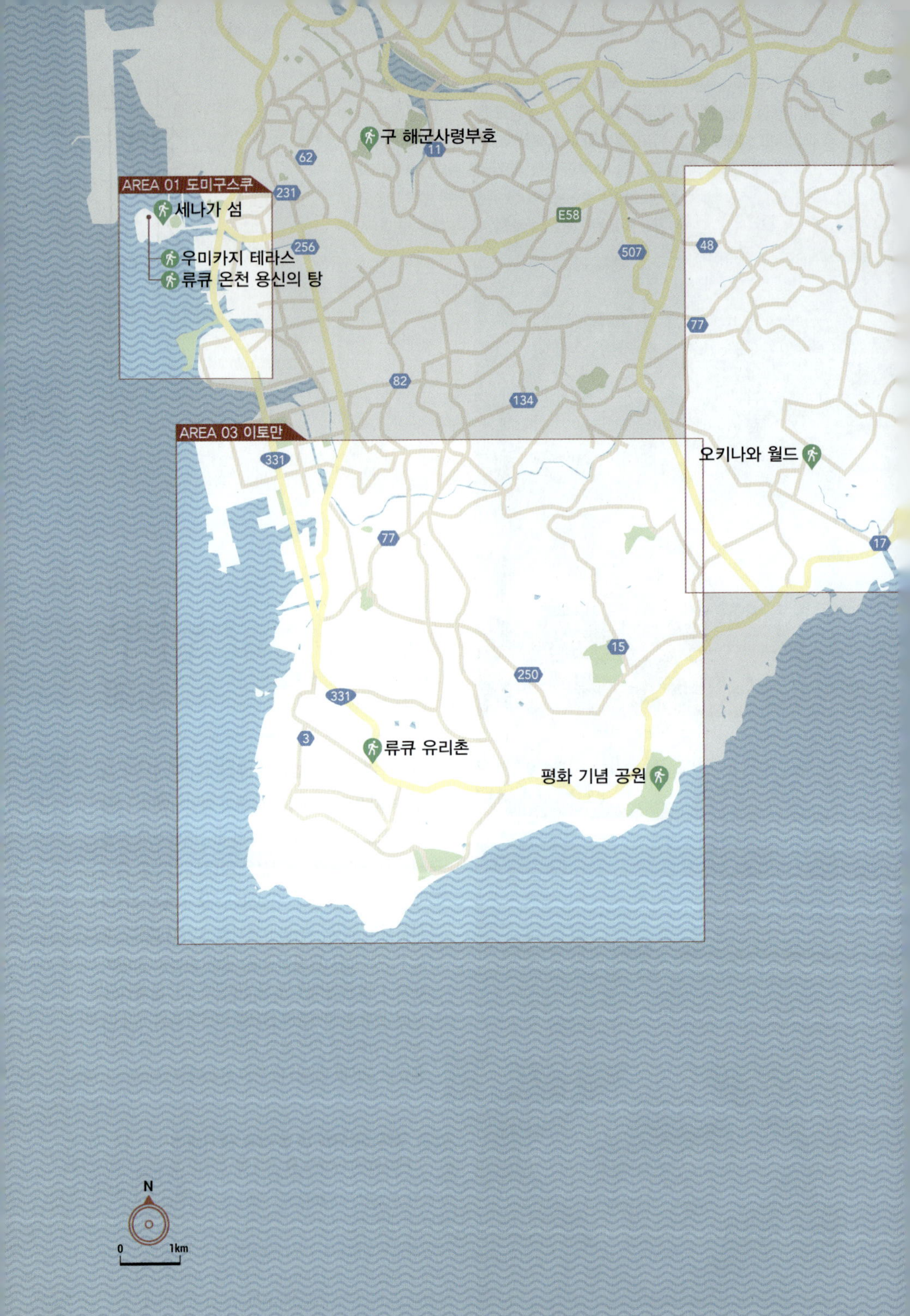

구 해군사령부호

AREA 01 도미구스쿠

세나가 섬

우미카지 테라스

류큐 온천 용신의 탕

AREA 03 이토만

오키나와 월드

류큐 유리촌

평화 기념 공원

62 11 231 256 E58 507 48 77 82 134 331 77 17 15 250 331 3

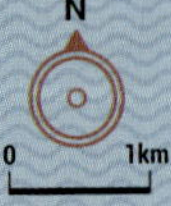

남부 전도

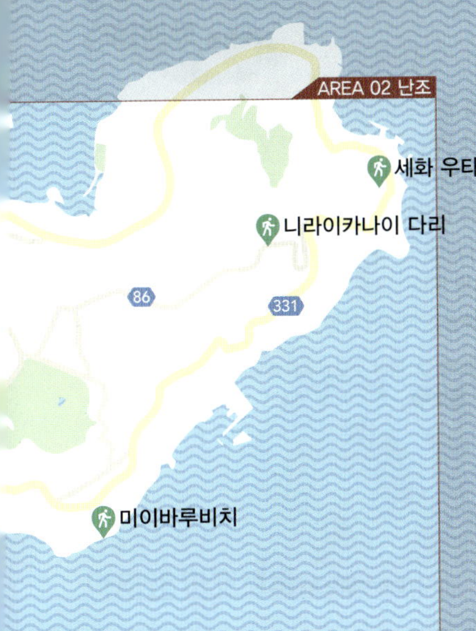

구다카 섬

남부 추천 코스

예상 소요 시간 **8시간**

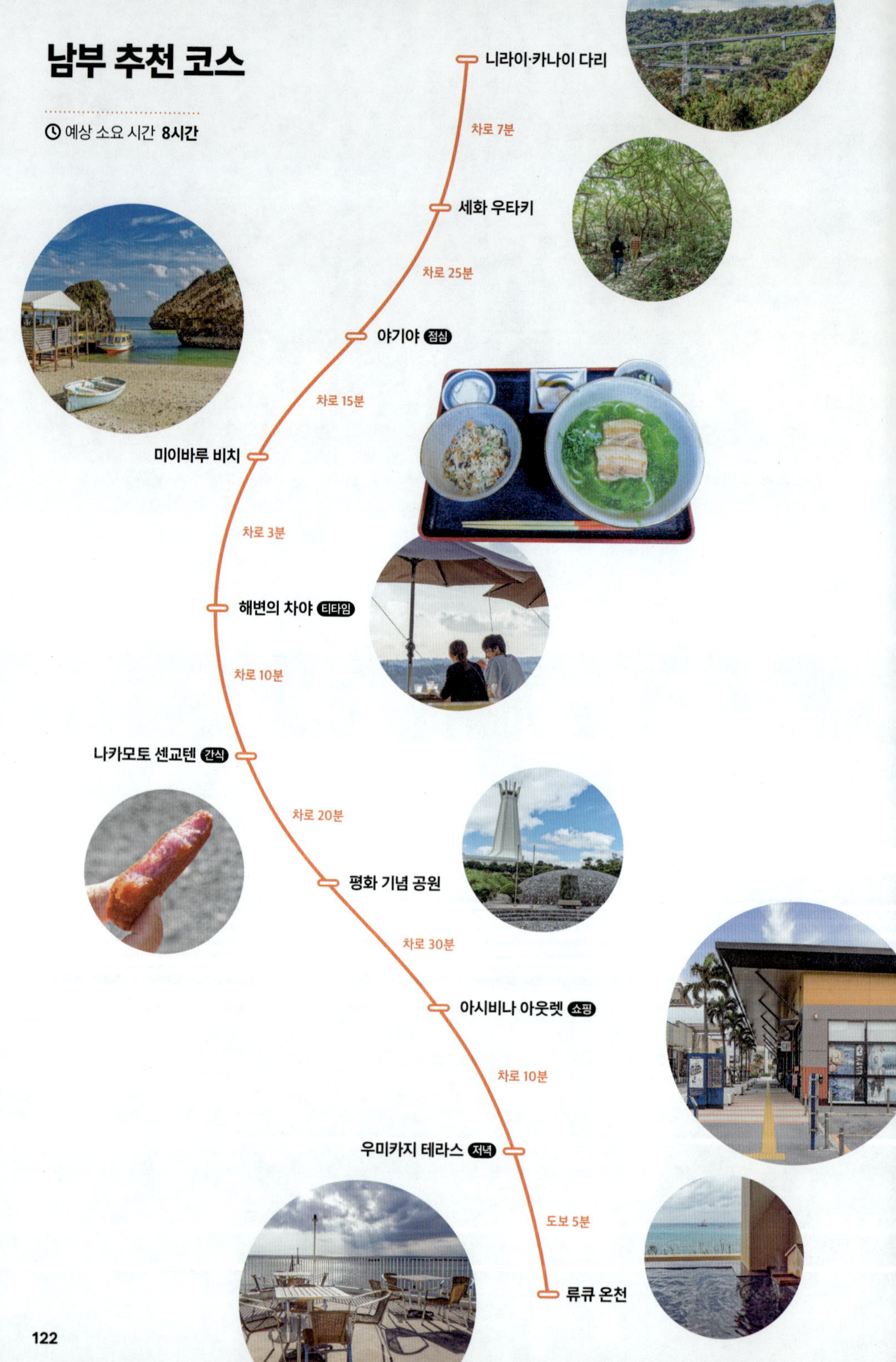

AREA ····①

하늘에 온통 비행기뿐인

도미구스쿠 豊見城

오키나와 남부의 시작점. 인구 6만 명가량의 작은 도시인데,
나하랑 붙어있어 여행자들은 행정구역이 나눠졌는지도 모른다.
일종의 나하권 위성도시 개념인데, 그래도 나하를
벗어나서인지 도심의 풍경이 조금 더 작아진다.
오키나와 여행객이라면 필수 방문지인 세나가 섬이 있어,
대부분의 여행자들이 꼭 들르는 곳이다.
구 해군 사령부호 같은 전적지도 눈에 띄는데
밀리터리 마니아라면 놓치기 아쉬운 곳이다.

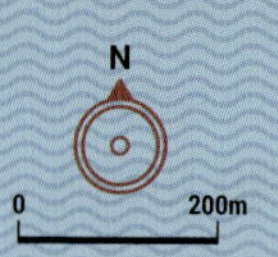

01 아버지의 참치
02 모토무의 카레빵
03 류큐 온천 용신의 탕
02 우미카지 테라스
01 세나가 섬

331
구 해군사령부호 04

331
시오사이 공원

331
토요사키 해변공원

아시비나 아웃렛 01

Chura-Sun Beach

DMM 카리유시 수족관

Toyosaki Rainbow Park

도미구스쿠 상세 지도

인생 비행기 샷을 찍어보자 ······ 1

세나가 섬 瀬長島 세나가지마

나하와 도미구스쿠 섬 경계에 있는 작은 섬으로, 전체 면적이 0.18km²에 불과할 정도로 작다. 오키나와 현지 주민들에게는 시에서 운영하는 야구장과 섬에 딸려 있는 작은 해변에서 바다낚시와 윈드서핑을 즐기는 곳으로도 유명하지만, 외지 여행자들에게 주목받는 곳은 아니다. 나하공항으로 착륙하는 모든 비행기는 세나가 섬을 지나 활주로에 안착한다. 이 때문에 세나가 섬은 비행기 마니아들의 성지이기도 하다. 활강 중인 비행기를 가장 가까이에서 카메라에 담을 수 있어, 커다란 망원 렌즈를 들고 서성이는 사람들을 흔히 볼 수 있다. 민간항공기뿐만 아니라, 인근 자위대도 같은 활주로를 이용하고 있어, 우리나라에서는 볼 수 없는 F-15J 같은 자위대 전투기의 착륙 모습도 볼 수 있다. 섬의 서쪽으로는 아름다운 석양이 펼쳐지기도 해 커플들도 즐겨 찾는 명소다.

모노레일 아카미네赤嶺 역에서 버스 89번, 15분 소요. 330엔 ¥ 무료
P 해안도로에 요령껏 댄다. 세나가

언뜻 언뜻 보이는 지중해의 느낌 ······ ②

우미카지 테라스 ウミカジテラス 🔈 우미카지 테라스

그리스 산토리니 느낌으로 지은 계단식 레스토랑, 쇼핑 복합 아케이드다. 오키나와의 많은 신설 스폿들이 오로지 여행자들만을 타깃으로 삼다가 몇 년 못 가 한적해지는 경우가 많은데, 우미카지 테라스는 현지인에게도 높은 평가를 받고 있어 롱런이 예상된다. 우미카지 테라스 위에 있는 류큐 온천에서 몸을 담근 후 이곳에서 요기할 수도 있고, 시원한 음료나 맥주를 마시며 망중한을 즐길 수도 있다. 여행자들에게는 쇼핑 스폿보다는 석양 맛집, 탁 트인 바다를 바라보며 다양한 일본 요리를 즐길 수 있는 포인트로 더 적당하다.

- 나하공항에서 차로 20분 또는 나하공항에서 TK04(주말에만 운행), 국제거리 쪽에서 TK02번 탑승, 세나가지마 호텔瀬長島ホテル (ウミカジテラス) 하차
- 10:00~20:00(선셋허브 20:00~02:00)
- ¥ 무료 Ⓟ 있음
- www.umikajiterrace.com
- 세나가점 우미카지테라스

우미카지 테라스에서 추천할 만한 식당&공방

점포 번호	점포명	소개
4	범람 버거 치무후가스 氾濫バーガー チムフガス	속을 하도 꽉꽉 채워 범람한다는 그 버거. 대식가에게 강력 추천.
7	오키나와 젤라또 沖縄ジェラート YukuRu Gelato	이탈리아 볼로냐에서 젤라또 제조를 배운 주인장이 운영하는 본격적인 이탈리아 젤라또, 석양 아래 아이스크림을 먹는 그 맛은!
9	오키나와 소바집 모토부 숙성 면 沖縄そば処 もとぶ熟成麺	쫄깃한 숙성 면을 사용하는 오키나와 소바집. 오징어 먹물 소바イカすみそば, 바다포도 소바海ぶどうそば가 간판 메뉴다.
11	선룸 스위트 세나가지마 サンルーム スイーツ 瀬長島	디저트 전문점. 시폰 케이크, 파이, 그리고 엄청난 맛의 트로피컬 주스와 새콤한 아세로라 프로즌으로 비타민을 섭취하자.
14	아버지의 참치 親父のまぐろ	오키나와에서 가장 신선한 참치 돈부리를 맛볼 수 있는 집 중 하나다.
15	바자르 블루 아이랜드 Bazaar Blue Island	터키인이 운영하는 도기, 액세서리 전문점. 조금 비싸긴 하지만 예쁘장한 물건들이 가득하다.
27	해먹카페 라 이슬라 Hammock Cafe La Isla	해먹에 누워 바다를 바라보며 과일 주스를 마실 수 있는 카페. 한여름엔 타 죽으니 계절을 잘 선택하자.
38	엠케이 카페 MK Cafe	오키나와에서 직접 잡아올린 고등어로 만든 고등어 버거 전문점. 터키에서 먹는 고등어 케밥보다 훨씬 신선하다. 생각보다 맛있다. 실패 확률 낮은 편!
40	이토시나 Itosina	직접 만드는 반지 전문점. 은반지 위주이긴 하지만 금반지도 있다. 세상에 하나뿐인 나만의 혹은 우리만의 반지를 만들 수 있다는 매력! 가격은 반지의 무게로 결정된다.

비행기 이착륙을 즐길 수 있는
특이한 해수 온천 ······③

류큐 온천 용신의 탕

琉球温泉龍神の湯 🔊 류큐온센 류진노유

세나가지마 호텔에 있는 온천으로 오키나와 본섬에서 가장 추천할 만하다. 세나가지마 섬 지하 1000m 지점에서 솟아 나오는 천연 온천인데 분당 500ℓ 정도로 수량이 무척 풍부한 편이다. 특히 바다를 한눈에 내려다볼 수 있는 야외탕에서의 느낌이 각별하다. 위치에 따라 바다를 조망할 수도 있고, 나하공항의 비행기가 뜨고 내리는 장면을 지켜볼 수도 있다. 남·여 탕은 나눠져 있다.

나하공항에서 차로 20분, 또는 나하공항, 모노레일 아카미네 역에서 도쿄 버스 우미카지라이나東京バス ウミカジライナー 탑승, 세나가지마 호텔 瀬長島ホテル(ウミカジテラス) 하차 06:00~00:00 ¥ 2000엔(초등학생 1000엔), 문신 있는 사람, 주취자 입장 금지 Ⓟ 있음
www.resorts.co.jp/senaga/ryujinhotspring
류큐 온천

일본 제국주의의 흔적 ······④

구 해군사령부호 旧海軍司令部壕 🔊 큐카이군시레이부고

제2차 세계대전 당시 오키나와 전투의 비극적 산물이다. 오키나와는 일본에 있어 본토 수호의 최전선이었다. 비록 패색이 짙어가는 상황이었지만, 일본군 대본영은 오키나와에서 미군에게 궤멸적 타격을 줘 본토 침공을 저지하려 했다. 일본군뿐만 아니라 강제 징발한 민간인을 민병대로 조직, 총알받이로 밀어붙이며 대규모 살육전을 전개했다. 1945년 3월 23일 미국의 공습으로 시작된 오키나와 전투는 같은 해 6월 13일 사령부호 속에 있던 오다 사령관의 자결로 종료된다. 사령부가 있던 땅굴은 4000여 구의 시신(모두 항복을 거부한 채 자살했다)이 나왔다는 말이 과장이 아닐 정도로 넓다. 내부에는 사령관실을 비롯해 막료실, 암호실, 의료실, 작전실 등이 보존돼 있다. 시간은 흘렀고 세상은 겉으로는 평화로워졌다. 전쟁의 상처를 되새기고, 평화의 소중함을 일깨우자고 다들 말은 하지만, 아직도 이곳에는 가해자와 피해자조차 구분되지 않는 상태로, 그저 묻혔을 뿐이다. 아픔과 진실, 그리고 모든 것들이.

모노레일 오로쿠小禄 역 또는 오우노야마 공원奥武山公園 역에서 차로 10분 09:00~17:00 ¥ 600엔(어린이 300엔) Ⓟ 있음
kaigungou.ocvb.or.jp 구 해군사령부호

참치 외길 인생 부자의 식당 ……①

아버지의 참치 親父のまぐろ ◀) 오야지노 마구로

참치잡이 배를 소유한 선주의 아들이 운영하는 참치 돈부리 전문점이다. 즈케(간장 절임)한 참치의 맛이 일품인 참치 돈부리親父のまぐろ丼와 아보카도와 용과 소스를 얹은 하와이 스타일의 아히보키라이스アヒポキライス가 추천 메뉴. 아히보키라이스 위에 올리는 날달걀은 오키나와산 유기농으로 꽤 유명한 농장의 것을 사용하는데, 설사 날달걀 노른자를 한번도 안 먹어봤다 해도 이질감이 느껴지지 않을 정도로 잡내가 전혀 없다.

나하공항에서 차로 20분, 우미카지 테라스 내부 (098)996-2757
11:00~20:00(연중무휴) ¥ 1200엔 P 있음
www.facebook.com/oyajinomaguro 오야지노 마구로

주문 즉시 구워주는 ……②

모토무의 카레빵 もとむのカレーパン ◀) 모토무노 카레빵

일본에는 별 경진대회가 다 있는데 그중에는 카레빵 그랑프리라는 대회가 있고, 모토무의 카레빵은 3년 연속 그랑프리를 차지한 저력의 카레빵 명가다. 카레에 들어간 소고기는 A5 등급의 와규라고. 지점도 많지 않은 편으로 도쿄와 오키나와점이 전부다. 아주 진한 카레맛이 특징인데, 일본인의 입맛에 맞추다보니 달착지근함이 우리에겐 거슬릴 수 있다.

나하공항에서 차로 20분, 우미카지 테라스 내부 (098)851-8510
09:00~21:00(연중무휴) ¥ 500엔 P 있음
motomus-currybread.stores.jp 모토무의 카레빵

오키나와 유일의 초대형 아웃렛 ……①

아시비나 아웃렛

沖縄アウトレットモールあしびなー ◀) 오키나와 아웃렛모루 아시비나

오키나와에서 가장 큰 복합 아웃렛. 우리나라의 여주 프리미엄 아웃렛과 비교한다면 1/4 수준이지만, 입점한 브랜드는 339개로 절대 뒤지지 않는다. 유아·어린이 용품이 가족 여행자들에게 인기가 많은데, 모두 2층에 몰려 있다.

나하공항 국내선 4번 버스 승강장에서 95번 직행버스(15분, 250엔) 또는 현청 북쪽 출구県庁北口에서 88·98번, 현청 남쪽 출구県庁南口에서 55·56번 버스(30분, 400엔) (098)891-6000
10:00~20:00(연중무휴) P 있음
www.ashibinaa.com 오키나와 아웃렛몰 아시비나

AREA ····②

오키나와 탄생 설화가 서려 있는 땅

난조 南城

인구 4.1만 명. 오키나와에 있는 11개 시 중 가장 작다. 류큐 왕조의 시조인 쇼하시 왕尚巴志王이 이 지역 출신인데다, 오키나와 최대 성지인 세화 우타키도 있어 오키나와 민족주의의 심장부와도 같은 곳이다. 차를 타고 난조 시 곳곳을 돌다 보면 일본 최초의 비핵 평화 도시라는 문구가 눈에 띈다. 워낙 2차 대전 당시 호되게 당한 지역인 탓에 난조 시 곳곳엔 반전의 기운이 넘쳐난다. 다시금 일·중 분쟁이 격화되는 중이라, 이 문구에서 느껴지는 절박함이 예사롭지 않다. 남부에서는 유일하게 물놀이를 즐길 수 있는 해변이 있어, 전반적으로 가족 동반 여행자 친화적인 분위기다.

난조 상세 지도

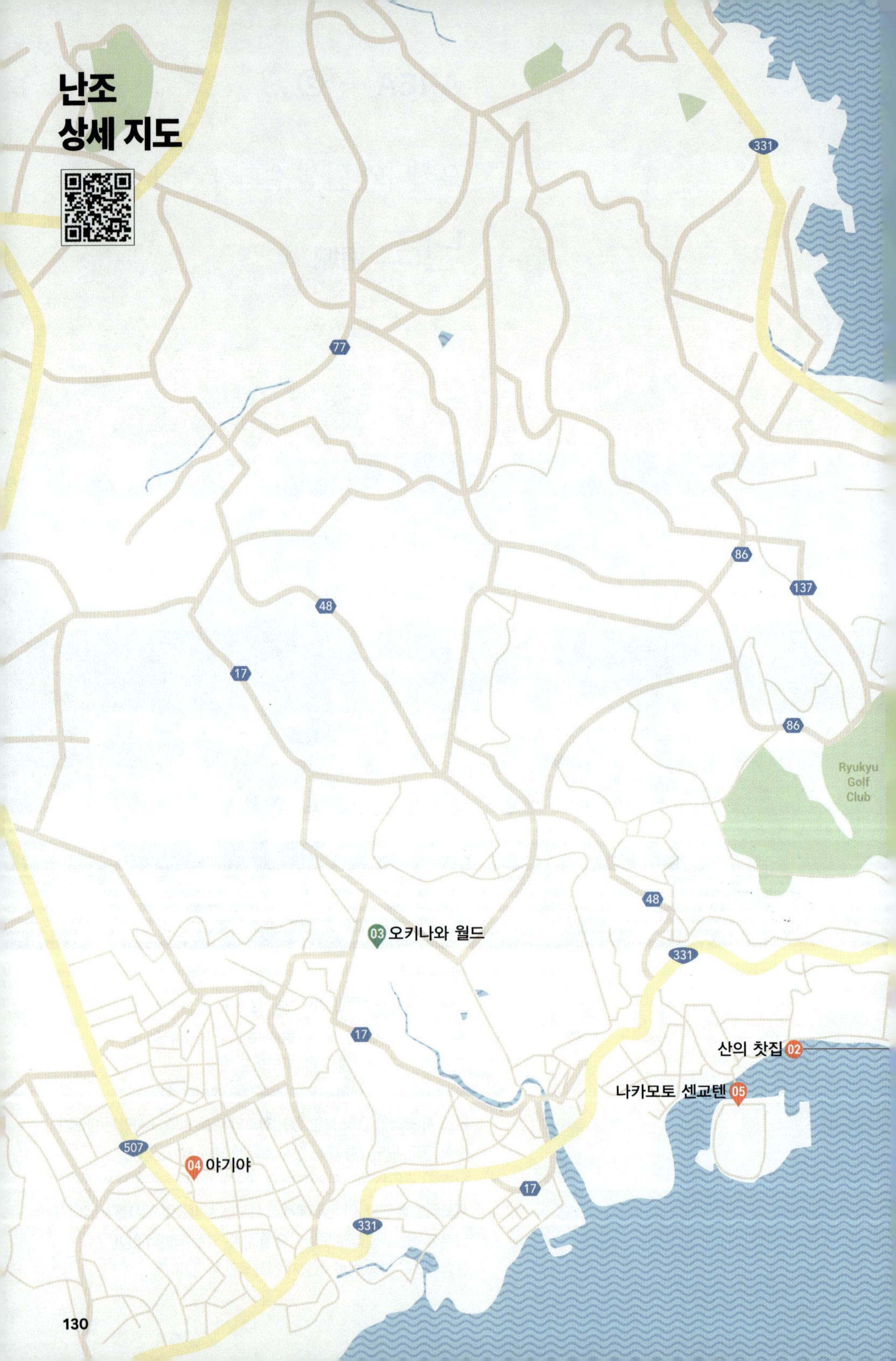
331
77
86
137
48
17
86
Ryukyu Golf Club
48
03 오키나와 월드
331
17
산의 찻집 02
나카모토 센교텐 05
507
04 야기야
17
331

Yashinamiki Rd
331
Shurei Country Club
05 세화 우타키
Nat'l Rte 331
02 니라이·카나이 다리
86
구다카 섬 04
331
03 카페 야부사치
01 미이바루 비치
01 해변의 차야
N
0
1km

남부에서 가장
아름다운 해변 ······ ①

미이바루 비치

新原ビーチ 미이바루 비-치

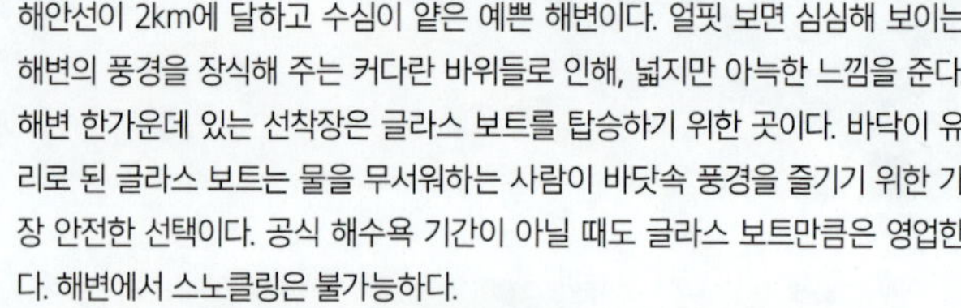

해안선이 2km에 달하고 수심이 얕은 예쁜 해변이다. 얼핏 보면 심심해 보이는 해변의 풍경을 장식해 주는 커다란 바위들로 인해, 넓지만 아늑한 느낌을 준다. 해변 한가운데 있는 선착장은 글라스 보트를 탑승하기 위한 곳이다. 바닥이 유리로 된 글라스 보트는 물을 무서워하는 사람이 바닷속 풍경을 즐기기 위한 가장 안전한 선택이다. 공식 해수욕 기간이 아닐 때도 글라스 보트만큼은 영업한다. 해변에서 스노클링은 불가능하다.

나하 버스터미널 6번 승강장에서 버스 39번 百名線 버스를 타고 종점인 新原ビーチ에서 하차 (1시간 소요, 780엔) 또는 나하공항에서 차로 40분 4~9월 09:00~18:00
¥ 무료 P 있음, 1일 500엔 www.mi-baru.com 미바루 비치

액티비티/시설	소요 시간	요금(1인)
샤워	1회	¥300(어린이 ¥200)
파라솔 / 의자 세트	1일	¥2500
구명조끼 / 물안경 / 오리발	1일	각 ¥500
글라스 보트	09:00~16:00 약 20분	¥1800(어린이 ¥1000)

아찔한 드라이브 코스 ······ ②

니라이·카나이 다리 ニライ·カナイ橋 🔈 니라이카나이 바시

오키나와 드라이브 코스 중 손꼽히는 하이라이트 구간으로 86번 국도의 끝이다. 터널의 시작인가 싶은 다리 입구를 지나면 바로 하늘이 뻥 뚫리며 창밖 풍경이 돌변한다. 저 멀리 수평선이 보이고, 길은 마치 용처럼 허공을 휘감아 돌며 지면으로 하강한다. 교각 아래로 보이는 까마득한 땅과 숲, 아득한 바다가 하나의 풍경으로 어우러진다. 방향을 바꿀 때마다 시시각각 달라지는 풍경 때문에 당장 차를 세우고 싶은 충동을 느끼겠지만, 왕복 2차선에 불과한지라 불법 정차는 위험천만! 눈물을 머금고 인간의 땅으로 하강(?)해야 한다. 다리의 길이는 660m, 고도차는 무려 162m에 달한다. 오키나와 사람들은 제주도 사람들이 믿던 전설의 섬 이어도처럼, 니라이카나이 섬에 신들이 산다고 믿었다.

🚶 나하공항에서 차로 40분 🕓 상시 개방 ¥ 무료 🅟 내려가는 쪽 입구에 몇 대의 차를 댈 공간은 있음. 공식 주차장은 아님 🔍 니라이카나이교 전망대

니라이·카나이 전망대

내려가는 방향의 다리 초입. 작은 터널이 보일 때쯤, 오른쪽에 작은 길이 나타나고, 그 주변에 몇 대의 차가 정차한 모습이 보인다. 이곳에 차를 세우고 길을 따라 위로 올라가면 터널의 지붕에 해당하는 부분에 다다른다. 자! 아래를 내려다보자. 용처럼 굽이치는 니라이·카나이 다리와 저 멀리 태평양의 수평선이 보인다. 참고로 이 일대는 오키나와의 동해다. 오전에 가면 역광 시간에 딱 걸리니, 가급적 오후에 방문하는 센스를 발휘해 보자.

왕국촌 王國村

일종의 민속촌. 국가 등록 유형문화재인 고거故居 다섯 채를 분해해 여기에 옮겨지었다. 즉 왕국촌의 건물들은 이미테이션이 아닌 진품이다. 각각의 건물들은 체험 공방으로 쓰이고 있는데, 체험에 참여하지 않더라도 오키나와 전통 건축을 살펴보는 데는 손색이 없다. 류큐 유리, 전통염색 빙가타紅型, 쪽염색인 아이조메藍染, 그리고 류큐 전통 복장을 하고 사진을 찍는 류큐 사진관琉球写真館이 있다. 일본 전통 복장인 기모노와는 또다른 느낌의 오키나와 전통복 류소琉装를 입고 사진을 찍어보자. 여행자들에게는 아주 훌륭한 기념품이 될지도. 매일 4회 오키나와 집단 북춤인 에이사スーパーエイサー공연도 있으니 매표소에서 브로슈어를 잘 챙기도록 하자.

아이들과 함께! 가족여행의 성지 ······ ③

오키나와 월드

おきなわワールド 🔈 오키나와 와루도

오키나와에서 가장 큰 테마파크. 민속촌과 체험공방 그리고 종유동굴 탐험과 오키나와 특산품 판매장이 결합된 일종의 교육형 놀이공원이다. 내부는 민속촌 개념인 왕국촌王國村, 종유 동굴인 옥천동玉泉洞 그리고 오키나와 토종 독사 하브ハブ를 관람할 수 있는 하브 박물공원ハブ博物公園의 세 구역으로 나눠져 있다. 가족여행지니 만큼 사회적 약자들을 위한 이동보조 장치가 갖춰져 있다. 휠체어는 무료, 유모차는 유료다.

🚶 나하 버스터미널 9번 승강장에서 50번 버스를 타고 종점인 아라구스쿠新城 정류장 하차 후 도보 15분 또는 나하공항에서 차로 40분
🕒 09:00~17:30(입장은 16:00 제한)
¥ 2000엔(어린이 1000엔) 🅟 있음
🏠 www.gyokusendo.co.jp/okinawaworld
🔍 오키나와 월드

옥천동 玉泉洞

약 30만 년 전 생성된 종유동굴. 전체 길이가 5km에 달할 정도로 초대형인데, 이 중 890m만 일반에 개방되어 있다. 종유석의 수가 약 100만 개에 이를 정도로 대규모인데다 오키나와의 기후 특성상 종유석의 성장 속도가 무척 빨라 3년마다 1㎜씩 자란다고 한다. 실제 동굴에서는 반투명하게 자라나는 종유석의 끝자락을 쉽게 관찰할 수 있다. 수량이 풍부한 동굴이라 상당히 습하고 구간에 따라 바닥이 미끄러울 수 있으니 슬리퍼 착용자들은 주의할 것.

기타 볼거리들

내부의 난토 주조소南都酒造所에서는 오키나와의 식재료를 활용한 맥주 4종과 뱀술(!)을 판매한다. 열대과일 농원熱帯フルーツ園도 있는데, 실제 과일나무에 열려있는 열대 과일을 볼 수 있고 이를 이용해 주스 등의 음료를 판매한다. 작은 규모의 왕궁 역사 박물관도 있다. 구색 맞추기 느낌이 들 정도로 작지만, 이 일대의 민속학에 관심이 있다면 들어가 볼 만하다.

오키나와 창세기의 무대 ……④

구다카 섬 久高島 🔈 쿠다카지마

오키나와 창세 설화의 중심지. 창세 신의 명령을 받은 여신 아마미키요アマミキヨ가 바다 너머의 이상향 니라이카나이에서 지상으로 처음 내려온 곳이다. 오키나와 창세 신화의 본고장치고는 별 게 없다. 면적은 겨우 1.83㎢, 해안선 전체의 길이가 8km고 주민은 200명에 불과하다. 지형은 평평 그 자체. 게다가 쓰나미라도 몰려오면 섬 전체가 수몰될 것처럼 표고가 낮다. 류큐 왕국의 왕들은 자신의 뿌리를 이곳에서 찾았고, 매년 제사를 지냈다. 창세 신화에서 알 수 있듯이 류큐의 토속신앙은 강력한 여신 체제인 관계로 신의 대리인인 제사장도 여성만이 맡을 수 있었다. 현재도 매년 구다카 섬의 성지 우다키에서는 여사제의 집전 하에 제사가 치러진다.

구다카 섬을 돌아보기 위해서는 자전거(1시간 ¥300, 1시간 30분 ¥450, 2시간 ¥600)를 렌트해야 한다. 체력이 보통 이상이라면 1시간 30분~2시간이면 섬을 대략 둘러볼 수 있다. 오전에 들러 섬 일주를 하고 점심을 먹으면 반나절 일정이 끝이 난다. 큰 나무가 없어 그늘도 없기에 여름에 가면 불고기가 될지도 모른다. 이 섬에서 밥을 먹어야 한다면 밥집 도쿠진食事処とくじん이 거의 유일한 장소다. 물뱀탕이 특기인 집이지만, 한국인에게는 무리. 바다포도 정식海ぶどう丼定食 정도를 먹으면 적당하다.

🚶 나하 버스터미널 10번 승강장에서 38번 버스를 타고 아지마산산 비치 입구あざまサンサンビーチ入口 정류장에서 하차(1시간 소요, 780円), 안자진 항安座真港(도보 5분)으로 가 구다카 섬으로 가는 배를 타면 된다. 또는 나하공항에서 차로 50분+배 25분 🕓 오픈 ¥ 무료 🅿 차를 가지고 갈 수 없음 🔍 구다카 섬

구다카 섬으로 가는 페리 시간표

아지마 항 출발 / 구다카 섬 출발	종류	요금
08:00 / 08:30	페리	고속선 편도 ¥770(어린이 ¥390) / 왕복 ¥1480(어린이 ¥750)
09:30 / 10:00	고속	
11:00 / 12:00	페리	
13:00 / 14:00	고속	페리 편도 ¥680(어린이 ¥340) / 왕복 ¥1300(어린이 ¥650)
15:00 / 16:00	페리	
17:00 / 17:00	고속	

우둔마 御殿庭

음력 7월 15일의 시라타루, 보리 수확제, 풍어제 등 섬의 크고 작은 공식 제사들이 모두 여기서 벌어진다. 건물 뒤의 숲은 신령한 곳으로 간주해 외부인의 출입이 금지되니 주의하자.

후보 우타키 フボー御嶽

오키나와에 있는 일곱 개의 신령한 우타키 중에서도 가장 신령한 곳으로 아마미키요가 살았던 곳이다. 제사장 격인 무녀들이 제의를 올릴 때를 제외하고는 아예 금역처럼 막혀 있다.

이시키 해변 イシキ浜

전설에 의하면 이 해변을 통해 쌀을 비롯한 오곡이 전해졌다고 한다. 오키나와 사람들은 이시키 해변을 기점으로 태평양 쪽에 전설 속의 이상향 니라이카나이가 있다고 믿고 있다. 이 때문에 신성한 해변으로 간주해 수영복 차림이나 수영은 금지된다.

가베루 곶 イカベール岬

섬의 최북단으로 여신 아마미키요가 최초로 강림한 땅이다.

처음부터 끝까지 신비로운 ⑤

세화 우타키 斎場御嶽

오키나와 본섬 제일의 성지. 류큐 왕조 직할 성지로 왕실 사제이자 정승급 관료인 키코에오키미聞得大의 직할 사원, 현재는 유네스코 세계문화유산으로 지정되어 있다. 참고로 키코에오키미는 류큐 왕조가 망한 지금까지 전승돼 현재는 2020년에 취임한 21대 키코에오키미가 지키고 있다. 입장하면 비디오 시청각실에서 간단한 비디오 한 편을 본 후, 세화 우타키 안으로 들어간다. 류큐 전통에 따라 우타키의 입구에서 관등성명을 크게 외쳐야 한다. 오키나와 사람들 말에 의하면 남의 집을 방문할 때 어디에서 온 누구다 정도는 말하는 것이 예절이라는 것. 실제로 본토 관광객들은 '도쿄에서 온 누구예요~'라며 입구에서 외치기도 한다.

🚶 나하공항에서 차로 1시간 또는 나하 버스터미널 7번 승강장에서 38번 버스를 타고 세후타키리구치斎場御嶽入口 정류장에서 하차
🕓 3~10월 09:00~18:00, 11~2월 09:00~17:30 ¥ 300엔(어린이 150엔)
🅟 500m 떨어져 있는 세화 우타키斎場御嶽 주차장에 차를 대고 입장권도 여기서 구입한다. 🏠 okinawa-nanjo.jp/sefa
🔍 세화 우타키, 세화 우타키 주차장

우후구이 大庫理

키코에오키미聞得大君가 취임식을 열었던 장소. 바닥에 깔린 모래는 오키나와 제일의 성지 구다카 섬에서 가져온 것이다. 키코에오키미는 대부분 왕족 여성 중에서 뽑았는데, 다른 직책과 달리 대신과 협의 과정을 거치지 않고 국왕이 일방적으로 임명할 수 있었다고 한다. 매년 2회씩 국왕도 우후구이를 방문해 제사에 참여했는데, 재미있는 점은 세화 우타키 자체가 금남 구역이라는 것. 국왕도 여장을 해야 입장이 가능했다고 한다.

유인치 寄満

국가의 길흉화복을 점치는 예언의 장소다. 유인치로 가는 도중, 오른쪽에 포탄지砲彈池라고 쓰인 연못은 제2차 세계대전 당시 미군의 함포 사격에 의해 포탄이 떨어진 곳이다. 오키나와 사람들은 오키나와 전역을 쑥대밭으로 만든 전투에서 겨우 포탄 한 발만(?) 떨어졌다는 점이 세화 우타키가 얼마나 신령한 곳인지를 보여주는 증거라고 믿고 있다.

키요다유루 아마다유루 キヨダユル アマダユル

종유석에서 떨어지는 성수를 받아두는 장소. 항아리를 정면으로 바라봤을 때 오른쪽 항아리가 남자와 빛을 상징하고, 왼쪽 항아리가 여성과 어둠을 상징한다고. 여기서 받은 물이 있어야만 제사를 지낼 수 있었고, 가뭄이 들어서 항아리에 물이 차지 않으면 제사는 중단되었다. 국가적으로는 나쁜 징조라 여겨져, 왕의 밥상에 올라가는 반찬 수까지 제한했었다고 한다.

산구이 三庫理

세화 우타키의 상징. 두 개의 거대한 바위가 맞대어지면서 커다란 삼각형의 천연 터널이 생겼는데, 터널 안으로 들어가면 작은 제단이 하나 있고, 신의 섬 구다카 섬을 향하고 있다. 결국 본섬 최고의 성지인 세화 우타키는 구다카 섬으로 연결되는 일종의 영적 통로였던 셈이다. 일본인 여행자들에게 이곳은 오키나와 최고의 파워 스폿이라, 기를 받는 포즈를 취하는 여행자를 드물지 않게 볼 수 있다.

해변 멍때림의 진수! ······①

해변의 차야

浜辺の茶屋 🔊 하마베노차야

오키나와 해변 카페의 원조. 개업 당시 이런 곳에 누가 오냐고 했지만, 지금은 줄서서 가는 집이 됐다. 삐걱대는 나무로 지어진 카페는 '허클베리핀의 모험'에 나올 법한 나무 위의 집을 연상시킨다. 커다란 창밖으로 펼쳐진 시원한 바다 풍경은 그 무엇과도 바꾸고 싶지 않은 절경이다. 좌석이 많지 않아 창가 앞 명당에 앉기 위해서는 대기가 필수다. 한두 시간 앉아서 풍경을 관조할 수 있는 여유를 가진 이에겐 오키나와 최고의 카페 중 하나다.

🚶 나하공항에서 차로 40분 또는 미이바루 비치에서 도보 10분 📞 (098)948-2073
🕓 08:00~17:00 ¥ 1000엔 🅟 있음
🏠 sachibaru.jp/hamacha
🔍 하마베노차야

해변의 차야가 만든 언덕의 밥집 ······②

산의 찻집 山の茶屋楽水 🔊 야마노차야 라쿠스이

오키나와풍 시골 밥집. 차가운 중화 소바 같은 단품 요리부터 밥과 찬이 어우러진 세트 정식(점심때만 가능)까지 다양한 끼닛거리를 제공하는 집이다. 가게는 계단길의 끝에 있는 나무 오두막집으로, 2층 구조이다. 특히 2층에서는 해변을 볼 수 있다. 현지인들보다는 여행자들을 위한 콘셉트의 밥집이라 세트 정식의 경우 다소 가격대가 비싼 느낌이 있다.

🚶 나하공항에서 차로 40분,
해변의 차야에서 도보 3분
📞 (098)948-1227
🕓 11:00~15:00(수·목요일 휴무) ¥ 1500엔
🅟 없음 🏠 sachibaru.jp/yamacha
🔍 야마노차야 라쿠스이

숲과 해변을 바라보면서 맛보는 일본풍 경양식 ······ ③

카페 야부사치 Cafe やぶさち

숲과 바다 전망으로 둘러싸인 2층 카페 겸 경양식 레스토랑. 에어컨이 나오는 실내, 혹은 언제나 바닷바람이 불어오는 야외 셸터에 앉아 런치를 즐기고 차를 마시며 흐르는 시간을 관조하기 좋은 곳이다. 하루 단 5접시만 판매하는 한정판 스테이크와 함박스테이크가 인기 메뉴. 카페 메뉴로는 셔벗이 단연 인기. 깔끔한 맛을 원한다면 소다류를 선택해보자.

🚶 나하공항에서 차로 40분, 미이바루 비치에서 차로 3분 📞 (098)949-1410 🕒 11:00~18:00(수요일 휴무) ¥ 200~2500엔 Ⓟ 있음 🏠 yabusachi.com 🔍 카페 야부사치

고거에서 먹는 한 끼의 즐거움 ······ ④

야기야 屋宜家

국가유형문화재에 등록된 오래된 민가를 식당으로 이용하고 있다. 사실, 오키나와에는 전통가옥을 개조한 콘셉트의 식당이 꽤 있는 편인데, 집 자체가 국가 문화재로 등록된 경우는 여기가 유일하다. 오키나와 사람들이 즐겨 먹는 해초인 아사アーサ를 활용한 아사 소바アーサ そば나, 건강식을 표방한 섬두부 소바大豆丸ごと豆乳そば는 야기야만의 독특한 메뉴다. 자가제면을 내세우는데, 일반적인 오키나와 소바보다는 면이 쫄깃한 편이라 한국인의 입에 더 잘 맞는다. 참고로 이 집은 행정구역상 난조 시가 아니라 시마지리 군에 속한다.

🚶 나하공항에서 차로 40분, 오키나와 월드에서 차로 5분 📞 (098)998-2774
🕐 11:00~15:00(화요일 휴무) ¥ 1000엔
🅟 있음 🏠 www.ne.jp 🔍 야기야

외딴섬, 작은 튀김집 하나 ······ ⑤

나카모토 센교텐 中本鮮魚店

오키나와에서 가장 유명한 튀김집. 항시 문을 열자마자 문전성시. 14종의 튀김을 파는데, 미리 튀겨 놓을 새가 없을 정도로 순식간에 팔린다. 대부분 포장 손님이지만, 매대 옆에 테이블이 있어 바로 먹을 수도 있다. 습한 동네라 튀김 구입 후 20분 이상 방치하면 눅진눅진해져서 먹을 수 없는 상태가 되니, 구입 즉시 흡입을 추천! 참고로 건물 2층은 식당 마루텐食べ処 まる天は이라는 직영 밥집이다. 튀김 정식을 비롯해, 오징어미소볶음 정식 같은 몇 가지 런치 메뉴를 판매한다. 아예 끼니가 필요하다면 여기를 가보는 것도 좋은 방법.

🚶 나하공항에서 차로 40분. 미이바루 비치에서 차로 7분
📞 (098)948-3583
🕐 10:30~18:00(목요일 휴무) ¥ 500엔
🅟 있음 🏠 nakamotosengyoten.com
🔍 나카모토 센교텐 덴푸라

AREA ····③

평화를 꿈꾸는 사람들이 모여 사는

이토만 糸満

오키나와 남부에서 가장 중요한 어항魚港. 인구는 약 6만 명 가량으로, 서울의 서초구만 하다. 오키나와 사람들에게는 가장 가슴 아픈 제2차 대전 최대의 격전지였던 곳. 현재는 오키나와 평화 공원이 자리 잡은 채 전쟁이 얼마나 비극적인지를 설파하는 공간으로 쓰이고 있다. 평화 기념 공원은 여름~가을철 수많은 일본 고교생의 수학여행 필수 방문지기도 하다. 몇몇 볼거리를 제외하면 가도 가도 끝없는 사탕수수밭만 이어지는 한적한 곳이다.

이토만
상세 지도

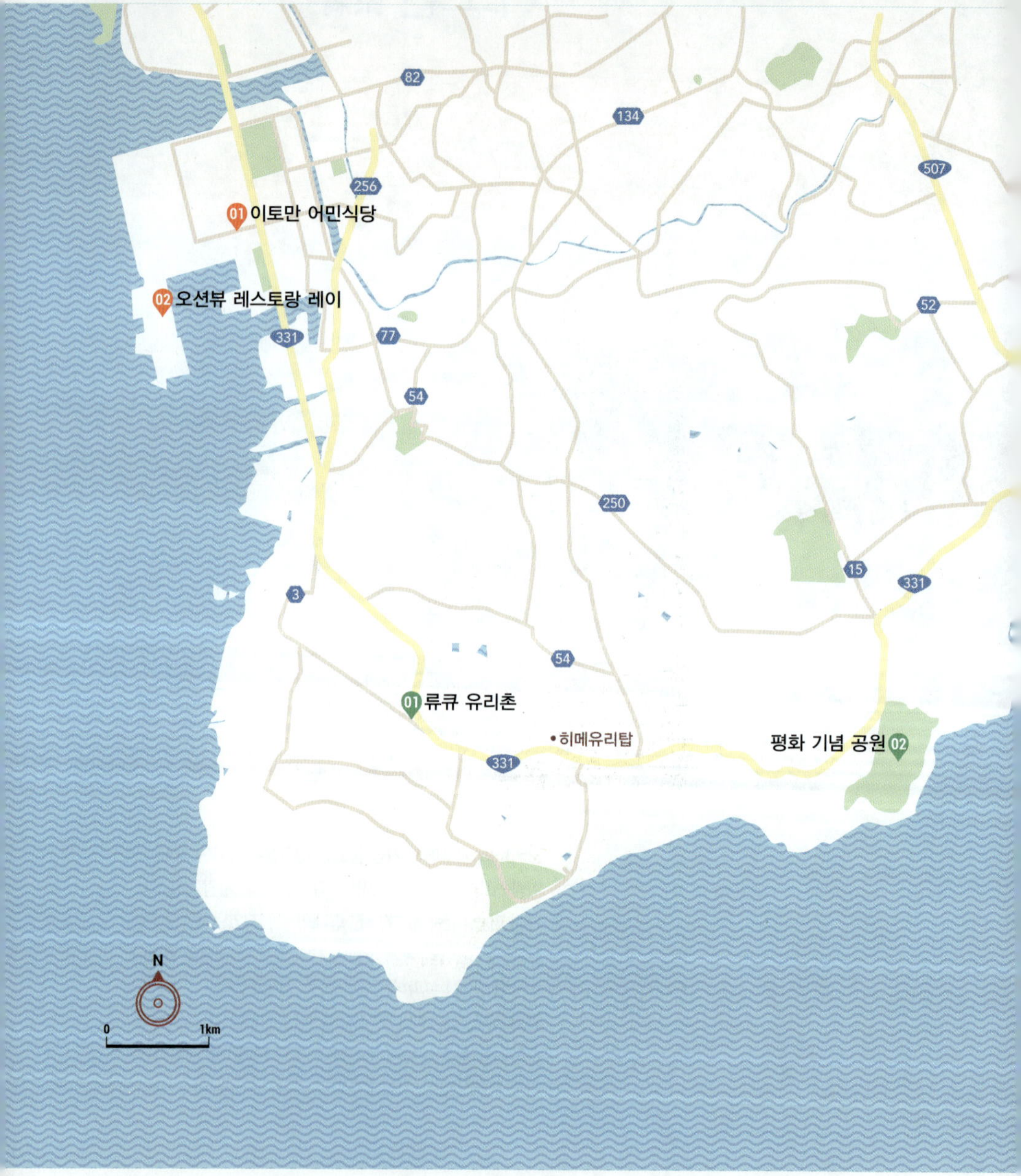

01 이토만 어민식당

02 오션뷰 레스토랑 레이

01 류큐 유리촌

• 히메유리탑

평화 기념 공원 02

N

0 1km

유리공예 체험의 본가 ······ ①

류큐 유리촌 琉球ガラス村 류큐 가라스무라

오키나와에서 가장 큰 류큐 유리 체험 공방 및 판매장. 크게 공방, 아웃렛 그리고 갤러리로 나뉜다. 예약제로 운영되지만, 극성수기가 아니라면 웬만해선 당일 예약이 가능하다. 체험 프로그램은 홈페이지를 통해 예약할 수 있다. 오키나와의 유리공예가 꽃을 피운 건 뜬금없게도 제2차 세계대전 직후. 미군 부대에서 흘러나오는 코카콜라 유리병이 시발점이다. 처음에는 콜라병 밑단을 잘라, 날카로운 부분만 가열해 뭉툭하게 만든 후 물컵으로 썼다고 한다. 갤러리에서 볼 수 있는 엄청난 작품들, 아웃렛에서 보이는 예쁘장한 오키나와의 유리공예는 이렇게 탄생했다. 어찌 보면 막다른 곳에 몰린 암울함 속에서 탄생한 인간의 독창성이랄까.

🚶 나하공항에서 차로 25분 또는 나하 버스터미널에서 34번, 이토로타리糸満ロータリー 하차, 건너편에서 108번 승차, 나미헤에리구치 波平入口 하차, 도보 7분 ⏲ 09:30~17:30
¥ 무료(각종 체험 유료) Ⓟ 있음 🏠 www.ryukyu-glass.co.jp 🔍 류큐 유리촌

오키나와가 2차 대전의
전쟁 피해자인 이유 ······ ②

평화 기념 공원

平和祈念公園 🔈 헤이와키넨코우엔

오키나와 전투 기념관. 정식 이름은 오키나와 전적 국립공원沖縄戦跡国定公園으로, 일본에 있는 국립공원 중 유일한 전적지이기도 하다. 오키나와 일본군 총사령부가 있던 곳에 조성됐는데, 총면적이 81.3㎢에 달한다. 오키나와 전투는 1945년 3월 26일 시작해, 6월 23일 총대장인 우시지마 미쓰루가 자결하면서 끝이 났다. 태평양 전쟁 최대의 전투이다 보니 양측 사망자도 엄청나 일본군 18만, 미군 1만 2000명으로 거의 20만 명에 가까운 사람이 죽었다. 이 중 민간인 사망자만 무려 9만 4000명에 달했다고 한다. 평화 기념 공원은 미군 점령기인 1965년 류큐 도립공원으로 지정됐고 일본으로 반환된 후 국립공원으로 승격됐다. 오키나와는 일본 수비군 총대장의 자결 이후, 일본군의 조직적인 저항이 종료된 6월 23일을 위령의 날로 지정해 평화 기념 공원에서 추모 행사를 연다.

🚶 나하공항에서 차로 40분 또는 나하 버스터미널에서 89번 버스를 타고 하나이토만이치바이리구치糸満市場入口에서 하차 후, 82번 버스를 타고 평화 기념당 입구平和祈念堂入口 정류장에서 하차 🕘 09:00~17:00 ¥ 자료실 300엔(어린이 150엔)
Ⓟ 있음 🏠 heiwa-irei-okinawa.jp 🔍 평화 기념 공원

평화 기념당 平和祈念堂

오키나와의 평화를 염원하며 만든 칠각형의 당탑堂塔. 내부에는 높이 12m, 폭 8m의 거대한 목조 불상이 있는데 오키나와 출신의 예술가 야마다 마야마山田真山 씨가 그의 마지막 생애 8년을 불살라 만든 작품으로 오키나와 특유의 전통 옻칠 공예로 채색됐다. 불상 뒤로 돌아가면 평화 기념당 내부로 진입할 수 있는데, 평화를 기원하며 전 세계에서 가져온 돌을 모아 진열해 두었다. 평화 기념당 밖으로 나오면 나비를 사육하는 온실로 향할 수 있다. 오키나와에서 나비는 죽은 이의 영혼을 상징한다.

한국인 위령탑 韓国人慰霊塔

국가의 길흉화복을 점치는 예언의 장소다. 유인치로 가는 오키나와 전투에서 사망한 민간인 중 1만 명가량은 조선인으로 추정된다. 대부분 강제 노역에 동원된 노동자와 성 노예 여성들이었다. 한국인 위령탑은 1976년 8월 15일을 기념해 건립됐고, 현재 위령탑이 있는 구역은 한국령으로 간주해 오키나와의 민단이 관리를 대행하고 있다. 당대의 문필가였던 노산 이은상의 비문과 박정희 전 대통령의 휘호가 있고 탑 주변을 한국의 각 도에서 가져온 돌이 둥그렇게 둘러싸고 있다. 탑 정면에 있는 검은 화살표는 한반도 방향을 가리키고 있다.

오키나와 현 평화 기념 자료관 沖縄県平和祈念資料館

인류 역사상 가장 비참했던 전투 중 하나로 손꼽히는 오키나와 전투를 추념하는 전시관이다. 전시관은 크게 「오키나와 전쟁으로 가는 길沖縄 戦への道」, 「전장의 주민戦場の住民」, 「증언의 방証言の部屋」, 「수용소에서収容所から」 등 총 4개 관으로 구성되어 있다. 가장 인상적인 곳은 오키나와 전투를 겪은 개인의 이야기를 담은 「전장의 주민관」과 「증언의 방」이다. 우리가 흔히 생각하는 일본의 역사 인식과는 상반된, 오키나와 사람들이 겪은 역사적 증언들이 넘쳐나고 있다. 특히 미군에게 잡히면 모두 죽는다는 거짓말로 집단 자결을 강요받은 오키나와 사람들의 투신 장면을 담은 비디오와 동굴 벙커에 갇혀서 죽음을 강요받다 가까스로 살아남은 노인들의 시청각 증언을 접하면, 국가의 존재 이유에 대해서 회의감이 들기도 한다. 전시장은 오키나와 전투에서 가장 약자였던 조선인에 대한 조명도 놓치지 않고 있다. 우리로서는 참 고마운 부분이기도 하고, 일본 본토와 다른 오키나와인들의 역사 인식과 정서를 만날 수 있어 반갑기도 하다.

평화의 초석 平和の礎

전 세계의 평화를 기원하는 기념비를 둘러싸고 있는 평화의 광장에는 24만 931명에 달하는 오키나와 전투 희생자들의 이름이 병풍형 화강암에 빼곡하게 새겨져 있다. 이름이 새겨진 비문은 출신지역 순으로 정렬되어 있는데, 해안과 가까운 D구역이 외국인 희생자를 위한 구역이다. 미국 1만 4009명, 영국 82명, 타이완 34명 그리고 대한민국이 365명, 조선 민주주의 인민공화국이 82명이다. 한반도계 사람들의 경우 해방 전에는 조선인이라는 이름이었을테니 365명+82명인 447명이 올바른 표기이겠으나, 분단된 현실이 이렇게 죽은 사람들마저 나눠놓고 있다. 약 1만 명으로 추산되는 조선인 사망자의 숫자에 비하면 여기에 새겨진 447명은 턱없이 적은 숫자인데, 한국쪽 유족들이 비석에 조상의 이름이 각인되는 걸 원치 않았기 때문이라고 한다.

오키나와 역사상 가장 큰 시위

종종 우리는 일본의 역사 교과서 개정 문제 때문에 분노합니다. 한 가지 특이한 사실은 역사 교과서 문제에 한해서는 오키나와 사람들도 우리와 같은 입장이라는 거죠.
2007년 10월 평화 기념 공원에 제2차 세계대전 이후 최대 인원인 무려 11만 명의 오키나와 사람들이 모여, 일본의 교과서 왜곡에 항의하는 시위를 벌입니다. 당시 오키나와 본섬 인구가 150만 명이었으니, 열 집 건너 한 집이 시위에 참석했단 말이지요. 집회의 이름은 '오키나와 집단 자결 사건 왜곡 규탄대회'. 집회의 발단은 2008학년도 일본 역사 교과서 검토 과정에서 주무 부처인 문부성이 '오키나와 전투시 집단 자결과 관련해 군의 명령과 강제가 있었다'는 문장을 삭제하라는 방침을 정했기 때문입니다. 이에 전쟁 피해자인 오키나와 사람들은 분개하며 원상복구를 요구하고 나섰습니다.
하지만 어떤 한국인들은 일본이라는 나라와 일본 국민을 동일시합니다. 이런 걸 국가주의라고 하는데요. 이야말로 일본 제국주의 시절의 잔재인 셈이죠. 오키나와 사람들의 일본 정부 역사 왜곡에 대한 분노는 상상을 초월합니다. 그러므로 오키나와는 분명 보통의 일본이라는 범주에서 가장 먼저 분리해 사고해야 하는, 한국과 같은 전쟁 피해자입니다.

동네 어촌계에서 이런 식당을 만들다니! ······ ①

이토만 어민식당 糸満漁民食堂 🔈 이토만교민쇼쿠도

항구 어촌계 직영인데, 분위기, 설비, 맛 모두 수준급 파인 다이닝 레스토랑을 방불케 한다. 오픈 키친 형태의 주방도 인상적이다. 인기 메뉴는 오키나와 사투리로 이마이유イマイユ, 그날 잡은 생선으로 만든 버터구이와 조림이다. 이마이유를 주문하면 전채 요리+메인 요리+디저트가 코스 형태로 나온다. 안주 삼을 만한 요리도 다양한 편이라 이자카야로 활용해도 훌륭하다.

🚶 나하공항에서 차로 15분 📞 (098)992-7277 🕒 11:30~14:30, 18:00~21:00(화요일 휴무) ¥ 2000엔 🅟 있음 🏠 www.facebook.com/itomangyominshokudo 🔍 이토만 어민식당

오키나와 요리로 채워진 뷔페 ······ ②

오션뷰 레스토랑 레이

オーシャンビューレストラン「レイール」
🔈 오샨뷰-레스토랑 레이루

탁 트인 바다 전망을 바라보며 즐기는 오키나와의 뷔페 레스토랑. 제철의 현지 식재료를 이용해 건강식+오키나와 전통 요리 비중이 높은 메뉴를 선보이고 있다. 아침·점심·저녁의 요리 콘셉트가 조금 다른데, 오키나와 요리 위주로 즐기고 싶다면 저녁이 적당하고, 요리의 다양성을 중시한다면 점심이 더 낫다. 디저트 코너도 상당히 훌륭하다.

🚶 나하공항에서 차로 15분 📞 (098)992-7542
🕒 06:30~10:30, 11:30~15:00, 17:30~22:00(연중무휴)
¥ 3000엔~ 🅟 있음 🏠 www.southernbeach-okinawa.com/restaurant/reir 🔍 오션뷰 레스토랑 레이

드라마틱한 해안선의 향연

중부
中部

중부는 오키나와에서 가장 다양한 색깔을 지닌 곳이다. 일단 가장 중요한 볼거리는 바다. 서해와 동해의 거리가 고작 20km이기에 바다는 일상의 연장이다. 그러다 보니, 사람들은 바닷가에 구스쿠라는 오키나와 전통 성을 세우고 그 주변에 모여 살았다. 그 덕에 바다뿐인 줄 알았던 공간에 유적이 있고, 그 유적은 다시 바다로 이어진다.

또한 오키나와 본섬에서 가장 실패 확률이 적은 식당들이 모여 있고, 동양과 서양이, 오키나와와 일본 본토가 만나는 다양함이 공존한다. 아메리칸 빌리지와 만자모 만으로만 기억되기엔 아까운 곳이다.

한눈에 보는 중부 여행

#만자모 #코끼리 바위 #명승지 #나카구스쿠 공원 #마에다 플랫 #최고의 스노클링 포인트 #아메리칸 빌리지 #맛집 #쇼핑타운 #선셋 비치 #해중도로 #드라이브 코스 #오키나와 도자기 #마에다 곶 #카레 우동 #힐링 #건강식 #수프 카레 #해산물덮밥

AREA 03 온나 · 우루마
만자 비치
만자모
AREA 02 요미탄 · 가데나 · 오키나와
58
331
잔파 곶
마에다 플랫
비오스의 언덕
니라이 비치
자키미 성터
요미탄 도자기 마을
E58
255
331
도로 휴게소 가데나
8
58
AREA 01 우라소에 · 기노완 · 차탄
오키나와
어린이 나라
미야기 해안
가쓰렌 성터
아메리칸 빌리지
아라하 비치
라운드 원
사키마 미술관
N
0
2km
E58
331
58
우라소에 대공원

중부
전도

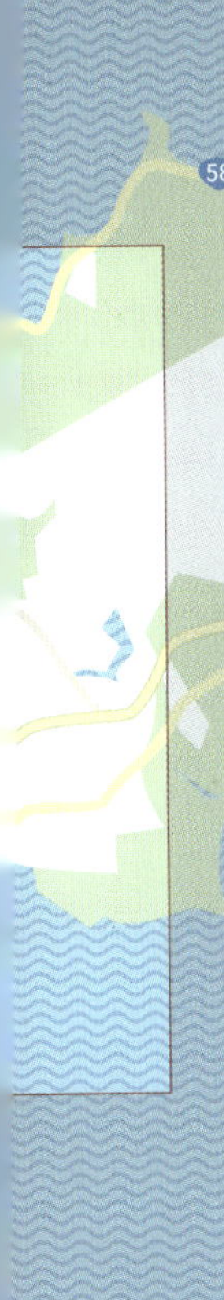

중부 추천 코스

예상 소요 시간 **9시간**

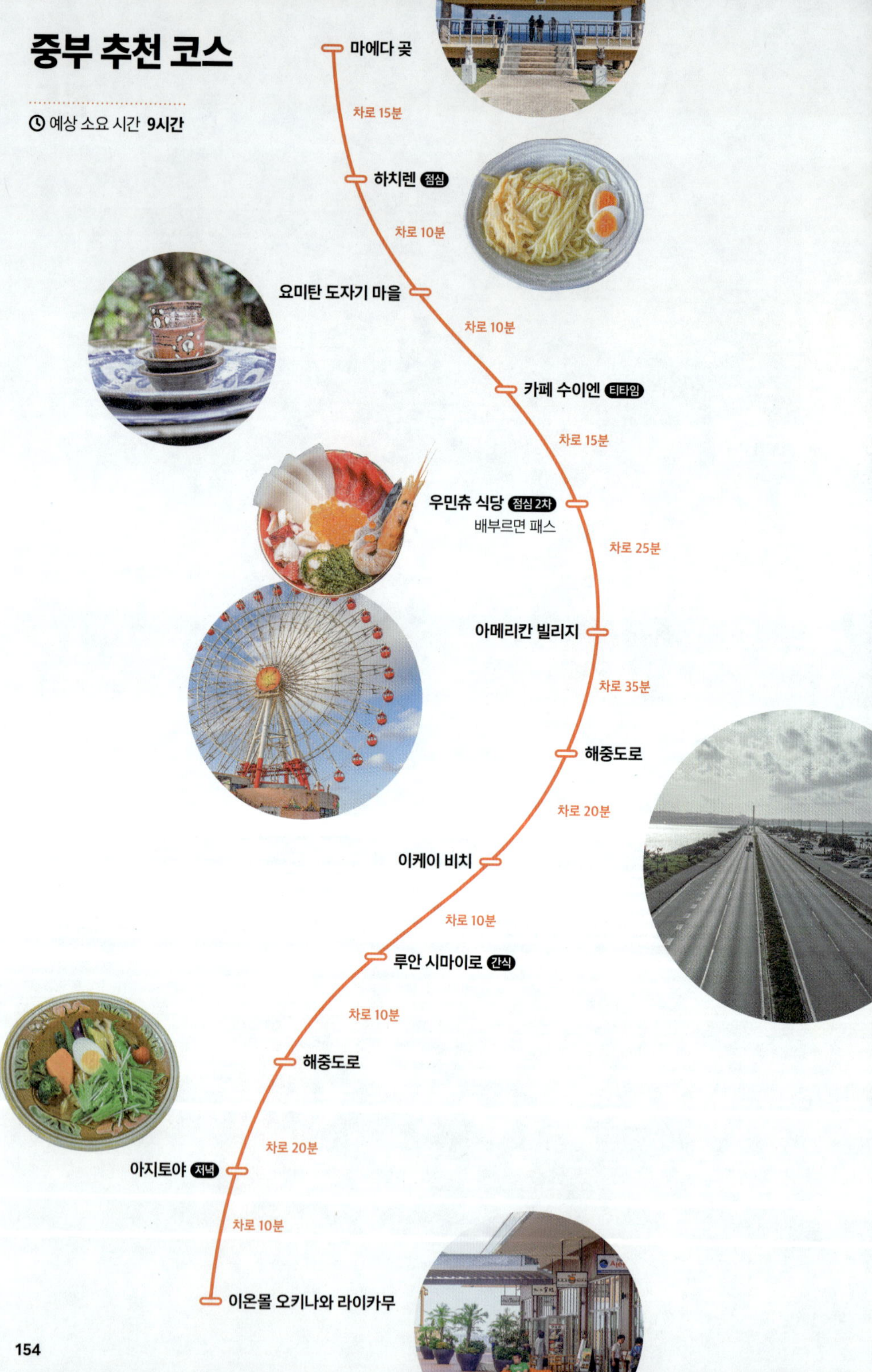

- 마에다 곶
- 차로 15분
- 하치렌 점심
- 차로 10분
- 요미탄 도자기 마을
- 차로 10분
- 카페 수이엔 티타임
- 차로 15분
- 우민츄 식당 점심 2차
  배부르면 패스
- 차로 25분
- 아메리칸 빌리지
- 차로 35분
- 해중도로
- 차로 20분
- 이케이 비치
- 차로 10분
- 루안 시마이로 간식
- 차로 10분
- 해중도로
- 차로 20분
- 아지토야 저녁
- 차로 10분
- 이온몰 오키나와 라이카무

AREA ····①

작지만 알찬 위성도시들

우라소에·기노완·차탄 浦添·宜野湾·北谷

나하 북쪽과 연결되는 일종의 위성도시들이다.
제2차 대전 당시 궤멸적 피해를 당한 지역 중 하나인데,
현재도 차탄 같은 경우는 시의 60%가 미군기지일
정도로 전쟁의 상흔이 여전하다.
나하와 인접한 탓에 아직 여기까지는 도시의 느낌이 난다.
쇼핑센터, 식당, 볼거리가 넘쳐나고, 괜찮은 해변도 있어
물놀이를 즐기는 데도 지장이 없다.

우라소에·기노완·차탄 상세 지도

330
331
85
오키나와 어린이 나라
02 이온몰 오키나와 라이카무
20
Okinawa Comprehensive Athletic Park
227
81
04 플라우만스 런치 베이커리
유구팔사 후텐마궁
05 산스시
나카구스쿠 공원
04 사키마 미술관
331
N
0
1km

이름처럼 해 질 녘 풍경이 장관인 ······ ①

선셋 비치 サンセットビーチ 🔈산셋토비치

아메리칸 빌리지 끝에 있는 인공 비치. 본격적인 물놀이를 하기에는 수질이 오키나와 평균에 비해 떨어진다. 그저 아메리칸 빌리지를 방문한 김에 잠시 들르는 장소인데, 해변이 서쪽에 있기 때문에 일몰 포인트로서는 제격. 앉아서 석양을 감상할 수 있는 방파제 자리는 해 질 녘이면 길고양이들과 연인들이 집중적으로 몰리는 공간으로 변한다. 인공 비치다 보니 방파제 설계가 거의 완벽해 파도가 거의 없고, 그래서 어린이 동반 여행자들은 물놀이 용도로 이곳을 선호하기도 한다.

🚶 나하공항에서 차로 40분 또는 나하 버스터미널에서 20·28·29·120번 버스를 타고 군뵤우인마에軍病院前 정류장이나 쿠와에桑江 정류장에서 하차 후 도보 10분
🕒 09:00~18:00(11~3월 입수금지) ¥ 무료 Ⓟ 있음
🔍 오키나와 차탄 선셋 비치

액티비티/시설	소요 시간	요금(1인)
샤워	1회 3분	¥300
코인 락커	하루	¥200
BBQ	1회	¥2800~4200

어린이 놀이터가 인상적인 ······ ②

아라하 비치 アラハビーチ

미군 거주지인 험비 타운에 있는 인공 비치. 주말에는 주일미군 가족들이 주로 찾는다. 백사장의 길이는 약 600m로 매우 넓은 편. 수영이 가능한 구간은 네트가 쳐져 있다. 최대 수심은 2m로, 걸어서 꽤 들어갈 수 있을 정도로 수심이 얕은 편이다. 한편 해변과 붙어 있는 어린이 공원에는 범선인 인디언 오크 호의 모형이 전시돼 있다. 아이들에게는 그저 놀이터의 일부로, 배 안에서 이리 뛰고 저리 뛰는 아이들을 볼 수 있다. 거주민 공간에 들어와 있는 느낌이다.

나하공항에서 차로 40분 또는 나하 버스터미널에서 63번 버스를 타고 험비 타운ハンビータウン 정류장에서 하차 후 도보 5분 4~10월 09:00~18:00 ¥ 무료 Ⓟ 있음
www.okinawastory.jp/spot/600006207 아라하 비치

아름다운 해변 산책로 ······ ③

미야기 해안 宮城海岸 🔈 미야기 카이간

오키나와 중부에서 가장 매력적인 산책로 중 하나. 이 일대의 거주민 상당수가 미군 부대원이라, 걷다 보면 일본인 반, 미군 혹은 미군 군속 반이다. 방파제 위에 산책로가 있고, 그 아래 대로를 따라 다이빙숍이 줄지어 입점해 있다. 해변 자체는 별 볼일이 없는데, 다이빙과 서핑 등 해양스포츠 쪽으로는 중부에서 손꼽히는 곳이다. 시내에 속하지만 바닷속 사정도 나쁘지 않아, 꽤 거대한 산호초 군락이 있기도 하다. 서해안과 인접해 있어 선셋 비치와 비교해도 전혀 부족하지 않은 일몰을 즐길 수 있다. 관광객 인파를 벗어나 현지 아베크족 사이에 숨고 싶은 사람들에게 추천한다.

🚶 나하공항에서 차로 50분 또는 나하 버스터미널에서 20·28·29·120번 버스를 타고 이헤이伊平 정류장에서 하차 후 도보 20분 🕒 상시 개방(수영은 4~10월) ¥ 무료 Ⓟ 있음 🔍 미야기 해안

미야기 해변의 스노클링 정보

- **수심** 2~10m
- **등급** 중급자 이상
- **특징** 일명 산호로 만든 꽃밭, 하지만 바위가 많고 파도를 막아줄 방파제도 없다. 파도에 맞설 수 있는 중급자 이상에게 권하는 이유도 그 때문. 보트 스노클링과 스쿠버 다이빙에 더 적합하다.
- **관찰 가능 수중생물** 연산호ソフトコーラル, 자리돔スズメダイ, 나비고기チョウチョウウオ

오키나와의 아픔과 함께하는 ······ ④

사키마 미술관 佐喜眞美術館 🔈 사키마비쥬츠칸

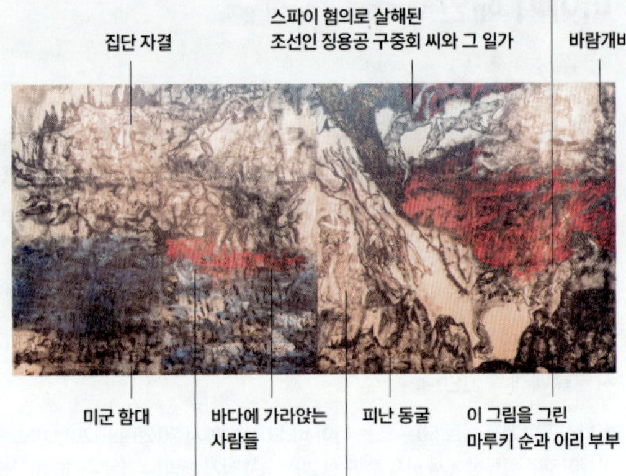

오키나와라는 섬이 생긴 이래 벌어졌던 최대의 비극, 제2차 세계대전 중 오키나와 전투에 얽힌 역사를 예술로 승화한 작품들을 조우할 수 있는 일종의 '상흔 회고'의 무대다. 길이 8.5m, 높이 4m의 거대한 '오키나와 전쟁도沖縄戦の図'가 미술관을 존재하게 하는 유명한 소장품이다. 화가인 마루키리, 토시노료 부부의 역작이기도 한데, 오키나와 전쟁을 체험했던 사람들의 수많은 증언을 종합해 그렸다고 한다.

대부분의 일본인들은 태평양 전쟁을 가해의 죄책감보단 피해의 아픔으로 기억한다. 도시의 흔적을 지울 정도였던 미군의 대규모 공습과 세계 최초의 원자폭탄 피폭 같은 것을 말이다. 작가 역시 오키나와 사람들의 증언을 들으며 세계관이 뒤바뀌는 경험을 했다고. 그래서인지 그림 속 인물들은 하나같이 눈동자가 없다.

박물관의 옥상에서는 후텐마 미 해병대의 비행장을 내려다볼 수 있다. 옥상 양쪽 계단 끝의 작은 홈은 오키나와 전투가 종료된 양력 6월 23일 오후 7시가 되면 태양과 일직선이 되도록 설계됐다고. 다시는 개인이 국가라는 괴물에 의해 희생되지 않기를 바랄 뿐이다.

🚶 나하공항에서 차로 40분, 우라소에 대공원에서 차로 15분
🕘 09:30~17:00(화요일 휴무) ¥ 900엔 (대학생·70세 이상 800엔, 중고생 700엔, 초등학생·어린이 300엔) Ⓟ 있음
🏠 sakima.jp 🔍 사키마 미술관

야경 맛집이자 초대형 놀이터 ······ ⑤

우라소에 대공원

浦添大公園 🔈 우라소에 다이코우엔

우라소에 성터가 있던 자리에 조성된 초대형 공원. 해발 130m 고도(?)에 있어 나하 권역에서 전망을 조망하기 가장 좋은 장소로 손꼽힌다. 공원은 크게 세 영역으로, 과거 우라소에 성터를 그대로 재현한 역사 학습 존, 그리고 숲으로 둘러싸인 휴식의 광장 존, 마지막으로 초거대 미끄럼틀이 있는 교류의 광장 존이 그것이다. 이 중 아이들이 가장 좋아할 만한 공간은 역시 교류의 광장 존. 만약 역사 덕후라면 류큐 왕가의 무덤이 보존된 역사 학습 존이 적당하다. 올리이오 박쥐와 오키나와 땃쥐같은 고유종도 서식하니 눈썰미가 좋다면 찾아내 보자.

🚶 나하공항에서 차로 30분, 나하공항에서 유이레일을 타고 우라소에 마에다浦添前田 역 하차, 도보 7분 🕘 09:00~21:00
¥ 무료 🅟 있음 🏠 www.urasoedaipark-osi.jp
🔍 우라소에 대공원

건물 전체가 놀거리 충만! ······ ⑥

라운드 원 ラウンドワン 🔈 라운도완

볼링, 가라오케, 다트, 롤러스케이트, 당구, 탁구, 농구, 풋살, 코인노래방, 키즈방, 블록방부터 파친코까지 남녀노소 모두가 한 가지쯤은 즐길 수 있는 온갖 시설로 가득찬 어뮤즈먼트 빌딩. 굳이 오키나와까지 와서 이런 델 왜 가나 싶지만, 태풍이라도 몰아치면 실외에서는 할 게 없는 도시라, 그럴 때 라운드 원은 시간을 때울 수 있는 보석 같은 곳이다.

나하에서 무료 셔틀버스도 운행하는데, 무료임에도 승차권을 발급한다. 이걸 버리면 큰일 나는 게, 돌아오는 셔틀버스를 타기 위해선 갈 때 받은 승차권에 도장을 받아야 한다. 도장은 건물 내 어떤 시설이든 이용 요금을 낼 때 승차권을 내밀면 받을 수 있다. 잊지 말 것.

🚶 공항에서 차로 25분 또는 오모로마치おもろまち 역 앞 DFS 갤러리아 앞에서 셔틀버스 이용(15~20분 정도 소요)
🕘 화~목 10:00~06:00 ¥ 게임에 따라 다름 🅟 있음
🏠 www.round1.co.jp/shop/tenpo/okinawa-ginowan.html
🔍 라운드1

데포 아일랜드

데포 아일랜드는 베셀 호텔 뒤편에 있는 구역으로 A~E까지 다섯 개 동이 있다. 아메리칸 빌리지에서 가장 큰 구역이며 해변 앞 카페 거리를 포함해 오르골당과 핫한 레스토랑, 상점들이 입점해 있다. 오키나와 본섬에서 관광객이 가장 많이 몰리는 곳이다보니 호텔도 속속 입점. 현재는 힐튼 오키나와 차탄ヒルトン沖縄北谷에 이어 더블 트리 바이 힐튼 오키나와 차탄 리조트ダブルツリーバイヒルトン沖縄北谷リゾート가 들어와 있다.

시사이드 스퀘어 シーサイドスクエア 🔊 시-사이도스퀘아

세가SEGA사의 직영 게임센터와 볼링장이 입점해 있는 나름 어뮤즈먼트 빌딩이다. 아케이드 게임보다는 인형 뽑기나 즉석 스티커 사진기가 더 많은 느낌이긴 하지만, 그럼에도 한국에서는 보기 드문 탑승형 아케이드 머신이 가득하다는 점은 소싯적 오락실 좀 들락거린 중년들에게는 어필 포인트. 버추얼 파이터 세계 제패국의 위엄을 과시해 보자.

🕔 10:00~00:00

이 곳은 오키나와? 아님 미국 어딘가? ⑦

아메리칸 빌리지 アメリカンビレッジ 🔈 아메리칸 비렛지

미군으로부터 반환받은 35㎡의 매립지 위에 세워진 쇼핑타운. 미국 샌디에이고에 있는 쇼핑센터인 시포트 빌리지Seaport Village를 모방해 만들었다고 한다. 볼링장, SEGA 사 직영 게임센터, 아메리칸 데포アメリカンデポ, 데포 아일랜드デポアイランド라는 커다란 쇼핑센터 그리고 이온 자탄점イオン北谷店, 영화관인 미하마 7플렉스ミハマ7プレックス 등이 있다. A, B, C 세 동으로 나눠진 아메리칸 데포는 아메리칸 빌리지 입구에 있는 구역으로 미국풍 의류숍, 드럭스토어, 식당들이 입점해 있다.

🚶 나하공항에서 차로 40분 또는 나하 버스터미널에서 20·28·29·120번 버스를 타고 미하마 아메이칸 비렛지 이리구치美浜アメリカンビレッジ入口 정류장이나 쿠마에桑江 정류장에서 하차 후 도보 10분 🕓 매장들은 대략 10:00~22:00 ¥ 무료 Ⓟ 있음
🏠 www.okinawa-americanvillage.com 🔍 아메리칸 빌리지

테르메 빌라 츄라유

Terme VILLA ちゅらーゆ

지하 1400m에서 뽑아낸 온천수가 콸콸 넘치는 복합 온천타운. 노천 온천을 비롯해 야외 수영장도 있고, 수영장에서 바로 해변으로 연결된다. 그 때문에 온 가족이 각자 취향대로 놀 수 있어서, 당연히 가족여행자들이 넘친다. 수온도 40~45℃정도로 뜨겁지 않다. 더 비치타워 오키나와 투숙객은 무료.

🕓 07:00~23:00(실외공간은 10:00~21:00)
¥ 07:00~09:00 아침 목욕 900엔(4~11세 700엔), 09:00~23:00 1600엔(4~11세 800엔), 주말·공휴일 1600엔(4~11세 800엔)
🏠 www.hotespa.net/spa/chula-u 🔍 츄라유

신선한 과일이 가득 올라간 특급 타르트 ······ ①

오하코르테 oHacorte オハコルテ

누구나 한눈에 반하게 만들 수 있는 예쁘장한 과일 타르트 전문점. 제철 과일만 고집하다 보니 상시 메뉴가 적고, 계절 메뉴가 많은 편이다. 그저 풍부한 과일을 얹은 게 아니라, 색, 맛, 모양을 고려한 하나의 예술작품 같은 느낌이다. 매월 18일에는 그달을 상징하는 신메뉴를 선보이는데, 이날은 호기심을 못 이긴 오키나와의 레이디들이 가게 앞으로 모여드는 날이기도 하다. 홍차를 곁들이면 그야말로 최고! 공항에도 분점이 있다.

🚶 나하 버스터미널이나 현청 앞에서 버스 20·28·64·77·120번을 타고 미나토가와港川 정류장에서 하차. 횡단보도를 건너 오른쪽으로 가다 골목으로 올라가면 된다. 도보 7분

📞 (098)875-2129 🕓 10:30~19:00 ¥ 1000엔 🅟 있음

🏠 www.ohacorte.com 🔍 오하코르테 미나토가와점

오하코르테가 있는 외인 주택단지

1945~1972년까지 오키나와는 미군정의 지배를 받았다. 그 기간 오키나와의 미군 기지화가 이루어지는데, 수만 명의 미군을 위해 군정 당국은 표준 주택안을 고안해냈고, 그게 지금 보는 80~100㎡ 부지를 차지한 단층 주택이다. 지금은 오키나와에 반환돼 이처럼 카페 등으로 쓰이고 있는데, 특유의 이국적인 느낌으로 인해 미나토가와의 외인 주택단지 일대가 일종의 핫플레이스로 등극하게 되었다.

인생 타코! 인생 타코! 인생 타코! ······②

멕시코 メキシコ 🔊 메키시코

45년째 한 곳에서 영업 중인 타코스 장인의 가게. 메뉴라곤 딱 두 개, 타코스タコス(4개, 600엔)와 병 음료뿐이다. 미국식의 파삭하게 부서지는 타코와 달리 일본인들의 취향을 반영해 겉바속촉을 구현했는데, 식감도 식감이지만 살사의 밸런스가 깜짝놀랄 정도로 인상적이다. 타코스 하나를 먹기 위해 여기를 가야 하냐고? 반드시 가볼 만하다.

🚶 나하공항에서 차로 35분, 아메리칸 빌리지에서 차로 6분 📞 (098)897-1663 🕒 10:30~17:00(화·수요일 휴무) ¥ 1000엔 Ⓟ 없음 🏠 www.instagram.com/mexico_ginowan 🔍 메키시코

냉동 해산물 제로! 생물 새우로 만든 텐동 ······③

해선식당 티다 海鮮食堂 太陽 🔊 카이센쇼쿠도우 티다

우라소에 항구에 있는 작은 어민 식당으로, 점심 장사만 하고 끝낸다. 자판기 주문 방식인데, 소바 같은 건 쳐다봐야 시간 낭비. 오키나와 최강의 가성비 및 양을 자랑하는 돈부리를 먹어야 한다. ¥1000짜리 새우 돈부리 큰 사이즈는 대하 일곱 마리가 고명으로 올라오는데, 새우 먹다 배 터질 지경이다. 이 인근에 있다면, 다이어트 따위 일단 무시한다면 강력 추천.

🚶 나하공항에서 차로 30분, 아메리칸 빌리지에서 차로 14분 📞 (098)875-7744 🕒 11:00~15:30(월요일 휴무) ¥ 1150엔 Ⓟ 바로 앞 항구 주차장 이용 🔍 해선식당 티다

완벽한 밸런스의 원 플레이트! ……④

플라우만스 런치 베이커리

プラウマンズ ランチ ベーカリー

프라우만즈 란치 베에카리

직접 구워낸 신선한 빵과 오키나와산 유기농 채소가 어우러진 건강한 식사를 모토로 하는 작은 레스토랑이다. 오키나와에서는 드물게 아침 장사를 한다. 대부분의 건강식은 일정 부분 맛을 포기하는데, 이 집은 깜짝 놀랄 수준. 절제된 간, 은은히 올라오는 허브와 채소의 향, 적당한 올리브유의 밸런스가 완벽하다. 앤티크하게 멋을 부린 인테리어도 훌륭하다. 가게 한편에서는 직접 만든 빵과 기초적인 식자재도 함께 판매하고 있다. 당연히 점심 장사도 하는데 메뉴는 아침과 동일하다. 예약은 전화로 해야 하는데, 다행히 영어가 가능하다. 10그릇 한 정인 아침 세트a.m.plate(10:00~12:00)를 일단 노려보자.

아메리칸 빌리지에서 차로 10분
(098)979-9097 09:00~16:00 (일요일 휴무) ¥1500엔 P 있음
www.ploughmans.net
플라우만스 런치 베이커리

오키나와에서 만나는 교토 요리의 콜라보 ……⑤

산스시 サンスーシー Sans Souci

'오키나와와 교토의 협업'이 이 식당의 콘셉트다. 산스시는 오키나와에서 만나는 가장 훌륭한 교토 요리의 대가라고 할 수 있다. 요릿집보다는 밥 카페를 지향하는 곳으로, 교토식 우동이나 오야코동 같은 한 그릇 요리를 주로 취급한다. 면을 삶는 기법, 달걀을 다루는 작은 소소함에서 강력한 디테일이 느껴진다. 간장과 같은 기본적인 소스는 모두 교토산. 카페 메뉴에 있는 말차 흑설탕 롤의 쌉쌀함도 일품이다. 인기가 많은 집이니 미리 가든가 줄을 서야 한다. 강력 추천!

아메리칸 빌리지에서 차로 15분
(098)935-1012 점심 11:00~16:00, 카페 15:00~17:30, 저녁 17:30~21:00 (부정기 휴무) ¥1200엔 P 있음
sanssouci-kitanaka.com 산스시

그래도 한국의 저가 초밥에 비할 수는 없지! ······ ⑥

쿠라스시 くら寿司

일본 전국에 약 300개의 분점이 있는 100엔 회전 스시 체인점. 오키나와 초밥이 원체 형편없다 보니 본토에서는 응급용으로 취급받는 체인점들이 오키나와에서는 인기 스시집으로 둔갑한다. 가격을 생각하면 네타(생선)의 질과 종류 모두 평균 이상. 쿠라스시를 이용하기 위해서는 꽤 많은 터치스크린 장비를 다뤄야 한다. 입구에 있는 터치스크린으로 테이블テーブル에 앉을지 카운터カウンタ에 앉을지를 정해, 번호표를 받는다. 자리에 앉으면 앞에 있는 터치스크린으로 주문을 해야 한다. 터치스크린은 영어로 언어 변경이 가능하고 한글로 된 조작 안내가 비치되어 있다.

🚶 이온몰 오키나와 라이카무 메인 건물을 바라보고 왼쪽의 인포메이션센터 쪽에 있는 2층 건물(1층엔 다이소)에 있다
📞 (098)923-5177 🕓 11:00~23:00(부정기 휴무)
¥ 1000엔 Ⓟ 있음 🏠 shop.kurasushi.co.jp/detail/416
🔍 쿠라스시 오키나와 라이카무점

오키나와 3대 버거 중 대왕 ······ ⑦

고디즈 ゴーディーズ 🔈 고오디이즈

오키나와 최고의 햄버거집으로 외인주택을 개조한 건물에 입주해 있다. 점주가 직접 숯불에 구워 내는 패티의 풍미와 쏟아져 나오는 육즙은 이게 진짜 햄버거란 요리구나 싶다. 주변 미군들에게 절대적인 지지를 받는 집으로, 여기가 오키나와인지 미국인지 헷갈릴 지경. 주인장 스스로 빈티지 애호가라고 하는데, 많이 사서 모으기도 하고 또 되팔기도 하는 모양. 어쨌거나 오키나와에서 만나는 가장 훌륭한 미국 요리(?) 집임에 틀림없다. 강력 추천!

🚶 아메리칸 빌리지에서 차로 7분 📞 (098)926-0234
🕓 11:00~20:00 ¥ 1300엔 Ⓟ 있음
🏠 www.instagram.com/gordies_okinawa 🔍 고디즈

접근할 만한 가격대의 가이세키 요리 ······ ⑧

히토시즈쿠 ひとしずく

아메리칸 빌리지에 숨어있는, 오키나와 식재를 사용한 가이세키 맛집이다. 오키나와의 식재를 고루 사용한 가이세키 요리를 이 정도 가격에 맛볼 수 있다는 건 행운이다. 주의할 점은 반드시 예약하고 방문해야 한다는 것. 매달 구성 요리가 바뀌는데 웹페이지를 방문하면 그달의 요리 사진을 볼 수 있다.

아메리칸 빌리지에서 차로 4분, 도보 15분
098-936-5539 11:30~14:00, 18:00~ 21:00(일요일·매월 마지막 주 월요일 휴무) ¥ 2000~6000엔 P 있음
히토시즈쿠

푸른 바다, 그리고 창공과 함께하는 훌륭한 정찬 ······ ⑨

트랜짓 카페 トランジット・カフェ 트란짓토 카페

미야기 해변에 있는 2층 카페 겸 레스토랑. 테라스석에 앉아 바다를 바라보고 있노라면, 그 자체만으로 어느 리조트에서 푹 쉬고 있는 기분이다. 주말에는 영업시간 내내 사람들로 미어터지는데, 2층 테라스석은 칵테일을 맡술처럼 퍼마시는 사람들에게 주로 점거당한다. 분위기만큼 좋은 건 이 집의 요리. 무리하지 않는 선에서 최고의 서양 요리를 먹고자 한다면, 고민할 필요 없이 여기를 떠올려 볼 만하다. 예약은 라인을 통해 할 수 있다. page.line.me/581jxjwr를 친추하자. 비건 메뉴판도 별도로 구비하고 있다.

아메리칸 빌리지에서 도보 7분
(098)936-5076 11:00~16:00, 17:00~22:00(부정기 휴무)
¥ 2500엔 P 있음
www.transitcafe-okinawa.com
트랜짓 카페

보들보들한 고기 맛이 일품인 특별한 오키나와 소바 ······ ⑩

하마야 浜屋

중부의 오키나와 소바 명가. 오랜 시간 푹 삶아낸 소키(돼지 갈빗살)의 부드러움, 고소한 달걀지단, 그리고 상대적으로 꼬들꼬들한 면발 등 오키나와 소바의 원형과는 좀 다르지만, 대신 입에는 착 감긴다.
오키나와 소바는 유독 동네별 지역색이 강해 면발부터 국물 내는 법까지 모든 게 제각기 다른 편인데, 하마야는 맛으로만 따진다면 오키나와 톱 랭크 중 하나다. 오키나와 소바 특유의 달착지근함이 싫다면 생강을 듬뿍 넣어보자. 추천할 만한 맛집이다. 상호를 딴 하마야 소바浜屋そば가 간판 메뉴. 순두부 소바ゆしどうふそば는 두부 마니아들에게 추천.

- 미야기 해변에서 도보 19분
- (098)936-5929
- 10:00~17:30(부정기 휴무)
- ¥ 1000엔 Ⓟ 있음
- hamayasoba.gorp.jp
- 하마야 소바

아메리칸 빌리지에서 즐기는 정통 이자카야 ······ ⑪

킨파긴파 きんぱぎんぱ

오래된 전통가옥을 개조해 만든, 요리 실력 좋은 이자카야. 전통 오키나와 요리를 즐기며 한잔하기 제격인 곳이다. 특히 오키나와 중부는 오키나와 전투의 격전지 중 하나로, 보존된 고민가가 거의 없어 꽤 의미가 깊은 집이기도 하다. 상당히 성의 있게 만든 한글 메뉴판을 구비하고 있어 일본어를 몰라도 이용에 지장이 없다. 특히 초밥, 야키소바, 주먹밥은 물론 돈코츠·시오라멘 등 끼닛거리도 취급해 이자카야가 아닌 식당으로 활용해도 지장이 없을 정도다. 생과일로 만드는 이 집의 츄하이는 강추 메뉴.

- 아메리칸 빌리지 초입에 있다
- (098)926-0076
- 17:30~00:00(수요일 휴무)
- ¥ 2000엔 Ⓟ 있음
- kinpaginpa.ryoji.okinawa
- 킨파긴파

저가라고 얕보지 마라 ······ ⑫

하마스시 はま寿司 北谷伊平店

전국에 체인점을 둔 저가 회전 초밥집. 저가라곤 하지만 한국의 어지간한 미드레인지 스시야만큼은 나온다. 입구로 들어가 정면에 보이는 기계에 인원수를 입력하고 번호표를 뽑은 후 대기하면 자리가 난다. 가벼운 주머니에도 불구하고 비교적 양질의 초밥을 배 터지게 먹고 싶다면 무조건 직행하자. 유자 소금을 얹은 참치 ゆず塩炙り大切りまぐろはらみ 추천. 토치로 살짝 그슬린 아부리 연어炙りとろサーモン도 훌륭하다.

나하공항에서 차로 50분, 아메리칸 빌리지 입구에서 한 블록 더 가면 58번 국도변 오른쪽에 있다 (098)982-7331 10:00~24:00
¥ 1000~1500엔 P 있음 www.hama-sushi.co.jp/menu/
하마스시

새끼손톱만 한 문어가 풍덩! ······ ⑬

츠키지 긴다코 築地銀だこ 츠키지 긴다코

다코야키たこ焼 체인으로, 전국에 무려 416개의 분점이 있을 정도로 규모가 크다. 선셋 비치에서 일몰을 기다리다 보면 입이 심심해지는데, 다코야키를 준비해 놓으면 센스 있는 여행 동반자로 등극할지도. 나하, 오로쿠小禄 역 옆에 있는 이온몰과 나하 메인플레이스(2층 푸드코트)에도 분점이 있다.

아메리칸 빌리지, 선셋 비치 앞에 있는 더 비치타워 오키나와 호텔 뒤에 이온몰이 있다. 선셋 비치에서 도보 9분
(098)982-7226 10:00~22:00 ¥ 620엔 P 있음
stores.gindaco.com/1010295 츠키지 긴다코 차탄점

무심히 보다 하나씩 지르게 되는 ······ ①

포트리버 마켓 Portriver Market

도쿄 출신 주인장이 운영하는 개성 만점의 셀렉트숍. 낭만적인 보헤미안 정서를 가득 안고 있는 곳이다. 현지 밀로 만든 샌드위치, 현지에서 볶은 커피, 그리고 인근 농부들이 직접 재배한 농산물도 판매한다. 딱 일본스러운 지역 협동조합 느낌의 가게이기도 한데, 그보다는 조금 더 사적이라고 생각하면 된다. 캔버스백을 들고 현지인처럼 어슬렁거리며 이리저리 둘러보기 좋은 집이다.

나하공항에서 차로 20분 (098)911-8931
12:00~18:00(수·일요일 휴무) P 있음
portriver_market 포트리버 마켓

태풍 오는 날, 갈 수 있는 첫 번째 장소 ······ ②

이온몰 오키나와 라이카무 イオンモール 沖縄ライカム

일본의 마트 & 쇼핑몰 체인인 이온의 오키나와 플래그십 스토어로 미군 부대 반환지에 건설됐다. 수년 전, 오키나와에서 한 가지 부족한 게 있었으니, 그건 바로 쇼핑이었다. 일본 본토에 있는 주요 브랜드조차 들어오지 않은 일종의 쇼핑 오지였던 이곳에 이온몰 오키나와 라이카무의 등장은 오키나와 쇼핑 갈증에 목을 축이게 해줬다는 평이다. 무엇보다 쇼핑몰과 함께 따라오는 다양한 레스토랑군은 미식파 여행자에겐 더없이 반가운 포인트. 오키나와에서 볼 수 없던 최초 분점들이 많아 미식가들에게도 꽤나 호평이다. 1층 로비에 있는 커다란 수족관은 츄라우미 수족관과의 제휴에 의해 만들어졌다. 츄라우미 수족관 방문 전에 들른다면, 이것만으로도 열광할 수 있다.

나하공항 3번 플랫폼에서 버스 152번, 이온몰 오키나와 라이카무イオンモール 沖縄ライカム 하차, 아메리칸 빌리지에서 차로 10분 (098)930-0425 10:00~22:00
있음 okinawarycom-aeonmall.com 이온몰 오키나와 라이카무

점포 번호	점포명	설명
220	몽벨 Mont-Bell	우리나라에 출시되지 않은 상품이 많다. 말 그대로 진짜 몽벨.
255	루피시아 Lupicia	일본의 대표적인 차 유통 브랜드. 매년 봄 등장하는 햇차부터 홍차, 가향 홍차, 그리고 타이완 우롱차를 전문적으로 유통한다. 오키나와 최초 입점.
267	푸조 Puzo	오키나와 토종 치즈케이크 브랜드. '맨해튼의 사랑マンハッタンの恋'은 2015년 디저트 대회 수상작으로, 미야코 섬에서 나는 소금을 가미한 '달콤한 함정キャラメリーナの甘い罠'은 이온몰 PUZO 점만의 한정 상품이다.
329	코지마 빅카메라 コジマ×ビックカメラ	오키나와에 단 두 개뿐인 빅, 아니 익숙한 이들에게는 '비꾸 카메라'로 잘 알려진 매장. 애플 물건만 전문으로 파는 뉴컴Newcom도 별도로 입점해 있다.
424	동구리 공화국 どんぐり共和国	지브리 스튜디오의 캐릭터 아이템을 판매하는 오키나와 유일의 매장.

AREA ····②

오키나와의 다양함을 엿볼 수 있는

요미탄·가데나·오키나와 読谷·嘉手納·沖縄

오키나와의 중부 서해안의 도시들. 이제 슬슬 시골 풍경이 펼쳐진다. 요미탄은 중부 서해안의 작고 예쁘장한 마을로 미군기지의 비중이 작아 오키나와 시골의 원형이 잘 살아있다. 반면 가데나는 마을의 88%가 미군기지 영역. 항공 마니아들에게는 성지지만, 보통의 여행자라면 건너뛰어도 무방하다. 오키나와는 시 이름이다(오키나와 현의 오키나와 시란 이야기). 원래는 코자コザ라고 불렸는데 1970년 12월 20일 5000명의 오키나와인과 미 헌병대가 충돌한 코자 폭동 이후 오키나와 시로 개명했다. 오키나와 특산 요리 중 하나인 타코 라이스가 오키나와 시에서 탄생했다.

요미탄·가데나·오키나와 상세 지도

04 잔파 곶
08 한의 비
01 니라이 비치
자키미 성터 06
05 요미탄 도자기 마을
치비치리 가마 07
05 스이엔 베이커리
06 멘야 하치렌
03 우민추 식당
Kurashiki Dam
02 도로 휴게소 가데나
02 츠케멘 징베에
카보텐노미세 나카소네 01
오키나와 어린이 나라 03
아지토야 04
01 디앤디파트먼트 오키나와
6
58
73
330
E58
255
36
26
75
24
85
N
0 1km

바다거북 산란 장소가 곁에 있는 ······①

니라이 비치 ニライビーチ

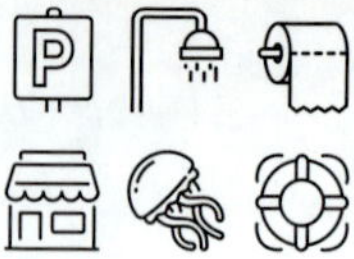

니코 호텔 아리비라 앞에 있는 아치형 비치. 해변의 길이는 100m, 수심은 최대 2m다. 오키나와 중부 서해안 최고의 비치 중 하나로 오키나와 본섬에서 투명도 높은 수질을 자랑하는 곳 중 하나이기도 하다. 원래 이곳은 우미가메ウミガメ라고 하는 바다거북의 산란 장소였다. 환경 면에서 중요한 곳이라 니라이 비치 앞에 니코 호텔이 들어선다고 했을 때 논란이 분분했고, 호텔 측에서도 환경을 최대한 해치지 않는 선에서 개발을 약속하고 진행했다. 지금도 산란기가 되면 바다거북이 니라이 비치로 올라와 알을 낳는다고 한다. 산란기에는 해변 일부 지역에 출입 금지 라인이 형성된다. 해변의 관리를 호텔에서 하는 만큼 편의 시설도 탁월한데, 특히 해양스포츠 프로그램은 스포츠 마니아들을 열광시키기에 충분하다.

나하공항에서 차로 1시간 10분 또는 나하공항에서 리무진 버스 B노선을 타고 니코 아리비라日航アリビラ에서 하차 연중 무휴, 계절에 따라 최대 08:30~1800, 최소 09:00~17:00 사이 ¥ 무료 P 1000엔 www.alivila.co.jp/activity/beach.ph 니라이 비치

액티비티/시설	소요 시간	예약	요금(1인)
스노클링	1시간	필요 없음	투숙객 ¥4000 / 비투숙객 ¥4500
웨이크보드 스쿨	30분	필요 없음	투숙객 ¥6000 / 비투숙객 ¥6500
웨이크보드 프리토잉	10분	필요 없음	투숙객 ¥3300 / 비투숙객 ¥3800
클리어숍 (투명한 패들보트)	30분	필요 없음	투숙객 ¥3500 / 비투숙객 ¥4000
클리어 카누 (바닥이 투명한 카누)	30분	필요 없음	투숙객 ¥3300 / 비투숙객 ¥3800
선셋 세일링	1시간	필요	투숙객 ¥4000 / 비투숙객 4500

전국의 밀리터리 마니아들이 모두 모여드는 ······ ②

도로 휴게소 가데나 道の駅 かでな 🔈 미치노에키 카데나

밀리터리와 항공사진 덕후들의 성지. 가데나 공군기지 활주로가 훤히 내려다보이는 곳에 위치했다. 이곳 전망대에는 언제나 초대형 망원렌즈를 거치하고 오가는 비행기를 찍는 마니아들이 그득하다. 극동에서 가장 중요한 공군기지다 보니 미 공군이 신형 전투기를 배치하기 시작하면 전국에서 망원렌즈를 든 애호가와 군사 잡지 기자들이 몰려온다. 이들을 통해 '미군의 최신형 전투기 F-22 오키나와 배치' 같은 기사가 나오곤 하는 셈이다. 이렇다 보니 휴게소 자체가 밀리터리 콘셉트다. 기지에서 찍은 최신 미군기 사진엽서와 미군 부대 마크도 판매한다.

나하공항에서 차로 40분 또는 나하 버스 터미널에서 20·28·29·120번 버스를 타고 가데나嘉手納 정류장에서 하차 후 도보 26분
전망대 08:30~22:00, 식당 10:00~18:00 (재료 소진 시 영업 종료) ¥ 무료 Ⓟ 있음
michinoeki-kadena.jp
가데나 휴게소 전망대

태풍 오고, 비 올 때 가장 훌륭한 도피처 ······ ③

오키나와 어린이 나라

沖縄こどもの国 🔈 오키나와 코도모노 쿠니

동물원과 작은 호수 그리고 어린이 과학관이 포함된 어린이 놀이공원이다. 한국처럼 익사이팅한 면은 적다. 한국의 탈 거리에 비하면 무척 느린 기차와 맹수가 전혀 없는 평화로운 동물원이 인상적. 그럼 여길 왜 소개했냐? 어린이 과학관인 원더 뮤지엄의 존재 때문이다. 한국처럼 미어터지지 않는다는 게 최대 장점. 아이들이 마음껏 뛰어놀 수 있고, 아이의 힘을 반드시 빼야(?) 하는 가족 여행객에게는 이만한 장소가 없다. 최소 두 시간은 이곳에서 아이만 지켜보면서 육아를 해결할 수 있다. 부모에게는 그야말로 휴식의 장소라는 이야기.

나하공항에서 차로 약 1시간, 아메리칸 빌리지에서 차로 15분 09:30~17:30, 토·일·휴일 09:30~21:00 (화요일 휴무) ¥ 1000엔(15세 이하 무료), 원더 뮤지엄 200엔(4세 이상~고교생 100엔), 유모차 200엔 Ⓟ 있음
www.okzm.jp 오키나와 어린이 나라

언덕 위 그림 같은 등대 ······ ④

잔파 곶 殘波岬 ◀) 잔파미사키

오키나와 본섬 동쪽 끝에 있는 곶. 길이 2km, 높이 30m에 달하는 융기 산호초로 이루어진 해안 절벽이다. 산책로를 벗어나면 울퉁불퉁한 융기 산호초 표면의 여기저기를 거닐게 되는데, 길이 상당히 거칠다. 날씨가 좋지 않을 때면, 잔파 곶의 해안 절벽에 부딪히는 파도 때문에 절벽 너머까지 물보라가 몰아칠 정도다. 잔파 곶의 상징인 그림 같은 등대는 일본에 열 여섯 개밖에 없는, 사람이 올라갈 수 있는 등대로 여행자에게 꽤 인기 있는 스폿이다. 잔파 곶 바로 옆에는 잔파 해변이 있다. 여기도 필수 설비는 모두 갖춘, 현지인들에게 인기 있는 가족 해변이니 한번 들러보자.

🚶 나하공항에서 차로 1시간 10분 또는 요미탄 버스터미널読谷バスターミナル에서 차로 8분 🕓 등대 3~9월 평일 09:30~16:30, 주말 09:30~17:30, 10~2월 09:30~16:30 ¥ 무료(등대 300엔) Ⓟ 있음 🔍 잔파 곶

오키나와 도자기의 총본산 ······ ⑤

요미탄 도자기 마을

読谷やちむんの里 🔈 요미탄 야치문노사토

오키나와 도자기인 야치문やちむん의 총본산. 원래 오키나와 도자기의 중심지는 나하 시에 있는 쓰보야 도자기 거리였다. 하지만 쓰보야가 도심에 편입되며, 장작을 때는 전통 가마가 대기오염의 주범 취급을 받았고, 결국 전통 기법을 고수하는 도예가들은 1981년 쓰보야를 떠나 하나둘 요미탄에 모여들게 되었다. 처음 요미탄에 가마를 만든 긴조 지로金城次郎(1912~2004) 씨는 오키나와 사람으로는 최초로 인간문화재에 오른, 현지에서는 그야말로 신으로 추앙받는 인물이다. 전통 기법으로 자기를 빚고 싶은 고집에서 시작된 긴조 지로의 요미탄 이주는 많은 후배 작가를 자극했고, 결국 도공 마을이 탄생하게 됐다.

요미탄 마을 가장 끝에 있는 키타가마北窯는 긴조 지로를 포함한 요미탄 도자기 마을의 개척자 4인이 공동으로 만든 가마. 키타가마와 그 아래에 있는 작은 가마인 요미탄 키타가마読谷北窯에서 만들어진 자기는 요미탄야마야키 키타가마 매점読谷山焼北窯売店에서 공동 판매한다. 참고로 마을에는 갤러리를 겸한 카페가 두어 곳 있다. 이곳의 요리와 음료는 당연히 요미탄 도자기 마을에서 만든 식기에 담겨 나온다. 원색의 자기와 함께 빛나는 요리 그리고 찬란한 색감 덕분에 꽤 인상적인 시간을 보낼 수 있을 것이다.

🚶 나하공항에서 차로 1시간 또는 나하 버스터미널에서 20·120번 버스를 타고 오야시 이리구치親志入口 정류장에서 하차 후 도보 10분
🕓 09:30~17:30(부정기 휴무) ¥ 무료 Ⓟ 있음
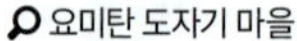
🔍 요미탄 도자기 마을

오키나와에서 가장 아름다운 성 ······ ⑥

자키미 성터 座喜味城跡 🔊 자키미구스쿠

오키나와 구스쿠 최대의 걸작품이자 일본 100대 성 중 하나. 당대의 건축가 고사마루護佐丸(?~1458)에 의해 1416~1422년 사이에 건축됐다. 나키진 성 점령 작전에 참전했던 고사바루는 전투 요새로서 난공불락이 되도록 나키진 성의 단점을 보완하는 연구에 골몰했다. 공성전에 유리하게 만들기 위해 성벽을 구불구불하게 배치했고, 진격로가 자연스레 정체될 수 있게끔, 병목 현상이 발생하는 구간을 추가했다. 전국시대 최고의 걸작 중 하나라는 찬사를 받은 자키미 성이 실제 전쟁을 한 번도 안 치렀다는 건 역사적 아이러니다.

오키나와에서 가장 오래됐다는 아치형 석문도 빼어난 볼거리지만, 오키나와 소나무가 줄지어 성으로 향하는 진입로야말로 자키미 성 최고의 볼거리라 할 수 있다. 입장료를 징수하지 않기 때문에 사실상 오픈 상태. 이른 새벽 소나무 숲길을 거쳐, 성 위에서 아침 풍경을 바라보는 느낌이 끝내준다.

🚶 나하공항에서 차로 1시간 또는 나하 버스터미널에서 29번 버스를 타고 자키미座喜味 정류장에서 하차 후 도보 15분 🕘 09:00~18:00 ¥ 무료 Ⓟ 있음
🏠 www.yomitan-kankou.jp/tourist/watch/1611289699 🔍 자키미 성터

오키나와 전투로 입은 짙은 상처 ······ ⑦

치비치리 가마 チビチリガマ

제2차 세계대전 말기 일본인들이 숨어 있던 방공호 중 하나다. 일본군 대본영은 당시 오키나와 사람들에게 항복하면 미군이 처참하게 살해한다고 겁을 줬다. 치비치리 가마에는 당시 약 140명의 주민이 숨어 있었고, 이들 중 85명이 집단 자살했다. 자살이라고는 하지만 60%의 사망자가 미성년자인데 부모들이 미군에 사로잡혔을 때의 고통을 막고자 자식을 죽이고, 뒤이어 목숨을 끊은 경우가 대부분이다. 현재 이 일은 일본 극우파에 의해서는 절개 있는 옥쇄로, 당사자인 오키나와 사람들에게는 제국주의 시절 일본이 행한 대표적인 전쟁 범죄의 하나로 인식되고 있다.

가마(동굴) 입구까지만 접근할 수 있는데, 사연 탓인지 상당히 으스스하다. 후일 유족회에서 만든 평화의 상이 모셔져 있을 뿐이다. 참고로 1987년 오키나와 주민들이 일장기를 불태워 버리자, 극우파가 오키나와로 와 보복 성격으로 이 곳에 있는 평화의 상을 부수기도 했다. 지금 있는 상은 이후 전국적 모금으로 다시 만든 것이다.

🚶 가데나에서 잔파 곶으로 가는 현도 6로 도로변에 있다. 주변에 이정표가 아무것도 없어 구글 지도에 의존해야 한다. 잔파 곶을 기준점으로 삼는다면 차량으로 5분 정도 걸린다. 앱이 이끄는 대로 가면 숲 안으로 들어가는 철제 내리막 계단이 보인다. 🕒 상시 개방 ¥ 무료 🅟 있음
🔍 치비치리 가마

오키나와의 또다른 비극, 조선인 ⑧

한의 비 恨の碑 한노이시부미

제2차 세계대전 당시 일본으로 끌려온 조선인의 넋을 기리는 위령비다. 참고로 당시 조선인 징용자는 100만 명을 헤아렸고, 자료에 따라 다르지만, 오키나와에도 최대 1만 명의 징용 노동자와 정신대 여성들이 있었던 것으로 추정된다.

'한의 비'는 오키나와에서 징용 생활을 했던 것을 증언한 두 명의 한국인과 일본인 평화 운동가들이 주축이 돼 우리나라의 경상북도 영양과 오키나와의 요미탄 시에 건립하게 된 것.

비석 전면에 새겨진 부조의 내용은 일본군에 의해 눈을 가린 채 강제로 징용에 끌려가는 조선인 청년과 청년의 바짓가랑이를 잡고 오열하는 어머니, 그리고 망설이는 청년을 개머리판으로 때리려고 하는 해골 모양 일본군의 모습이다. 바로 옆에는 일본어와 한글로 '한의 비'에 대한 글이 아래와 같이 새겨져 있다.

'이 땅에서 돌아가신 오빠 언니들의 영혼에,
이 섬은 왜 조용해졌을까.
왜 말하려 하지 않는가
여자들의 슬픔을
조선 반도의 오빠 언니들의 얘기를'

치비치리 가마에서 약 2km 정도 떨어져 있다. 차로 5분
오픈 ¥ 무료 Ⓟ 없음 한의 비

사다안다기의 진화 ······①

카보텐노미세 나카소네

かぼ天の店 なかそね 🔊 카보텐노미세 나카소네

늙은 호박을 갈아 넣은 사다안다기 카보텐かぼ天(500엔) 하나로 장인의 경지에 오른, 아주 찾기 힘든 맛집. 영업일은 제멋대로인 데다가 준비한 재료가 떨어지면 바로 문을 닫는다. 식당도 아닌 주택 주차장 옆 공간에서 노상 사다안다기만 튀겨낸다. 솔직히 오리지널 사다안다기는 오키나와 전통 간식이라니까 먹지 맛있지는 않은데, 이 집 것은 정말 남다르다.

🚶 아메리칸 빌리지에서 12분 📞 (098)932-4109 🕒 07:00~15:00 (일요일 휴무) ¥ 300엔 Ⓟ 없음 🔍 카보텐노미세 나카소네

찍먹 라멘의 세계에 빠져보자 ······②

츠케멘 징베에 つけ麺 ジンベエ

치바나知花에 있는 츠케멘つけ麺 전문점이다. 면을 담가 먹는다는 점에서 자루 소바와도 비슷하지만, 자루 소바가 맑은 가쓰오부시 간장 베이스라면 츠케멘은 라멘 국물을 농축한듯 아주 걸쭉한 국물이다. 징베에 츠케멘은 돼지 뼈 육수에 생선 달인 육수를 추가해, 짭조름하면서 약간 꼬릿하고 강렬한 국물 맛을 낸다. 메뉴라고는 츠케멘과 중화 소바, 그리고 구운 교자가 전부다. 주문은 자판기로.

🚶 나하 버스터미널에서 90번 버스를 타고 나카가미뵤인 이리구치中頭病院入口 정류장에서 하차 후 도보 3분, 아메리칸 빌리지에서 차로 20분
📞 (098)938-1558 🕒 11:30~15:30, 18:30~21:00(부정기 휴무)
¥ 1000엔 Ⓟ 있음 🏠 www.instagram.com/tsukemenjinbe 🔍 츠케멘 징베에

해물 마니아에겐 이보다 좋을 수 없는 가성비 ······③

우민츄 식당 海人食堂 🔊 우민츄쇼쿠도우

온통 바다에 인접해 있는 지형 탓에 오키나와에는 많은 어항이 있고 그마다 작은 식당이 딸려 있다. 보통은 투박한 음식을 선보이다가, 관광객이 많아지면 이들을 타깃으로 한 고가의 음식에 주력하는데, 우민츄 식당은 초심을 고수하고 있다. 단지 어항의 투박한 부설 식당일 뿐이지만, 이 집의 해물덮밥인 우민츄동都屋の海人丼을 맛보면 풍성함에 감탄사가 절로 나온다. 대부분 맛있다. 오징어 먹물탕イカスミ汁만 빼고.

🚶 아메리칸 빌리지에서 차로 30분, 잔파 곶에서 차로 13분
📞 (098)957-0225 🕒 11:00~15:00(부정기 휴무) ¥ 1000~1400엔
Ⓟ 있음 🏠 www.yomitangyokyou.com/shop.php 🔍 우민츄 식당

삿포로에서 탄생해 오키나와에서 꽃을 피우다 ······ ④

아지토야 あじとや

오키나와에서 가장 맛있는 삿포로 수프 카레 전문점. 번화가가 아닌 마을 안쪽에 있는 식당이지만, 이리저리 입소문을 듣고 온 현지인과 여행자들로 식사 때면 늘 붐비는 집이다. 일반적인 수프 카레는 매콤함이 강하게 느껴지는 따끈한 국물에 가까운데, 아지토야는 오키나와 특산품인 흑당으로 수프 카레에 달콤함을 가미했다. 일단 설탕과는 달리 진한 향미가 있는 흑당 덕분에 맛은 한층 더 업그레이드된 느낌. 밥은 한 번까지 무료이고, 두 번째 때부터 100엔이 추가된다. 사이드로 인도식 난을 판매하는데 과연 난이란 걸 먹어 보고 만든 걸까 싶은 맛이지만 라씨는 꽤 먹을 만하다.

나하 버스터미널에서 31번 버스를 타고 아와세산구 이리구치泡瀬三区入口 정류장에서 하차 후 도보 3분
(098)927-3381 평일 11:00~15:00, 금·토·일 11:00~15:00, 17:30~20:00
¥ 1000엔 P 있음 ajitoya.net
아지토야

요정의 빵집이 아니었을까? ······ ⑤

스이엔 베이커리

パン屋 水円 팡야 스이엔

오키나와 본섬 최고의 베이커리 카페. 야트막한 집이 늘어선 마을 안쪽에 숨어 있는 보석이다. 콘크리트 집 속에 등장하는 나무집, 그리고 그 뒤로 펼쳐진 풀밭 등 가게 외관부터 예사롭지 않다. 내부는 마치 미야자키 하야오의 만화에서 볼 법한 풍경이다. 활짝 열린 오픈 키친에서는 서너 명의 스태프들이 열심히 볶고, 굽고, 무언가를 만들고 있다. 벽에 걸린 팬, 광주리, 가지런히 놓인 예쁘장한 잔과 그릇들. 단지 이 집을 슬로푸드, 발효 천연 효모 빵집이라고만 소개하기에는 너무나 아깝다. 실내 아무데서나 잘 눕는 고양이 한 마리와 식당 뒤 풀밭에 사는 당나귀와 토끼, 닭 모두 이 집의 반려동물이다.

잔파 곶에서 차로 15~20분 (098)958-3239 10:30~17:30(월·화·수요일 휴무)
¥ 1000~1300엔 P 있음 www.suienmoon.com 스이엔 베이커리

오키나와 츠케멘의 3대 천왕 중 하나 ······⑥

하치렌 はちれん

요미탄을 대표하는 라멘·츠케멘집. 여행자들보다는 현지인 단골이 많다. 우리의 탕수육 부먹·찍먹 같은 논쟁이 일본에서도 있었는데, 일본은 부먹파를 위한 라멘과 찍먹파를 위한 츠케멘으로 아예 메뉴를 나눠버렸다. 국물은 딱 세 가지, 기본과 매운맛, 그리고 매실 맛이다. 취향이야 제각각이지만 기본이 가장 잘 팔린다고. 양이 큰 사람들을 위해 반 공기 분량의 밥이나 돈부리도 판매하고 있다. 주문은 자판기로 하면 된다.

마에다 곶(푸른 동굴)에서 차로 20분
(098)958-6471 월~목 11:00~15:30, 금·토·일 11:00~15:30, 17:30~20:30
¥ 1000엔 P 있음 hachiren.co.jp
멘야 하치렌

오키나와 유일의 편집 디자인 숍 ······①

디앤디파트먼트 오키나와

D&Department Okinawa by Okinawa Standard

도쿄, 오사카, 삿포로, 시즈오카, 가고시마 그리고 서울에 분점을 두고 있는 일본의 디자인 편집매장인 디앤디파트먼트의 오키나와 분점이다. 굳이 서울에도 분점이 있는 곳을 소개하는 이유는 같은 상호 아래 각기 다른 개성을 자랑하는 이 집의 독특함 때문이다. 디앤디파트먼트를 지탱하는 가장 큰 개념은 '롱 라이프 디자인Long Life Design'. 올바른 소비와 지역의 제조업을 지키기 위해 물건을 디자인하는 게 아니라 잘 디자인된 물건을 발굴하고 소개하는 게 더 중요하다고 여긴다. 각 지역의 디앤디파트먼트는 그저 관광객용 공예품이 아닌 그 지역의 소재와 디자인이 가미된 실용품 위주로 전시 및 판매한다. 구경 삼아서라도 가볼 만한 곳이다.

나하공항에서 차로 30분 (098)894-2112
11:00~19:30(화요일 휴무) P 있음
www.d-department.com/ext/shop/okinawa.html
디앤디파트먼트 오키나와

AREA ····③

끝없이 펼쳐지는 오키나와의 바다

온나·우루마

恩納·うるま

바다 여행이 테마라면 중부에서는 이 일대가 하이라이트다.
우루마는 태평양을, 온나는 동중국해를 바라보고 있어
두 지역이 같이 해양 휴양지로 엮이긴 하지만, 느낌은 다르다.
우루마는 아직도 낙도의 느낌이 완연한 시골,
온나는 오키나와에서 가장 먼저 조성된 리조트 구역이다.
한때 오키나와 제일의 숙소들이 즐비했지만,
지금은 약간 낡아 수학여행 온 학생들이 주로 머무른다.

온나·우루마 상세 지도

58
04 킨게츠 소바 온나점
만자 비치 03
01 하와이안 팬케이크하우스 파니라니
만자모 08
02 나카무라 소바
03 808 포케볼 오키나와
104
리잔 씨파크 호텔 탄차베이
오키나와 과학기술대학원 대학
E58
01 마에다 플랫
02 마에다 곶
58
331
329
레드 비치
73
07 류큐무라
N
05 비오스의 언덕
가쓰렌 성터 06
해중도로 04
0 1km
58

해변 스노클링의 명소 ······ ①

마에다 플랫 裏真栄田ビーチ 🔈우라 마에다 비치

중부의 대표적인 히든 플레이스. 마에다 곶 왼쪽에 있는 작은 해변으로 농로와 약간의 숲길을 거쳐 진입해야 한다. 개발이 이루어지지 않은 천연 해변이다 보니 감시요원, 샤워 시설 등 아무것도 없기 때문에 스스로 안전을 책임져야 한다. 물이 무척 얕은데 아직 산호가 살아있고 바다 생물도 많아서 개별적으로 스노클링을 즐기는 사람들이 주로 찾는다. 바다 생물이 얼마나 많냐면, 물이 빠질 때 생기는 작은 웅덩이에서도 형형색색의 열대어 감상이 가능할 정도다. 얕은 물에도 산호가 살아있다는 건, 우리들의 방문이 이들에게 재앙이 될 수도 있다는 이야기. 주의를 기울이지 않으면 몇 년 후 이곳은 사막이 될지도 모른다.

🚶 마에다 곶에서 도보 5분 🕓 상시 개방 ¥ 무료
🅟 마에다 곶 주차장 이용 🔍 우라 아메다 비치

스노클링과 다이빙의 성지 ······ ②

마에다 곶 真栄田岬 마에다 마사키

오키나와 본섬 스노클링·다이빙의 최고 성지. 본섬 최고의 수중 포인트라고 하는 푸른동굴로 가는 관문이기도 하다. 곶 자체가 해안 절벽이기도 하지만, 절벽 아래에 바다로 연결되는 계단이 있다는 점에서 다른 곶과는 완전히 다르다. 계단 아래 20~40m 앞까지는 수심이 얕아서 스노클링 지역이고, 그 바깥은 갑자기 수심이 7m 이상으로 깊어져 다이버들의 천국이 된다. 스노클링이나 다이빙 모두 여행사를 끼고 하는 게 상례지만 한국과 달리 개별적으로 장비를 갖추고 즐겨도 그 누구도 뭐라 하지 않는다.
해상인 관계로 날씨의 영향을 강하게 받으며 수영 금지인 날은 아예 계단이 폐쇄된다. 계단 개폐 유무 등은 홈페이지를 통해서 확인할 수 있다. 스노클링이나 다이빙 목적이 아니라면 굳이 찾아올 만큼 풍경이 빼어난 편은 아니다.

나하공항에서 차로 1시간 또는 나하 버스터미널에서 20·120번 버스를 타고 쿠라하久良波 정류장에서 하차 후 도보 20분 또는 나하공항에서 리무진 버스 B노선을 타고 르네상스 리조트 하차 후 차로 10분 07:00~17:30(6~9월 07:00~19:00) ¥ 무료 P 있음, 1시간에 100엔 maedamisaki.jp
마에다 곶

마에다 곶의 스노클링

성수기 때 내해는 물 반 사람 반이라 깊은 바다 쪽으로 가는 프로그램을 선택하는 게 낫다. 오키나와에서 스노클링과 스쿠버다이빙을 하는 경우 물고기에게 먹이를 주는 것은 금지되어 있지만, 마에다 곶은 여행사들끼리의 경쟁이 원체 심하다 보니, 암묵적으로 먹이를 줘서 물고기를 끌어모으는 경우도 있다. 단, 개별적으로 먹이를 주면 안 된다. 먹이 습득 능력을 잃어버린 물고기는 사람이 찾지 않는 비수기에 모두 굶어 죽기 때문이다.

- **수심** 1.5~30m
- **등급** 중급자 이상(여행사 프로그램의 경우 초급자 가능)
- **특징** 파도가 있기 때문에 초심인 개별 여행자들에게 적당한 곳은 아니다.
- **관찰 가능 수중생물** 오리엔탈 버터플라이 피시チョウチョウウオ, 진주 스폿 크로미스スズメダイ, 제비활치ツバメウオ, 스위퍼ハタンポ

중부에서 가장 아름다운 비치 중 하나인 ③

만자 비치 万座ビーチ

ANA 인터컨티넨탈 만자 비치 리조트에서 관리하는 해변. 오키나와의 호텔 비치 TOP3에 드는 해변이다. 규모, 수질, 모래의 질에 있어 모두 오키나와 본섬 기준 최고 수준인 데다 관리 면에서도 완벽에 가까워 호평을 받고 있다. 특히 어린이 친화적인 해변으로 콘셉트를 잡으며 가족 여행자 유치에 여념이 없는데, 수상 놀이기구가 가득한 오션파크는 어린이라면 반할 수밖에 없는 설비를 자랑하고 있다. 여기서만 볼 수 있는 다양한 수상 액티비티도 빼놓을 수 없다.

나하공항에서 리무진 버스 C·CD·D·DE 노선을 타고 아나 만자 비치에서 하차 에어포트 셔틀을 타고 나비 비치 마에ナビービーチ前 정류장에서 하차 후 차로 3분(도보 15분) 1~3월, 10~3월 09:00~17:00, 4~5월, 9월 09:00~18:00, 6~8월 09:00~19:00
¥ 비투숙객 500엔(주차장을 이용했을 경우 무료) Ⓟ 비투숙객에 한해 자동차/오토바이 각 3000엔, 버스 4500엔(11~3월 18일까지는 무료)
www.anaintercontinental-manza.jp/beach 만자 비치

액티비티/시설	소요 시간	예약	요금(1인, 성수기 기준)
만자 오션파크	종일	필요 없음	투숙객 ¥3500 비투숙객 ¥4500
제트스키 체험 코스	10분	필요 없음	투숙객 ¥4500 비투숙객 ¥5500
보트 유람 (스노클링 포함)	1시간	필요	투숙객 ¥25000 비투숙객 ¥30000
비치 스노클링	1시간	필요 없음	투숙객 ¥6000 비투숙객 ¥7500
산호밭 스노클링	60분	필요 없음	투숙객 ¥7500 비투숙객 ¥10000
반 잠수정 서브마린 Jr.II	30분	필요	투숙객 ¥3000 비투숙객 ¥4000
선셋 요트 크루즈	45분	필요	투숙객 ¥4500 (숙박자 한정 프로그램)
체험 다이빙	90분	필요	투숙객 ¥15000 비투숙객 ¥18000
비치 / 선셋 요가	60분	필요	투숙객 ¥3500 (숙박자 한정 프로그램)

ANA
SUBMARINE

끝없이 이어지는 연륙교 드라이브 ······④

해중도로

海中道路 카이츄우도우로

오키나와 해변 베스트 드라이브 코스 중 하나로 본섬의 가쓰렌 반도에서 헨자섬까지 이어지는 약 5km의 직선 연륙 도로다. 바다 건너 섬을 연결하는 길이 대교가 아니라 도로인 가장 큰 이유는 도로 동쪽에 있는 하마히가 섬浜比嘉島이 일종의 천연 방파제 역할을 하므로 파도가 잔잔한 데다, 썰물 때는 갯벌이 훤히 드러날 정도로 수심이 얕기로도 유명하기 때문이다. 안 달려보면 후회막급.

썰물 때에는 마을 주민들이 나와 조개 잡는 모습을 볼 수 있고, 바람도 적당한 편이라 패러세일링을 즐기는 동호인들도 쉽게 목격할 수 있다. 해중도로 중간에는 배를 채울 만한 바다의 휴게소 아야하시칸海の駅あやはし館이 있다. 휴게소 전망대에 올라 해중도로의 다이내믹한 전경을 즐겨보자.

나하공항에서 차로 1시간, 오키나와 어린이 나라에서 차로 20분 상시 개방 ¥ 무료 Ⓟ 있음 uruma-ru.jp/see/sea-road 해중도로

해중도로에서 즐길 수 있는 액티비티

액티비티	요금	연락처	웹페이지	예약유무
체험 스노클링	크로스 자전거 ¥2000/일 전동 자전거 ¥3000/일	(090)9404-5225	www.seakayakokinawa.jp/	전화 예약
플라이 보트	¥5500	(080)9141-5443	blo-lagoon.hippy.jp	웹 예약
호버 보트	¥7000			
놀이 무제한 플랜 2시간 (플라이보드, 웨이크보드 등)	¥11000(연말연시 ¥15000)			
패러세일링	¥4500			
푸른동굴 스노클링	¥6000(승선료, 장비, 보험, 세금 포함)			
체험 다이빙	¥12000(승선료, 장비, 산소탱크, 보험, 세금 포함)			
펀 다이빙 (라이선스 소지자)	¥11000(승선료, 장비, 산소 탱크, 보험, 세금 포함)			

충만한 숲과 자연의 이어짐 ⑤

비오스의 언덕 ビオスの丘 비오스노오카

'곁에 있는 자연'을 테마로 오키나와의 산과 숲의 아름다움을 극대화한, 일종의 숲 테마 공원이다. 얼핏 심심하게 느껴질 수 있지만, 아열대의 자연이 인간에게 보여줄 수 있는 것들은 의외로 무궁무진하다. 각각의 색을 뽐내는 난초로 이루어진 꽃길이나, 우리가 아는 색의 숫자를 다시 헤아리게 만드는 형형색색의 나비들, 자그마한 밀림 속 연못에서 피어나는 연꽃의 아름다움을 감상해보자. 원내를 흐르는 강에서 타는 짧은 보트 투어는 이 일대에 서식하는 동식물, 더 나아가 류큐 무용의 아름다움을 함께 보여준다.

비오스의 언덕엔 쇠나 철로 된 물건들이 없다. 벤저민 나무를 엮어 만든 앙증맞은 작은 집과, 나무만으로 이루어진 어린이 놀이터는 한국에도 이런 곳이 하나쯤 있으면 좋겠다는 생각이 들게한다.

돈을 주면 목줄을 한 아기 염소에게 먹이를 줄 수도 있고, 잠시나마 염소를 끌 수도 있다. 놀이터 한쪽 우리에는 어미 염소가 행여나 자기 새끼에게 해코지를 할까 봐 노심초사하여 '메에에' 거리고 있으니, 이 글을 읽는 분들은 아이와 아기 염소를 골고루 살펴줬으면 하는 바람이다.

공항에서 차로 약 1시간 또는 버스 20번 이시카와 인터체인지 石川インター 하차, 혹은 120번 나카도마리仲泊 하차, 각각 택시로 약 10분(문제는 전화가 있다면 콜택시를 부를 수 있으나 일본어를 못하면 그림의 떡. 지나가는 빈 택시를 잡을 확률도 무척 낮음)
09:00~17:30(화요일 휴무) ¥ 2200엔(4세~초등생 1100엔)
P 있음 www.bios-hill.co.jp 비오스힐

오키나와 판 삼국시대의 무대 ⑥

가쓰렌 성터 勝連城跡 카쓰렌죠우아토

가쓰렌 반도에 있는 중세의 성곽. 한때 슈리성, 우라소에성浦添城과 함께 오키나와 본섬에서 가장 강력한 3대 세력의 거점이었다. 가쓰렌의 역대 성주들은 일찌감치 중계무역에 눈을 떠 상당한 부를 축적했다고 하는데, 이를 증명하듯 당시로서는 선진 문물인 고려, 가마쿠라풍의 회색 기와가 성 주변에서 출토되기도 했다.

야심가였던 아마와리는 류큐 왕국을 멸망시키고, 자신의 통일 왕조를 만들 꿈을 꿨다. 류큐 왕국 제1대 쇼씨 왕조의 6대 왕 쇼타이쿠는 아마와리와 자신의 딸을 정략결혼시키며 회유하려 했지만, 이 또한 소용없었다. 결국 류큐 왕국도 정벌에 나섰고, 가쓰렌성에서의 긴 공방전 끝에 아마와리의 패배와 할복으로 내전은 마무리된다.

나하공항에서 차로 1시간 또는 나하 버스터미널에서 27번 버스를 타고 니시하라西原 정류장에서 하차 후 도보 10분
09:00~18:00 ¥ 600엔(6세~중학생 이하 400엔)
P 있음 www.katsuren-jo. jp 가쓰렌 성터

오키나와 제일의 민속촌 ⑦

류큐무라 琉球村

류큐 왕국의 옛 마을 풍경을 재현한 일종의 민속촌+체험 공방. 오키나와 월드와 무라사키무라도 비슷한 성격의 어트랙션이긴 한데, 이곳만의 특징이라면 민속촌의 느낌이 더 강하고, 다양한 공연 프로그램을 가지고 있다는 점이다. 마을은 100년 이상 된 오키나와의 고택 7곳을 그대로 옮겨지었다. 이 때문에 〈여인의 향기〉, 〈괜찮아, 사랑이야〉 같은 우리나라 TV 드라마의 촬영 무대로 주목받기도 했다. 수시로 열리는 문화예술 공연은 류큐무라가 다른 유사 민속촌들과 가장 차별화되는 포인트다. 매일 벌어지는 공연 외에도 매월 세시풍속을 재현한 특별 행사가 펼쳐진다. 홈페이지나 원내에 붙어 있는 이벤트 달력을 체크해 보자.

나하공항에서 차로 1시간 또는 나하 버스터미널에서 20·120번 버스를 타고 류큐무라琉球村 정류장에서 하차
09:30~17:00(에이사 공연 10:30, 12:00, 14:00, 15:30
¥ 2000엔(고교생 1500엔, 6~15세 800엔) P 있음
www.ryukyumura.co.jp 류큐무라

오키나와 본섬 제일의 스폿 ······ ⑧

만자모 万座毛 🔈 만자모

흔히 '코끼리 바위'라고 한다. 오키나와 본섬 제일의 명승지로, 산호 융기초로 이루어진 거대한 해안 절벽의 바위가 코끼리와 비슷하다고 해 각종 매체에 소개되기도 했다.

이 일대가 유명해진 것은 꽤 오래된 일로, 1726년 류큐 왕국의 국왕 쇼우케이尚敬가 이곳에 놀러 와 넓게 펼쳐진 풀밭을 보며 '여기는 만 명이 앉아서 놀 수 있겠다'라고 한 것이 이름의 시초다.

주차장에 차를 세우면 직진 방향에 만자모가 있고, 공중화장실을 끼고 왼쪽 길로 빠지면 만자모의 뒷면을 감상할 수 있는 일종의 샛길이 나온다. 뒷면의 풍경은 정면보다 못하지만, 관광객 등쌀에 치인 오키나와 현지 사람들은 이 구역을 더 사랑한다.

🚶 나하공항에서 차로 1시간~1시간 20분 또는 나하 버스터미널에서 20·120번 버스를 타고 온나손야쿠바아메恩納村役場前 정류장에서 하차 후 오르막길을 10여 분 가량 올라가면 만자모 주차장이 보인다. 또는 나하공항에서 에어포트 셔틀을 타고 나비 비치 마에ナビービーチ前에서 하차 후 차로 5분 🕒 상시 개방 ¥ 100엔 🅟 있음

🏠 www.manzamo.jp 🔍 만자모

층층이 쌓인 남다른 달콤함 ······ ①

하와이안 팬케이크하우스 파니라니

ハワイアンパンケーキハウス パニラニ Paanilani

제복을 입은 여성 점원이 '알로하'라고 합창하며 인사하는 팬케이크 전문점. 하와이 근교의 어느 식당을 옮겨놓은 것 같은 이국적 느낌 때문에 여성 여행자들의 지지를 받는 집 중 하나다. 정통 미국식 아침을 즐기자는 게 이 집의 모토. 오키나와 소바나 고야 찬푸르가 질렸거나, 빵으로 된 아침을 먹고 싶다거나, 오후에 아침 메뉴를 먹고 싶다면 가볼 만하다. 전체적으로 아주 밝고 쾌활한 분위기다.

🚶 나하 버스터미널에서 20·120번 버스를 타고 세라가키비치 마에瀬良垣ビーチ前 정류장에서 하차 후 도보 5분 🕓 07:00~17:00 (부정기 휴무) ¥ 1000엔 Ⓟ 있음
🔍 하와이안 팬케이크 하우스 파니라니

오키나와 소바치고 개운한 맛 ······ ②

나카무라 소바 なかむらそば

오키나와 중부 지역에서는 가장 유명한 소바집 중 하나로 해초가 들어간 아사 소바アサそば가 간판 메뉴다. 참고로 아사는 일본어로 대마초라는 뜻이 있는데, 오키나와에서 아사는 파래과 해초를 일컫는 말이니 전혀 무서워하지 않아도 된다. 해초 베이스다 보니 일단 국물이 개운하다는 게 가장 큰 장점. 면발도 일반적인 오키나와 소바치고는 훌륭한 편이다. 대표 메뉴인 나카무라 소바는 단맛이 강한 편이라 한국인들 사이에서는 호불호가 갈린다. 주문은 자판기를 통해 하면 된다.

🚶 만자모에서 차로 7분 📞 (098)966-8005
🕓 10:30~16:00(목요일 휴무) ¥ 1000엔
Ⓟ 있음 🏠 www.nakamurasoba.com
🔍 나카무라 소바

오키나와에서 만나는 하와이의 맛 ······ ③

808 포케볼 오키나와 808 Poke Bowls Okinawa

하와이식 회덮밥인 포케ポケ 전문점. 요즘 한국에서도 포케 라이스가 등장하고 있는데, 한국에서 파는 건 온갖 야채+연어회 덮밥에 가깝다면 오키나와의 그것은 조금 더 정통으로 초절임한 회와 날계란의 맛이 엄청난 조화를 이룬다. 한국인의 입맛에 안 맞을 리가 없다. 고명에 따라 참치, 연어, 문어로 나뉘는데 뭘 골라도 후회하지 않는다. 만자모 주변에서 확실하게 보증할 수 있는 몇 안 되는 맛집 중 하나다.

주문 시 밥의 양, 밥의 종류, 고명, 간을 하는 양념까지 모두 정해줘야 한다. 매콤한 게 좋다면 간장 와사비Syoyu Wasabi나 미소(일본 된장) 와사비Miso Wasabi를 선택하자. 가격은 균일가로 보통은 ¥1250, 큰 사이즈는 ¥1550이다. 여기에 얹는 고명의 종류를 늘리면 요금이 증가한다.

- 만자모에서 차로 5분
- (098)3225-8088
- 11:00~17:00(화·수요일 휴무)
- ¥ 1200~1500엔 Ⓟ 있음
- 808pokebowlsokinawa.com
- 808 포케볼 오키나와

떠오르는 오키나와 소바의 신성 ······ ④

킨게츠 소바 온나점 金月そば 恩納店

오랜 기간 외지 생활을 하다 귀향한 주인장이 운영하는 소바 전문점. 객지를 다니며 여러 가지 국수를 섭렵하고, 이를 오키나와 소바의 조리기법에 도입해 오키나와 츠케 소바라는 다른 곳에서는 볼 수 없는 퓨전 면 요리를 만들어 냈다. 오키나와에서 자체 재배되는 밀을 고집하고 있으며, 자가 제면을 원칙으로 한다. 전통과 현대적 기호 사이에서 외줄 타기를 하는 느낌인데, 다행히 맛도 좋은 편이다. 특별한 소바에 관심이 간다면 도전해 볼 만한 집이다.

- 만자모에서 차로 15분 (098)967-8492
- 11:00~16:00(월요일 휴무)
- ¥ 1000엔 Ⓟ 있음 kintitisoba.com
- 킨게츠 소바 온나점

고래상어가 유영하는

북부
北部

북부 지역은 크게 둘로 나뉜다. 오키나와를 방문한 여행자라면 누구나 손가락을 꼽아가며 방문 일자를 가늠하는 츄라우미 수족관을 비롯해, 낭만적인 산책로인 비세마을의 후쿠기 가로수길이 있는 모토부 반도와 오키나와 본섬의 맨 끝이자 대지의 약 80%가 숲으로 둘러싸인 천연기념물들의 서식지, 얀바루 지역이 그곳이다. 볼거리의 중요도, 다양성, 그리고 박진감을 따진다면, 오키나와 본섬에서 북부가 반이고 중부, 나하, 그리고 남부가 다 합쳐서 반 일 정도로 비중이 높다. 일정이 짧은 여행자들은 아예 북부 위주의 여행 코스를 짜기도 한다.

한눈에 보는 북부 여행

#츄라우미 수족관 #수족관 #오리온 해피 파크 #오리온 맥주 #코우리 대교 #드라이브 코스 #비세자키 #스노클링 #토리요시 #달인의 꼬치 #미야자토 소바 #소바가도 #캡틴 캥거루 #수제 햄버거 #깊은 산 #광고의 무대 #고래상어 #돌고래쇼

북부 전도

REAL PLUS 이에 섬
와지
미군 보조비행장
니야티야 동굴
이에 비치
AREA 02 모토부
탓츄
비세자키
츄라우미 수족관
AREA 03 나키진
코우리 섬
나키진 성터
505
민나 비치
세소코 비치
요헤나 수국원
모토부 항 페리터미널
449
505
AREA 01 나고
나고 파인애플 파크
오리온 해피 파크

AREA 04 구니가미 히가시
헤도 곶
대석림산
58
얀바루 국립공원
58
히지 폭포
331
히루기 공원 일대
Plum Tree Lined Road
331
N
0
5km

북부 추천 코스

예상 소요 시간 **9시간**

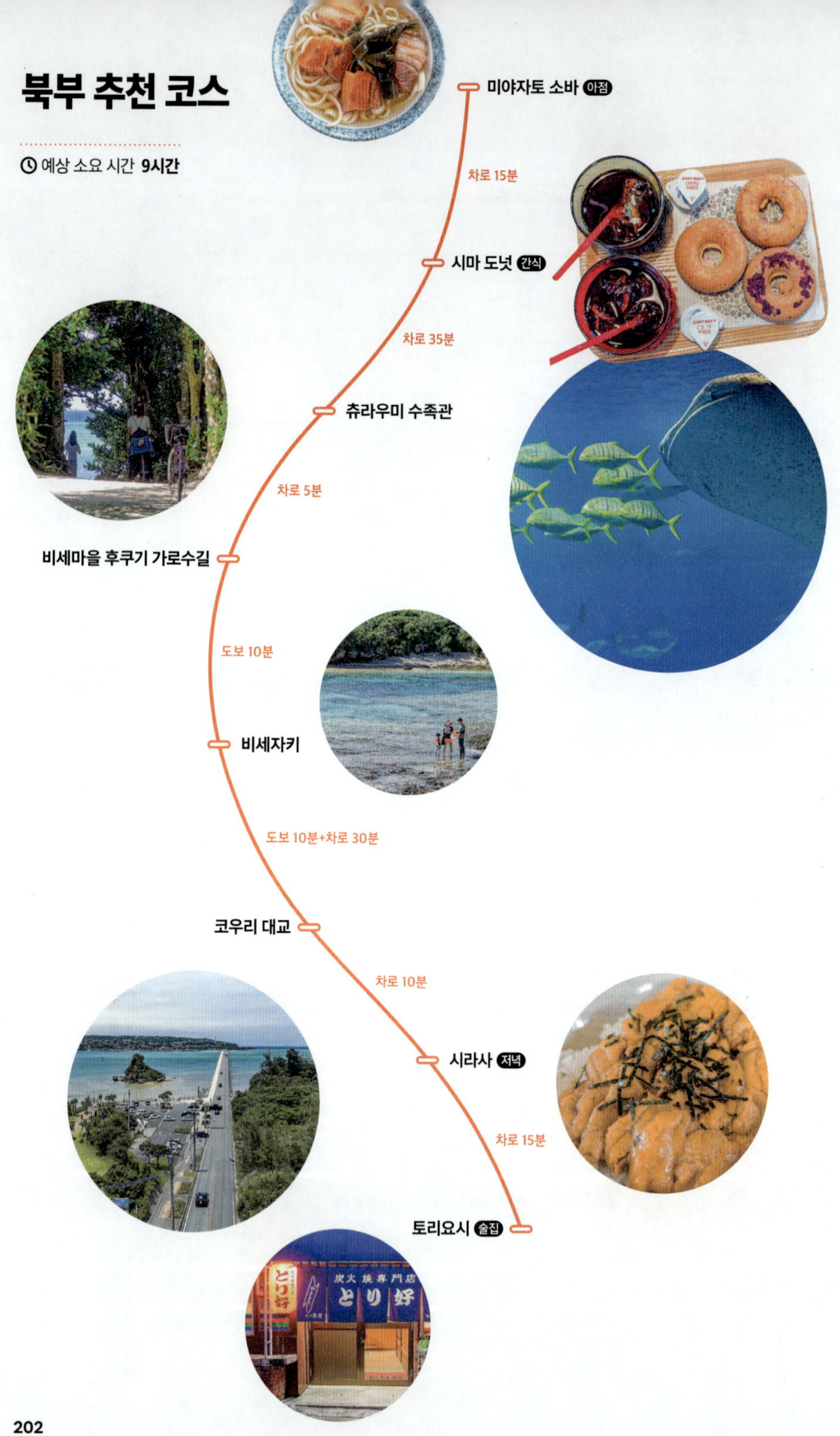

미야자토 소바 아점

차로 15분

시마 도넛 간식

차로 35분

츄라우미 수족관

차로 5분

비세마을 후쿠기 가로수길

도보 10분

비세자키

도보 10분+차로 30분

코우리 대교

차로 10분

시라사 저녁

차로 15분

토리요시 술집

AREA ···· ①

북부에서 가장 큰 도시

나고 名護

오키나와 북부의 유일한 시市이자, 오키나와에서 두 번째로 큰 도시다. 총 면적은 210㎢로, 서울시의 1/3에 해당하는 넓이를 자랑한다. 일찌감치 삼산 시대부터 도시의 기능을 했으니 역사가 꽤 오래된 편이다. 크게 돋보이는 볼거리는 없지만 북부에서 유일하게 사람이 밀집해 사는 도시다 보니, 여행자 식당이 아닌 서민 식당을 만날 수 있는 몇 안 되는 지역이라는 점에서 빼놓기 어렵다. 저렴한 숙소와 맛집이 많은 곳.

나고
상세 지도

07 우후야
02 나고 파인애플 파크
84
84
Yabu River
Azumayabu River
58
•JA 파머스 마켓 얀바루
fukugi St
58
01 미야자토 소바
449
탄포포 08
•21세기의 숲 비치
58
나고어항 수산물 직판소 06
N
0
500m

71
58
네오파크 오키나와
나고 자연 동식물공원
02 시마 도넛
71
09 만미
58
71
03 판초리나
나고 센트럴파크 전망대
04 히가시 식당
01 오리온 해피 파크
광둥요리 류구 05
58

어른들의 해피한 공간 ······ ①

오리온 해피 파크 オリオンハッピーパーク 🔈 오리옹 핫피파쿠

오키나와의 맥주 브랜드인 '오리온 맥주'의 나고 공장. 공장 견학 후 마실 수 있는 두 잔의 시음 맥주로 인해, 주당들의 주목을 받는 곳이다. 견학은 총 1시간에 걸쳐 이루어지는데, 견학 자체는 40분이고 나머지 20분 동안 자체 식당에서 생맥주 시음을 즐길 수 있다. 웹사이트에서 사전에 예약해야 한다. 인기가 있는 곳이다 보니 꽉 차있는 날이 많은데, 취소하는 경우도 종종 있으니 자주 확인해 보는 것도 팁.

🚶 나하 버스터미널에서 20·77·120번 버스를 타고 나고구스쿠이리구치 名護城入口 정류장에서 하차 후 도보 5분
🕓 09:30~17:00(일·월요일 휴무)
¥ 1000엔(7~17세 350엔) Ⓟ 있음
🏠 www.orionbeer.co.jp/happypark
🔍 오리온 해피 파크

어린이 동반 여행자라면 한번쯤 들르는 곳 ······ ②

나고 파인애플 파크

ナゴパイナップルパーク 🔈 나고파이낫푸루 파쿠

파인애플 테마파크. 파인애플 호라는 애칭이 붙은 파인애플 모양의 차량으로 파인애플 농원을 둘러본다. 파인애플이 어떻게 자라는지 몰랐던 사람에게는 조금 신기한 곳이기도. 실제로 일본에서 파인애플 재배는 오키나와 북부와 야에야마 제도에서 주로 이루어진다. 파인애플 호에서 내린 직후 바로 파인애플 제품을 판매하는 특산품 매장으로 연결된다. 시식코너도 많고 먹거리부터 화장품까지 온갖 파인애플 아이템이 한가득이다. 대단한 볼거리는 아니지만 어린아이를 동반했다면 한 번쯤 가볼 만하다.

🚶 나고 버스터미널에서 70·76번 버스를 타고 메이오다이가쿠 이리구치 名桜大学入口 정류장에서 하차 or 츄라우미 수족관에서 차로 30분
🕓 10:00~18:00 ¥ 1500엔(어린이 800엔, 4세 미만 무료) Ⓟ 있음
🏠 www.nagopine.com 🔍 나고 파인애플 파크

북부 지역 소바의 강자! ①

미야자토 소바 宮里そば 🔊 미야자토 소바

나고 시에서 사람들에게 소바집을 추천해 달라면 '나고 하면 미야자토 소바 아니겠어?'라고 말한다. 외관은 허름하지만 천장이 높아 탁 트인 내부와 시끌벅적한 사람들의 대화 소리, 휴일에 집에서 TV를 보다가 아이들 둘러업고 나온 가족들의 풍경, 온통 현지인 천지다. 그것도 이 근처 어딘가에 사는 사람들이 가게를 가득 메우고 있다. 주문은 자판기 방식. 메뉴가 많은 편이 아니라 그리 어려울 건 없다. 정성껏 우려낸 가쓰오부시의 깊은 맛과 그 속에 우러난 달콤함이 속을 풀어준다. 참고로 이 집은 우리네 칼국수 같은 면발을 사용하는데, 이게 오키나와 북부 소바의 대표적인 특징이다. 다시마 소바こんぶそば가 개운하다.

🚶 나고 버스터미널에서 도보 10분
📞 (098)54-1444
🕒 10:00~17:00(일요일 휴무)
¥ 1000엔 Ⓟ 있음 🔍 미야자토 소바

엄마들이 만드는 건강 도넛 ②

시마 도넛 しまドーナッツ 🔊 시마 도-낫츠

섬 두부와 유기농 두유, 그리고 오키나와에서 나고 자란 과일 몇 조각이 도넛을 장식한다. 가게의 직원은 모두 아이 엄마라고. 안전한 먹을거리에 대한 고민은 우리나라나 일본이나 마찬가지여서, 아이들에게 안전한 간식을 제공하고 싶다는 마음으로 뭉쳤다고 한다. 북부에 머문다면, 혹은 북부로 갈 예정이라면 츄라우미 수족관 같은 유명 여행지로 가기 전 들러보도록 하자. 커피 같은 기본적인 음료도 판매한다. 바나나 도넛과 지마미 두부 도넛이 스터디셀러 메뉴. 속이 진짜 편하다.

🚶 나고 버스터미널에서 차로 10분
📞 (098)54-0089 🕒 11:00~15:00 (월요일 휴무) ¥ 400엔 Ⓟ 없음
🏠 www.instagram.com/shimadonuts_okinawa 🔍 시마 도넛

오키나와에서 빵을 논하고 싶다면 ······③

판초리나 Panchori-na パンチョリーナ 🔊 팡쵸리-나

나고 시에 있는 로컬 빵집. 돼지고기 커틀릿 샌드위치カツサンド와 BLT 샌드위치 BLTサンド 같은 인기 메뉴가 숨어 있는 맛집이다. 주식빵을 주로 판매하는 집이다 보니 개점 시간도 오전 07:00! 북부에 머무는, 밥 안 주는 게스트하우스 투숙객이라면 아침거리 헌팅 장소로도 제격이다. 처음에는 나고 시에서만 명성을 떨치다가, 차츰 오키나와 전역, 그리고 요즘은 도쿄의 프렝탕 긴자점プランタン銀座에서 열린 오키나와 빵 특별전에도 출점하면서 본토 사람들의 입맛도 사로잡았다고.

나고 버스터미널에서 차로 10분 (0980)52-7172
07:00~19:00(일·월요일 휴무) ¥600엔 P 있음 판초리나

구닥다리 일본 빙수의 대가 ······④

히가시 식당 ひがし食堂 🔊 히가시쇼쿠도우

정식을 주로 하는 밥집인데, 밥집보다는 일본식 빙수 전문점으로 더 알려져 있다. 실제로 손님들도 밥 먹는 손님보다 빙수 손님이 더 많다. 이 집의 특기는 약간 불량식품 느낌인 삼색빙수三色金時, 농밀한 우유맛이 가득한 밀크 젠자이ミルクぜんざい다. 사실 밥집으로도 꽤 유명한 곳인지라 밥 먹는 사람은 현지인, 빙수 먹는 사람은 관광객이라는 공식이 있을 정도다. 만약 출출하다면 진짜 가정식 느낌의 야끼 소바焼きそば나 두부 찬푸르豆腐チャンプルー같은 요리를 먹어보자.

오리온 해피 파크에서 도보 5분 (098)53-4084
11:00~18:30(연중무휴) ¥800엔 P 있음 히가시 식당

바다를 바라보며 즐기는 본격적 광둥요리의 맛 ······⑤

광둥요리 류구 広東名菜 龍宮 🔊 칸톤메이사이 류큐

골프장을 끼고 있는 리조트 카누차의 부설 레스토랑. 바다를 내려다보며 광둥요리를 먹을 수 있는, 꽤나 독특한 포지션의 레스토랑이다. 저녁은 가격대가 상당히 높으니 점심을 추천한다. 대략 세트메뉴가 ¥2000선인데 단품만 즐긴다면 더 저렴해진다. 의외로 딤섬 메뉴가 약한 편으로 새우만두인 하카우 등 유명한 몇 가지를 구색만 맞춰놓은 느낌. 사전 예약을 해 바다가 보이는 자리를 확보할 수 있다면 더할 나위 없이 좋다.

나고 버스터미널에서 차로 25분 0570-01-8880
11:00~21:00(월요일 휴무) ¥6000엔~ P 있음
www.kanucha.jp/restaurant/383 광둥요리 류구

이윤이 걱정될 만큼 저렴한 참치 덮밥을 판매하는 ⑥

나고어항 수산물 직판소 名護漁港水産物直販所 🔊 나고 교코 수이산부츠 초크한조

항구 직영 식당의 가장 큰 미덕은 역시 그날 잡은 생선 혹은 생선 부속으로 만드는 가격 대비 최고의 신선함이다. 메뉴는 최대 ¥1500을 넘지 않고, 꽤 먹을 만한 오늘의 메뉴는 단돈 ¥800에 불과하다. 초밥 등 몇몇 메뉴를 제외하고는 정식 구성인데, 여기에 포함되는 두 쪽의 생선튀김이 별미. 냉동 생선과는 완전히 다른 부드러운 식감과 풍미를 자랑한다. 허름한 외관만 극복할 수 있다면 후회 없는 가성비 선택!! 참치덮밥 정식マグロ丼定食, 해산물덮밥 정식海鮮丼定食, 생선 버터구이 정식魚のバター焼定食 모두 훌륭하다.

🚶 나고 버스터미널에서 차로 5분 📞 (098)43-0175
🕚 11:00~15:30(연중무휴) ¥ 1000엔 Ⓟ 있음
🏠 www.instagram.com/nagosuisan
🔍 나고어항 수산물 직판소

웅장한 여행자 식당 ⑦

우후야 百年古家 大家 🔊 하쿠넨코카 우후야

100년 전인 메이지 후기 시대의 고택을 레스토랑으로 개조했다. 일본 사극에나 나올 법한 아름다운 모습으로 인해 각종 CF와 드라마의 단골 섭외지로 꼽힌다. 현지인보다는 여행자들에게 특화된 식당이며 실제로 손님들도 한국인과 타이완 사람 위주다. 외국인만 우글거리는 식당을 기피한다면 패스해도 무방하다. 다행인 점은 맛을 허투루 내지는 않는다는 사실. 웹페이지를 통해 사전 예약이 가능하다. 점심 한정 아구 생강구이 돈부리アグーの生姜焼き丼와 저녁 한정 아구 샤브샤브アグーのしゃぶしゃぶ가 인기다.

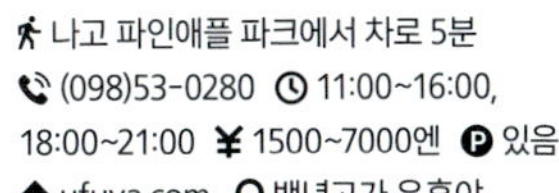

🚶 나고 파인애플 파크에서 차로 5분
📞 (098)53-0280 🕚 11:00~16:00, 18:00~21:00 ¥ 1500~7000엔 Ⓟ 있음
🏠 ufuya.com 🔍 백년고가 우후야

40년 역사의 노포 카레집 ⑧

탄포포 カレーと珈琲の店 たんぽぽ

🔈 카레토코히노미세탄포포

1980년대 일본 드라마에서나 나올 법한 고풍스러운 느낌의 카레집. 그 시절 경양식집과 다방을 섞어놓은 듯한 레트로 분위기의 식당이다. 주인이 독창적인 배합으로 자가 제작한다는 카레가 유명한데, 일본인들 말로는 맛도 80년대에 먹던 바로 그 맛이라고. 그러다 보니 방문객에게 노스탤지어를 선사하는 건 일본인이나 한국인이나 매한가지인데, 한국인은 분위기로만, 일본인들은 맛에서도 과거의 향수를 느낀다. 매콤카레는 매운 맛 조절이 가능한데, 한국인 기준으로는 최대치로 올려도 뭐 매콤하네 정도다. 주인 할머니가 좀 터프한 편. 비프카레 ビーフカレ와 버섯카레 キノコカレ가 맛있다.

🚶 나고 파인애플 파크에서 차로 7분 📞 (098)53-4073
🕓 11:30~15:30(화요일 휴무) ¥ 1500엔 🅟 있음 🔍 카레집 단뽀뽀

섬 돼지의 각종 부위를 맛볼 수 있는 ⑨

만미 満味 🔈 만미

오키나와산 토종 돼지인 아구アグ- 전문점. 오키나와 속담에 '돼지고기는 발자국 빼고 다 먹는다'는 말이 있는데, 이 집이야말로 그 속담에 무척 충실한 집이다. 요리는 크게 두 가지다. 일본식 숯불구이七輪焼お肉盛り合わせ와 돼지고기를 데쳐 먹는 샤브샤브やんばる島豬しゃぶしゃぶセット가 그것이다. 구이의 경우 부위별 단품도 주문이 가능하고, 분류할 수 있는 모든 부위가 나오는 세트 메뉴도 있다. 살코기 정도만 즐기는 사람이 세트를 주문하면 당황스러울 수도 있다. 샤브샤브를 먹었다면 마무리는 죽으로!

🚶 나고 버스터미널에서 차로 10분 📞 (098)53-5383
🕓 17:00~21:00(일·월요일 휴무), 사전 예약은 근무일 15:00~17:00 사이에만 전화로 가능 ¥ 2000엔 🅟 있음 🏠 manmi-yanbaru.com
🔍 시치와야키 만미

AREA ····②

츄라우미 수족관이 있는 바로 그곳

모토부 本部

츄라우미 수족관이 있는, 오키나와 북부에서 가장 중요한 관광지. 한때 오키나와 북부의 가장 큰 마을로 주요 어항과 페리터미널을 거느리고 있었지만, 오키나와 해양박람회 이후로 숙소 단지가 중부에 건설되며 이도 저도 아닌 상황을 맞이했고 현재는 거주민 구역과 여행자 구역이 확연하게 분리되어 있다. 인구밀도가 낮은 편으로 현재 인구는 약 1만 3천 명.

모토부 상세 지도

이에 비치

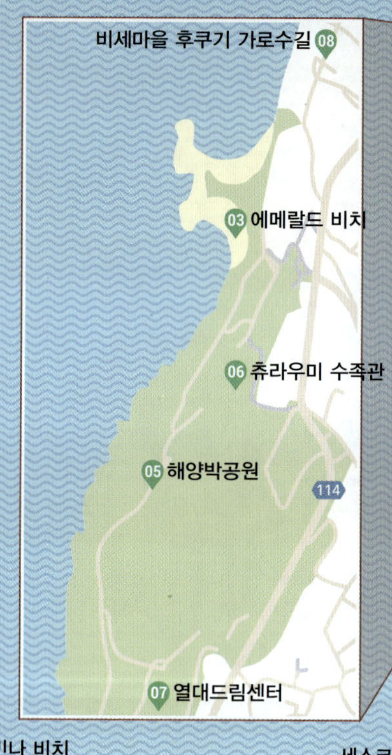

02 민나 비치

세소코 비치 01

코우리 섬
04 비세자키
114
505
나키진 성터
115
114
모토부 그린파크 호텔
449
06 카진호우
07 이시나구
115
84
04 쥬베이
03 아라가키 젠자이야
244
02 키시모토 식당
얀바루 소바 09
야에타케 사쿠라노모리 공원
05 키노카와
요헤나 수국원 09
84
야치문킷사 시사엔 08
10 모토부 항
449
01 캡틴 캥거루
N
0
1km

본섬에서 멀지 않지만 낙도의 느낌이 물씬 풍기는 ①

세소코 비치 瀬底ビーチ 🔊 세소코 비치

모토부 반도에서 600m 떨어진 세소코 섬 瀬底島에 있는 메인 비치로 수영과 스노클링이 모두 가능한 아름다운 곳이다. 한국에서는 볼 수 없는 산호모래로 이루어진 새하얀 백사장이 800m가량 펼쳐진다. 발에 닿는 순간 모래가 발을 포근하게 감싸주는 느낌은, 잊지 못할 감동을 선사한다. 무척 한적한 곳이었지만 최근 해변 앞에 힐튼 오키나와 세소코 리조트가 들어서며 번잡해지는 분위기다. 그럼에도 성수기를 제외한다면 아직은 낙도의 한적함이 남아있는 곳이다. 즐길 수 있을 때 즐기자. 현재 이 해변의 유일한 단점은 비싼 주차료다.

나고 버스터미널에서 버스 76번을 타고 세소코코민칸마에 瀬底公民館前 정류장에서 하차 후 도보 10분, 나고 시에서 차로 20분
4~6월 09:00~17:30, 7~9월 09:18:00, 10월 09:00~17:30
¥ 무료 Ⓟ 1000엔 www.sesokobeach.jp 세소코 비치

본섬 최고의 수질을 자랑하는 ……②

민나 비치 水納ビーチ 🔈민나 비치

모토부 반도에서 1.5km 정도 떨어진 작은 섬, 민나 섬에 있는 메인 비치. 참고로 민나 섬을 공중에서 보면 크루아상을 닮아 크루아상 아일랜드라는 애칭이 붙어있기도 하다. 섬 자체는 무척 작은 편으로 면적이 0.47㎢, 섬 주민이 40명에 불과하다. 산호초 위에 섬만 둥실 떠 있는 지형으로 수영과 스노클링을 포함한 가벼운 물놀이를 위한 천혜의 조건을 갖추고 있다. 육지에서 15분 거리에 있다 보니 당일치기로 놀다 가는 게 일반적이다. 선착장에서도 물속이 훤히 보일 정도로 투명도가 높고 해변의 길이가 무려 1km, 폭도 30~50m 정도나 된다. 해변이 선착장과 연결되어 있기 때문에 배에서 내리면 바로 해수욕이 가능하다. 해변 자체는 무료이며, 유료로 다양한 액티비티도 즐길 수 있다. 설비와 액티비티는 사전 예약을 하는 게 좋다. 사전 예약은 전화만 가능하며 대부분의 경우 영어 가능한 직원이 없다.

도구치 항渡久地港에서 배로 15분 · 090-8669-4870 · 수영기간 4~10월
¥ 무료 · P 차 가지고 못 들어감 · www.minna-beach.com · 민나 비치

민나 섬 감잡기

① 종합안내소
선착장에 내리면 정면에 섬을 가로지르는 유일한 길 하나가 보이고, 길 왼쪽이 해변이다. 길을 따라 직진하면 언덕을 오르기 전 종합안내소総合案内所라는 간판이 보인다. 여기서 해변 렌털 용품과 투어 신청 업무를 대행한다. 그냥 내리면 다 알게 된다.

② 저렴하게 용품 대여하는 비결
민나 섬으로 연결되는 항구인 도구치 항 여객대합실에서 비치 용품을 사전 예약하면 소정의 할인 혜택이 있다. 예약을 하면 교환권을 주는데, 이걸 들고 섬 종합안내소에 내밀면 된다.

③ 뒷해변
오르막을 따라가다 보면 식당 몇 곳이 보이고 이어서 마을이 나타난다. 그래 봐야 인구 40명의 마을, 집도 몇 채 없다. 길을 따라 조금 더 직진하면 뒤편에 해변이 등장한다. 해변이라기 보다는 펄에 가깝고, 돌이 많아 물이 찬다 해도 수영하기엔 적당하지 않은데, 한적한 곳에서 멍때리기에는 이만한 곳도 없다.

민나 섬으로 가는 방법

일단 모토부 항 도구치 지구 여객대합소本部港(渡久地地区)旅客待合所, 줄여서 도구치 항渡久地港에서 페리가 출발한다. 고속선 뉴윙 민나高速旅客船ニューウイングみんな호 1대가 섬과 육지를 반복 운행한다. 운행 시간은 15분 가량. 생각보다 금방 간다.

도구치 항 츄라우미 수족관에서 차로 15분 · 도구치 항 여객터미널

여객선 시간표

기간	도구치 출발	민나섬 출발	요금
11월 1일~3월 31일	09:00, 13:00, 16:00	09:30, 13:30, 16:30	성인 ¥900 (왕복 ¥1710) 어린이 ¥450 (왕복 ¥860)
4월 1일~6월 30일	09:00, 10:00, 13:00, 16:00	09:30, 10:30, 13:30, 16:30	
7월 1일~7월 19일	09:00, 10:00, 11:00, 13:00, 15:00, 16:00	09:30, 10:30, 11:30, 13:30, 15:30, 16:30	
7월 20일~8월 31일	08:30, 09:30, 10:30, 11:30, 13:00, 14:00, 15:00, 16:00	09:00, 10:00, 11:00, 12:00, 13:30, 14:30, 15:30, 16:00	
9월 1일~9월 20일	09:00, 10:00, 11:00, 13:00, 15:00, 16:00	09:30, 10:30, 11:30, 13:30, 15:30, 16:30	
9월 21일~10월 31일	09:00, 10:00, 13:00, 16:00	09:30, 10:30, 13:30, 16:30	

그림 같은 풍광을 자랑하는 ······ ③

에메랄드 비치

エメラルドビーチ 🔊 에메라르도 비치

  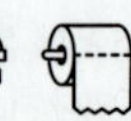

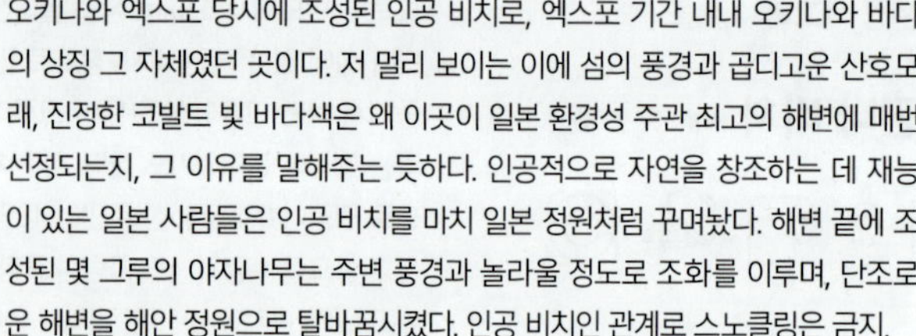

오키나와 엑스포 당시에 조성된 인공 비치로, 엑스포 기간 내내 오키나와 바다의 상징 그 자체였던 곳이다. 저 멀리 보이는 이에 섬의 풍경과 곱디고운 산호모래, 진정한 코발트 빛 바다색은 왜 이곳이 일본 환경성 주관 최고의 해변에 매번 선정되는지, 그 이유를 말해주는 듯하다. 인공적으로 자연을 창조하는 데 재능이 있는 일본 사람들은 인공 비치를 마치 일본 정원처럼 꾸며놨다. 해변 끝에 조성된 몇 그루의 야자나무는 주변 풍경과 놀라울 정도로 조화를 이루며, 단조로운 해변을 해안 정원으로 탈바꿈시켰다. 인공 비치인 관계로 스노클링은 금지.

🚶 츄라우미 수족관에서 에메랄드 비치로 가는 전기차 탑승 또는 도보 10분, 차를 가지고 간다면 츄라우미 수족관 P9번 주차장이 가장 가깝다. 🕓 3~9월 08:00~19:30, 10~2월 08:00~18:00(수영 기간 4~9월 08:30~19:00) ¥ 무료 Ⓟ 있음

🏠 www.sesokobeach.jp 🔍 오키나와 에메랄드 비치

셀프 스노클러들이 모여드는 ······ ④

비세자키 備瀬崎 🔊 비세자키

모토부 반도의 북서쪽 끝이자, 비세마을 끝자락에 있는 작은 해변. 누구의 손때도 타지 않았을 법한 천혜의 자연환경을 가진 곳으로, 오키나와 여행 좀 했다는 사람들에 의해 입소문으로 전파돼 지금은 약간의 성지가 된 곳이다. 수질이 오키나와 본섬의 알려진 곳들과 비교하면 월등히 좋은 편이다. 썰물 때가 되면 대략적인 수심이 1m 내외로 얕아지는데, 이때 작은 물고기들이 해안으로 모여들어, 굳이 스노클링을 하지 않아도 물고기들이 헤엄치는 것을 볼 수 있다. 하지만 밀물 때나 날씨가 안 좋을 경우에는 파도가 심해지며 수심도 깊어지고 물고기들도 잘 보이지 않게 된다는 사실 또한 명심해야 한다. 본격적으로 관리되는 해변이 아니라서 수상 안전요원도 없고 해파리 네트도 없다. 자기 책임하에 물놀이를 즐겨야 한다.

🚶 비세마을 입구에서 안쪽 끝 지점까지 도보 12~15분 or 츄라우미 수족관에서 차로 8분 🕓 상시 개방 ¥ 무료 Ⓟ 있음(500엔)

🔍 비세자키

오키나와 본섬 여행의 핵심 ⑤

해양박공원 海洋博公園 카이요우하쿠코엔

1975년 오키나와 엑스포의 유산. 만화 〈철완 아톰〉의 작가로도 유명한 데즈카 오사무手塚治虫(1928~1989)가 설계한 미래형 해양도시. 아쿠아 폴리스가 유명했었지만, 이제는 옛말. 2000년 아쿠아 폴리스는 해체됐고, 2002년 그 자리에 츄라우미 수족관이 개관했다. 참고로 해양박공원은 77만㎡의 넓이에 인공 해변인 에메랄드 비치エメラルドビーチ가 포함될 정도로 엄청난 규모를 자랑한다.

나하공항에서 차로 1시간 50분~2시간 20분 또는 나하공항에서 얀바루 급행 버스 やんばる急行バス·에어포트 셔틀 117번을 타고 기넨코엔마에 記念公園前 정류장에서 하차 10~2월 08:00~18:00, 3~9월 08:00~19:30 ¥ 무료 P 있음 oki-park.jp
해양박람회 기념공원

넓디넓은 해양박공원을 걸어 다니지 않는 꿀팁

해양박공원의 핵심 볼거리는 크게 세 구역으로 나뉜다. 바로 ① 츄라우미 수족관 ② 에메랄드 비치 ③ 열대드림센터가 그것. 시간은 없고 무더위에 종종거리기도 싫다면 원내의 마을 카트(?)인 유람차를 타보자. 1회 탑승료는 ¥100, 종일 탑승권은 ¥200이다.

일본 최대 규모의 수족관 ······⑥

츄라우미 수족관 美ら海水族館 🔉 츄라우미스이조쿠칸

오키나와의 상징이자 가장 인기 있는 볼거리. 초대형 아크릴 수조 속에서 유유히 유영하는 고래상어와 대형 쥐가오리의 풍경을 감상한다는 것은 오키나와를 여행하는 이유의 팔 할일지도 모른다. 매년 270만 명 정도의 입장객이 이곳을 방문하는데, 이는 엑스포 당시의 총관람객 수를 능가한다고. 수족관은 산호초 여행サンゴ礁への旅, 구로시오 여행黒潮への旅, 심해 여행深海への旅이라는 세 개의 테마로 이루어져 있다. 각 테마는 다시 여러 개의 전시관으로 나뉜다.

🚶 해양박공원 유람차 A or B 코스, 스이조쿠칸 이리구치水族館入口 하차
🕓 10~2월 08:30~18:30(17:30까지 입장), 3~9월 08:30~20:00(19:00까지 입장)
¥ 2180(고교생 1440엔, 초·중학생 710엔, 미취학 아동 무료), 16:00 이후 입장 1510엔(고교생 1000엔, 초·중학생 490엔, 미취학 아동 무료), 장애인 복지카드 소지자 무료, 웹페이지에서 티켓 구매 가능 Ⓟ 있음
🏠 churaumi.okinawa 🔍 츄라우미 수족관

THEME 01

산호초 여행 サンゴ礁への旅

산호가 자랄 수 있는 얕은 바다가 첫 번째 테마관이다.

• 이노의 생물들 イノーの生き物たち

이노イノ는 오키나와 말로 '얕은 바다'라는 뜻이다. 얕은 바닷물에 자라는 불가사리, 해삼과 같은 수생 생물들을 만날 수 있는 곳으로, 수족관 설비 중 유일하게 생물들을 직접 만질 수 있다. 수조에 손을 넣을 수도 있기 때문에 아이들이 특히 좋아한다. 만질 수 있다 해도 터치 정도만 해야지 괴롭히면 죽어버릴 수 있다. 부모들의 지도가 필요한 구역이다.

• 산호의 바다 サンゴの海

산호의 꽃밭. 산호로 만든 물속의 작은 식물원이다. 300㎡ 넓이의 수조 속에 사는 산호 대부분은 2002년 츄라우미 수족관이 개관할 때부터 함께 했던 것들이다. 오키나와에서 볼 수 있는 약 70종의 산호가 거의 대부분 서식하고 있고, 산호 주위에서 함께 사는 수중 생물도 볼 수 있다.

• 열대어의 바다 熱帶魚の海

열대어가 주인공인 700㎡ 규모의 수조. 약 200여 종의 열대어들이 여유롭게 유영하는 모습을 엿볼 수 있다. 애니메이션 '니모를 찾아서'의 주인공인 니모, 즉 크라운 피쉬도 여기서 감상할 수 있다. 실제 바다처럼 수조를 보면서 안쪽으로 들어갈수록 물이 깊어지는데, 깊은 바다로 갈수록 열대어의 색상도 원색에서 단색으로 바뀌는 걸 볼 수 있다.

• 산호의 방 サンゴの部屋

산호 바다로의 여행에서 가장 밋밋한 전시실. 산호의 방은 이 예쁜 공간에서 함부로 행동할 경우 어떤 위험에 처하는지를 보여주는 교육적인 구역이다. 이를테면 암보이나アンボイナ 같은 고둥은 신경독을 품고 있는 치설齒舌을 가지고 있어 밟으면 쏘일 수 있고, 심하면 사망에 이를 수 있다. 화려한 모양의 하나미ハナミ도 등, 가슴지느러미에 상당히 강한 독을 가지고 있다. 오키나와에서 다이빙이나 스노클링을 할 예정이라면 예습 차원에서라도 진지하게 둘러보도록 하자. 핵심은 '물속에서는 아무거나 만지면 큰 일 난다는 것'

• 산호초 여행, 개별 수조 サンゴ礁への旅, 個水槽

산호초는 죽은 산호의 골격과 그 분비물인 탄산칼슘이 퇴적돼 형성된 암초를 뜻한다. 즉 산호 바위틈 속에서 사는 바다 생물의 무대다. 이 전시관은 자그마한 개별 수조 안에 단일 종, 혹은 소수 종의 바다 생물만 따로 보여주고 있다. 한국인들이 종종 바닷가재와 헷갈리는 초대형 닭새우 이세에비イセエービ를 비롯해, 물속에 몸을 처박고 몸통만 들어올린 채 먹이를 잡아먹는 니시키 아나고ニシキアナゴ 같은 소소한 스타 어류들을 만날 수 있다. 참고로 니키시 아나고의 별명은 바다의 미어캣!

• 물가의 생물들 水辺の生き物たち

이번에는 짠물과 민물이 만나는 강 하구, 맹그로브 나무 아래의 물속 세계로 떠날 차례다. 일반적으로 맹그로브 나무의 뿌리에는 수많은 생물이 자체 생태계를 구성하고 있다. 민물 게, 망둥이, 류큐 은어 등이 맹그로브 뿌리 사이를 서식지로 삼는 대표적인 생물들이다. 실제 맹그로브 나무숲은 오키나와 본섬 북부 얀바루 지역에서 만날 수 있다.

THEME 02

구로시오 여행 黒潮への旅

오키나와의 주변 바다를 흐르는 구로시오 해류 속으로의 여행. 연안의 작은 바다 생물은 간데없고, 고래나 가오리 같은 거대한 생명체들이 부유하는 공간이다. 츄라우미 수족관만의 독보적인 하이라이트!

• 구로시오의 바다 黒潮の海

두 개 층에 걸친 초대형 규모의 수조로 길이 35m, 폭 27m, 깊이 10m에 이른다. 단일 수조로는 세계 최대 크기를 자랑한다. 무엇보다 놀라운 것은 수조를 감싼 초대형 아크릴의 사이즈다. 높이 8.2m, 폭 22.5m, 두께가 무려 60㎝로 아크릴 패널의 무게만 135t인데, 2008년 전까지는 세계에서 가장 큰 단일 아크릴이었다고 한다. 덕분에 관람객은 마치 거대한 아이맥스 영화관의 스크린을 감상하듯, 스펙터클한 초거대 수조에서 유영하는 고래상어를 볼 수 있게 되었다. 고래상어는 총 세 마리인데, 가장 큰 녀석의 이름은 진타ジンタ로 1995년 3월 수족관에 유입된 이래, 28년째 이곳에서 살고 있다. 참고로 진타는 매일 세계 신기록 경신 중이라고. 고래상어와 함께 수조의 인기 스타는 가오리다. 가장 큰 가오리는 난요우만타ナンヨウマンタ로, 폭 6.8m, 무게가 2t에 달한다. 가오리의 유영을 보고 있으면 이곳이 마치 우주공간이 아닐까 하는 착각이 든다. 나중에 투입된 돌고래도 인기 만점이다. 좋게 말하면 장난꾸러기, 나쁘게 말하면 망나니에 가까운데, 사냥하는 듯한 행동으로 수조 안의 작은 물고기들에게는 공포의 존재다. 돌고래가 지나갈 때마다 물고기 떼가 반으로 갈리는 모습은 그 자체만으로도 장관이다.

고래상어의 식사 시간

매일 15:00와 17:00는 고래상어의 식사 시간. 수조 위에서 먹이를 나눠주는데, 이때 고래상어는 수직으로 서서 먹이를 받아먹는다. 고래상어의 수직 기립은 그 자체로 엄청난 박력을 선사해, 이때에 맞춰서 수조로 직행하는 사람들이 있을 정도다. 고래상어의 먹이 시간이 지나면 초대형 가오리, 난요우 만타의 식사 시간이 이어진다. 이 역시 흥미 진진. 시간에 맞춰 방문해 보자.

상어 박사의 방 サメ博士の部屋

어린이들이 무엇보다 좋아하는 공간. 황소상어ォ オメジロザメ, 범상어イタチザメ. 흉상어ヤジブ カ 등 다섯 종의 상어들을 만날 수 있다. 전시관 한편에는 멸종된 고대의 초대형 상어였던 메갈로돈Carcharocles Megalodon의 턱뼈 복원 모형도 전시되고 있다. 존재했다면 최대 21m까지 성장했다고 하는데, 이빨 한 개의 크기가 18.8㎝였다니 현재까지 있었다면 아마도 최강 포식자의 자리를 차지했을 것이다.

아쿠아 룸 アクアルーム

'구로시오의 바다' 측면에 있는 또 다른 공간. 정확히 말하면 같은 수조지만, 시점이 다르다. 쿠로시오의 바다가 거대한 평면 스크린이라면, 아쿠아 룸은 천장까지 이어진 거대한 곡면 스크린이다. 의자에 앉아 머리 위로 지나가는 고래상어와 난요 우만타의 모습을 볼 수 있는데, 마치 잠수함 속에서 바라보는 것 같은 광경이 인상적이다.

구로시오 탐험 黒潮探検

'구로시오의 바다'의 또 다른 확장판이다. 엘리베이터를 타고 올라가면, 초대형 수조의 오픈된 최상단에 도착한다. 풀장을 방불케 하는 이 공간이 바로 구로시오 탐험을 하는 곳. 수면 위에 설치된 탐방로를 따라 고래상어와 난요우만타를 찾아다녀 보자. 가끔 발아래로 지나가는 고래상어의 모습은 그 자체로 꽤 신선한 경험이다. 단, 오픈된 공간인데다 수조 위라 덥고 습하다. 더위에 약하다면 비추.

THEME 03

심해 여행 深海への旅

수심 200m 이상의 바닷속 생물을 심해 어종으로 분류한다. 여기서부터는 빛도 드문, 짙푸름만이 존재하는 세계다. 화려한 산호초도 원색의 어류도 없지만, 여기는 여기대로 또 다른 삶의 터전이 펼쳐지고 있다. 심해의 어종이 사는 수조는 보다 더 특별히 제작돼야 한다. 심해어를 수면 위로 올리면 기압 차로 인해 터져 죽는 상황이 발생하기 때문에 특수 수압이 유지되는 별도의 수조를 만들어야 했고, 그래서 수조의 크기도 작다. 마지막으로 심해의 바다에서 볼 수 있는 보석 산호인 아카 산호アカサンゴ, 모모이로 산호モモイロサンゴ의 아름다운 자태도 잊지 말고 감상해 보자.

기념품점 블루만타 ブルーマンタ

여기까지 오면 끝이다. 일본 특유의 앙증맞고 아기자기한 디자인이 돋보이는, 츄라우미 수족관 자동 회상 기능을 탑재한 각종 문구, 의류, 인형, 액세서리들이 여행자들을 맞이한다. 아무리 둔감한 사람이라도 한두 개쯤 마음을 흔들어 놓는 아이템이 있어, 그 자리에 서서 고민하는 사람들을 흔하게 볼 수 있다. 아무리 참아도 여기서만 살 수 있는 츄라우미 수족관 한정 상품에는 무너지고야 만다.

국제거리에 문을 연, 츄라우미 수족관 안테나숍 우미츄라라

망설이다 기회를 놓친 사람들을 위해, 블루만타의 아이템을 구입할 방법이 나하 국제거리에 생겼다. 희한한 건, 같은 가격의 같은 물건이라도 츄라우미 수족관에서 사야 제맛이라는 것.

오키짱 극장 オキちゃん劇場 🔊 키짱게키죠

돌고래 공연장. 츄라우미 수족관과 함께 해양박공원의 3대 하이라이트 중 하나로, 특히 어린이들에게 인기 만점이다. 프로그램은 크게 두 개. 일반적으로 우리가 흔히 볼 수 있는 돌고래 쇼 イルカショー와 다이버와 돌고래의 교류(?)를 보여주는 다이버 쇼가 그것이다. 여기에 무료 공연이라는 장점까지 있어, 츄라우미 수족관을 건너뛰고 오키짱 극장의 공연만 보러 오는 사람도 있을 정도다.

돌고래 쇼(20분)	10:30 / 11:30 / 13:00 / 15:00 / 17:00

🚶 해양박공원 유람차 A 또는 B 코스, 오키짱게키죠オキちゃん劇場 하차
🕓 3~9월 08:00~19:30, 10~2월 08:00~18:00 ¥ 무료 🔍 오키짱 극장

바다거북관 ウミガメ館 🔊 우미가메관

전 세계에 약 7종밖에 없는 바다거북 중 멸종 위기종인 5종이 여기서 살고 있다. 바다거북의 최대 천적이 인간이고, 그 인간이 다시 이들을 보호한다는 명분으로 사육하는 게 꽤나 모호하지만, 어쨌건 바다거북관의 거북이들은 편안해 보인다. 바다거북의 유영하는 모습을 보다 보면 시간 가는 줄 모른다.

🚶 해양박공원 유람차 A 또는 B 코스, 마나티칸マ ナティー館 하차
¥ 무료 🔍 바다거북관

알고 가면 득이 되는, 츄라우미 수족관 꿀팁

① 오후 4시부터 츄라우미 수족관 입장료가 30% 할인된다. 오후 4시에 입장을 한다면 수족관이 문을 닫는 시간까지 약 2시간 30분~3시간이 남아있는 셈인데, 대부분의 경우 이 정도면 충분히 관람할 수 있다. 특히 단체여행객이 주로 이른 아침에 몰리기 때문에 오후 4시의 한산함이 관람 면에서도 더 나을 수 있다.

② 당일 내 어떤 이유로 재입장再入館을 원할 경우 출입구에서 직원에게 다시 입장 스탬프를 손목에 찍어달라고 하면 된다. 당일에 한해 입장권을 반드시 소지해야 한다는 조건이 붙는다.

세 개의 온실로 이루어진 거대 식물원 ······ ⑦

열대드림센터 熱帯ドリームセンター 🔈 넷타이도리무센타

츄라우미 수족관에서 바다를 바라보면 왼쪽으로 황색의 바벨탑 같은 탑이 하나 보이는데, 바로 그 일대가 열대드림센터다. 츄라우미 수족관과 함께 유료 입장하는 곳으로, 심지어 한겨울에 방문한다 해도 활짝 핀 수백 그루의 난초와 꽃나무들을 만날 수 있다. 한여름에는 나무마다 각각의 열대 과일이 열려 그 자체로 장관을 이룬다. 탑 정상에서 이에 섬으로 향하는 푸른 바다와 예쁘게 조경된 열대드림센터를 내려다보자. 시원한 바닷바람이 코끝을 스친다.

해양박공원 유람차 A 또는 B 코스 넷타이도리무센타 熱帯ドリームセンター 하차 🕒 3~9월 08:30~19:00, 10~2월 08:30~17:30 ¥ 760(중학생 이하 무료)
🏠 oki-park.jp/kaiyohaku
🔍 열대드림센터

보물찾기처럼 쪽빛 바다가 갑자기 펼쳐지는 산책길 ······ ⑧

비세마을 후쿠기 가로수길 備瀬フクギ並木 🔊 비세후쿠기나미키

오키나와 옛 마을의 원형이 잘 보존된 비세마을의 가로수길. 약 2만 그루의 후쿠기 나무가 좁은 길을 따라 길게 늘어서 있다. 이 길에 심어진 후쿠기 나무들의 수령은 2023년 기준으로 평균 304년. 길이 조성된 건 17세기 류큐 왕조 시절이었다. 300년 전 비세마을의 선조들은 강한 바람으로 고생할 후손들을 위해 나무를 심었다. 비세 나무는 50년쯤 자라야 방풍림의 역할을 할 수 있기 때문에, 나무를 심은 당사자들은 정작 노동만 했을 뿐 어떤 혜택도 받지 못했다. 300년 된 2만 그루의 나무. 이들이 뿜어내는 아우라는 대단하다. 온통 녹색뿐인 세상, 나뭇잎 사이로 스며드는 햇빛의 아름다움, 천천히 발을 디딜 때마다 느껴지는 숲의 체온은 사람을 힐링시킨다. 단 추운 겨울을 제외하면 항상 모기가 많은 편. 모기 기피제를 챙겨간다면 도움이 된다. 숲 사이, 바다 쪽으로 활짝 열리는 몇몇 구간의 강력한 콘트라스트는 놀라움 그 자체. 비세마을 끝자락에 있는 비세자키備瀬崎에서의 물놀이도 빼놓기 아깝다.

🚶 해양박공원에서 차로 5분 ¥ 무료 Ⓟ 있음 🔍 비세후쿠기길

동화에나 나올 법한 사연을 지니고 있는 ⑨

요헤나 수국원 よへなあじさい園 🔊 요헤나아지사이엔

1917년생인 故 요헤나 우토 할머니는 8명의 자녀를 모두 출가시킨 후, 이웃으로부터 받은 수국 2주를 소일 삼아 키웠다고 한다. 할머니의 정성으로 수국은 점점 퍼져 나가기 시작했고 1970년대 말쯤 되자 산 하나를 모두 수국정원으로 만들었다. 이 멋진 스토리를 미디어가 소개하지 않을 리 없고, 찾는 사람이 많아지자 2001년부터는 입장료도 징수하며 본격적인 수국 정원 사업이 시작됐다고. 현재 수국원에는 약 1만 그루, 제철이면 30만 송이의 수국이 동시에 꽃을 피워낸다. 이상한 덕력으로 사업체 하나를 일군 요헤나 할머니는 2018년 100세를 일기로 숨을 거뒀고 현재는 갑자기 운이 좋아진(?) 후손들이 정원을 운영하고 있다. 일본의 30대 수국원 중 6위까지 랭크된 적이 있다.

해양박공원에서 차로 15~20분
09:00~18:30 ¥ 500엔(초·중·고생 200엔)
있음 yohena-ajisai.sakura.ne.jp
요헤나 수국원

퇴락해버린 쓸쓸한 선창가 ⑩

모토부 항 주변 本部港 🔊 모토부 미나토

한때 북부의 중심지였지만, 지금은 퇴락한 어항. 인근 섬으로 가는 정기 연락선도 연륙교가 건설되며 모두 끊어졌다. 타임머신을 타고 40년 전쯤으로 되돌아간 듯한 풍경이 매력적. 실제로 이 일대는 1950년대에 지은 목조주택들이 다수 남아있다. 다행히 일대에 괜찮은 식당도 몇 있고, 모토부 타운 마켓의 몇몇 가게는 리모델링을 거쳐 여행자 친화적인 공간으로 변해가고 있다. 일본 여행이 레트로로 바뀌어 가고 있는 요즘, 모토부 항 주변은 레트로 시대의 사람들에게도 레트로로 보인다. 그 묘한 풍경 탓에 살짝 거닐어볼 만하다.

츄라우미 수족관에서 차로 10분
Motobu Town Market

해변이 보이는 햄버거집 ······ ①

캡틴 캥거루 Captain kangaroo

キャプテンカンガルー 🔈 캬푸텐캉가루

오키나와에서 차탄의 구디스와 함께 수제버거의 양대 산맥이다. 본점은 오사카에 있으며 햄버거를 파는 바Bar로서는 꽤 유명한 집으로, 바비큐 최강 왕자 결정전이라는 일본 국내 대회에서 1등을 한 이력도 가지고 있다. 주문이 들어가면 그때부터 패티를 빚어 굽기 때문에 전반적으로 테이블 회전이 느리다. 대신 패티의 퀄리티, 석탄 화덕의 풍미와 풍부한 육즙, 그리고 특유의 볼륨감은 그야말로 일품. 대기를 감안하고 먹을 만한 가치가 있다. 재료가 소진되면 문을 닫는다. BBQ 버거BBQバーガー와 루 데리야키 버거ルーテリヤキバーガー를 노려보자. 타코라이스도 판매한다.

🚶 세소코 섬에서 차로 8분 📞 (098)43-7919
🕓 11:00~17:00 ¥ 1000엔 🅟 있음
🏠 www.facebook.com/captainkangaroo84
🔍 캡틴 캥거루

오키나와 소바의 탄생지 중 하나 ······ ②

키시모토 식당 きしもと食堂 🔈 키시모토쇼쿠도우

오키나와에서 가장 오래된 소바 전문점. 메이지 38년 그러니까 1905년에 개업했다. 가장 전통의 제면 방식, 그러니까 장작을 땐 후 남는 재를 물에 내려 알칼리수를 만들어 면 반죽을 한다. 이런 전통을 고수하는 집은 이 집과 나하의 텐토텐P.117을 제외하고 오키나와에서도 손에 꼽을 정도로 적다. 직접 다듬은 카츠오부시와 돼지 뼈로 국물을 내고, 고기 고명 또한 꽤 오랜 시간을 들여 삶아낸다. 벽면을 가득 메운 유명 인사의 사인은 오랜 시간 한자리를 지킨 키시모토 식당에 대한 헌사일 것이다. 시간을 거스른 국수 앞에서 경건한 자세를 취하는 일본인들을 엿보는 것도 색다른 경험. 겨우 국수 한 그릇을 앞에 두고 말이다. 주말에는 현지인, 외지인, 외국인이 한데 몰려 엄청난 대기 줄을 자랑한다.

🚶 츄라우미 수족관에서 차로 10분
📞 (098)47-2887
🕓 11:00~16:00(수요일 휴무)
¥ 1000엔 🅟 있음 🔍 키시모토 식당

키시모토 소바와 짝꿍 ······ ③

아라가키 젠자이야 新垣ぜんざい屋 🔉 아라가키젠자이야

키시모토 식당에서 엎어지면 코 닿을 거리에 있는 젠자이 전문점. 이 집도 노포 중의 노포로 70년의 역사를 자랑한다. 이 일대 주민들에게도 여행자들에게도 키시모토 식당에서 밥먹고 여기서 젠자이로 입가심하는 게 일종의 코스. 젠자이를 주문하면 하얗게 간 얼음만 있는데, 고명은 얼음 속에 숨어 있다. 아라가키 젠자이의 메뉴는 단 한 가지! 자판기의 수많은 버튼은 몇 그릇을 동시에 주문할 거냐는 의미일 뿐이다. 파란 버튼은 매장, 노란 버튼은 포장이란 뜻이니 헷갈리지 말자.

🚶 키시모토 식당에서 도보 1분 📞 (098)47-4731 🕒 12:00~18:00 (월요일 휴무) ¥ 300엔 Ⓟ 없음 🔍 아라가키 젠자이야

츄라우미 인근에서 개중 먹을 만한 스시야 ······ ④

쥬베이 十兵衛 🔉 쥬베이

먹을 만한 음식이 없기로 유명한 모토부에서 가장 나은 초밥 맛집. 나름 접대용 레스토랑이라 다른 집보다 가격대가 조금 비싼 편이다. 가게도 작은 데다 주인장 부부가 모든 요리와 서빙을 책임지기 때문에 인원이 많아지면 제때 대응을 못 하는 경향도 있다. 메뉴는 꽤 풍부한 편인데, 초밥 외에 찬푸르 같은 오키나와 요리, 튀김 심지어 오키나와 소바까지 가능하다. 성수기 때는 예약을 권장하지만, 줄을 설 정도는 아니다. 오마카세 스시おまかせ寿司, 카이센동(해산물 덮밥)海鮮丼이 추천 메뉴.

🚶 츄라우미 수족관에서 차로 10분 📞 (098)47-25339 🕒 11:00~14:30, 17:00~22:00(연중무휴) ¥ 1500엔 Ⓟ 있음 🔍 쥬베이

새하얀 쌀밥과 반찬의 힘! ······ ⑤

키노카와 紀乃川 🔉 키노카와

외진 곳에 있는 조용한 밥집. 어디서도 맛볼 수 없는 특별한 요리를 파는 집은 아니지만, 요리의 기본기가 튼튼해 흰쌀밥+메인 조합을 그리워하는 쌀밥 마니아들에게는 명성이 자자하다. 땅콩으로 만든 두부인 지마미 두부じーまみ豆腐도 직접 만들어서 내는데, 사서 한국에 가져올 방법을 궁리할 정도로 맛있다. 식당으로 올라가는 도중 나오는 자그마한 마을도 구경할 만하다. 물론 길을 찾다 헤매면 화가 날 수도 있지만. 두 개의 고등어 메뉴 강력 추천.

🚶 세소코 섬에서 차로 6분 📞 (098)47-5230 🕒 11:00~17:30 (일요일 휴무) ¥ 1000엔 Ⓟ 있음 🔍 기노가와 식당

깊은 산 속 피자집 누가 와서 먹나요 ⑥

카진호우 花人逢 🔊 카진호우

오키나와에서 가장 깊은 산인 야에다케八重岳 중턱에 있는 피자 레스토랑. 멀리 보이는 바닷가와 섬의 잔영, 전통 가옥 속의 기와지붕을 차지하고 있는 앙증맞은 시사, 그리고 사철 불어오는 시원한 산바람을 모두 품고 있다. 크게 샐러드와 피자, 그리고 음료로 구성된 단출한 메뉴를 선보이는데, 메인은 장작으로 굽는 정통 피자다. 바삭함과 촉촉함이 어우러진 도우와 오키나와산 유제품으로 만든 모차렐라치즈의 담백함은 굳이 별다른 토핑이 없어도 그 자체만으로 훌륭한 맛이다. 주변 테이블을 보면 죄다 빨간색 주스를 마시는 걸 볼 수 있다. 이 집의 명물 아세로라 주스Acelora Juice로 새콤한 맛이 식욕을 북돋아준다. 식사를 마친 후 이곳저곳을 둘러보며 풍경을 즐기는 기쁨은 덤이다. 영어 메뉴판이 있다.

츄라우미 수족관에서 차로 18분 (098)47-5537
11:30~19:00(화·수요일 휴무) ¥ 1000엔 Ⓟ 있음
kajinhou.com 카진호 피자

오키나와 식재로 만드는 일본 본토 요리 ⑦

이시나구

うちなーの味 石なぐ 🔊 우치나노 아지 이시나구

모토부에서 야에다케八重岳로 올라가는 언덕길에 있는 고풍스러운 밥집이다. 고급스러운 정식 개념인 고젠御膳과 일반 정식 등 크게 두 종류의 요리를 선보이는데, 여행자들이 쉽게 접근할 만한 요리는 이 집의 상호가 붙은 이시나구 고젠石なぐ御膳과 돈가스 정식이다. 외국인들 사이에서는 특히 돈가스 맛집으로 알려져 있다. 돈가스는 크게 일반 돼지와 재래종인 아구アグ로 나뉜다. 아구의 경우 무척 담백해 육향을 즐기는 사람들은 외려 싱겁다고도 느낄 수 있다. 아구 생강구이 정식アグー生姜焼き定食과 아구 로스카츠 정식アグーロースカツ定食이 가장 많이 시키는 인기 메뉴다.

츄라우미 수족관에서 차로 10분 (098)47-3911
11:30~14:00, 18:00~20:30(목요일 휴무) ¥ 2000엔
Ⓟ 있음 ishinagu.jp 이시나구

드라마 무대에서 나만의 인증샷! ······ ⑧

야치문킷사 시사엔 やちむん喫茶シーサー園 🔈 야치문킷사 시사엔

야에다케 산중에 있는 숲속 카페. 2층 테라스석에서 정면으로 보이는 맞은편 지붕의 다양한 시사들이 이 집을 상징하는 대표 이미지다. 특히 1~2월에는 일대가 오키나와 왕벚꽃 천지가 되는데, 이때의 풍경이 가장 아름답다.

1990년대 ANA 항공의 이미지 광고를 시작으로 권상우가 화장품 광고를 찍었고, 조인성과 공효진 주연의 드라마 〈괜찮아, 사랑이야〉에 배경으로 등장하기도 했다. 히라야치ヒラヤーチ라는 일종의 부침개와 젠자이가 메인 메뉴다. 맛은 아쉽지만 유명세, 아름다운 풍경과 미각을 적절히 타협해 보자.

🚶 츄라우미 수족관에서 차로 30분
📞 (098)47-2160 🕓 11:00~17:00
(월·화요일 휴무) ¥ 700엔 Ⓟ 있음
🔍 야치문킷사 시사엔

소바 가도의 대표 맛집 ······ ⑨

얀바루 소바 山原そば 🔈 얀바루 소바

오키나와에서 가장 큰 산인 야에다케八重岳로 가는 84번 지방도로변에는 유독 소바집이 많이 있어, '소바 가도'라고 부른다. 얀바루 소바는 소바 가도를 대표하는 오키나와 소바집 중 하나다. 유독 일본인 여행자들에게 맛집으로 알려져, 영업 시작 시각에 가도 기본 10명 가량은 사전 대기를 해야 한다. 게다가 재료가 다 떨어진 오후 2시 쯤이면 바로 문을 닫아버리는데, 운 나쁘면 오후 1시도 안심하기 어렵다. 면발은 북부 소바답게 넓적한 칼국수 면이고, 국물은 상당히 시원한 편이다. 고기를 좀 더 부드럽게 익혔으면 하는 바람이 있다.

🚶 츄라우미 수족관에서 차로 20분
📞 (098)47-4552
🕓 11:00~재료 소진시까지
(월·화요일 휴무) ¥ 1000엔
Ⓟ 있음 🔍 얀바루 소바

AREA ···· ③

모토부 반도의 숨은 비경

나키진 今帰仁

모토부 반도의 북부를 차지하고 있는 마을. 39.55㎢의 면적으로 서울의 강남구와 맞먹는 수준이다. 현재는 인구 9000명 가량의 작은 마을에 불과하지만 류큐 왕국의 통일 전, 즉 오키나와 본섬이 세 나라로 갈려 싸우던 삼산 시대에는 북산 지역의 중심지로 명성을 떨쳤다. 마을보다는 산이 더 많은 험지지만, 세계문화유산인 나키진 성터와 오키나와 본섬에서 가장 긴 코우리 대교 드라이브 코스 때문에 여행자들에는 친근한 지역이다.

오키나와의 만리장성 ······ ①

나키진 성터 유네스코 세계문화유산

今帰仁城跡 🔊 나키진죠우세키

삼산 시대 북산 왕국의 왕궁이자 성이었던 곳. 북산 왕국은 1322년 등장하는데 삼대를 거치고 1416년 중산 왕국에 의해 멸망, 류큐 왕국에 편입된다. 14세기 후반에는 명에 입조하고 책봉을 받았을 정도로 성장했고, 이후 조공무역은 북산 왕국의 주요한 수입원이 된다. 성의 건립 시기는 그저 13세기 말이라고 추정될 뿐이다. 나키진 성은 당시에도 꽤 효율적인 전투 요새였다고 하는데, 실제로 중산 왕국과의 전투 과정에서 2000 대 800이라는 군사적 열세에도 불구하고, 초반에 효율적으로 전투를 수행해 중산 왕국군에 500명의 전사자를 안겼다고 한다. 당시 중산군으로 참전했던 건축가 고사마루護佐丸가 요미탄에 있는 자키미성을 건설한 이유도 바로 나키진성이 원체 인상적이었기 때문이었다고 한다. 매년 1월, 성을 물들이는 벚꽃은 절경으로 소문나 있다.

🚶 츄라우미 수족관에서 차로 10분, 나하공항에서 얀바루 급행버스를 타고 나키진 죠우아토 이리구치今帰仁城跡入口 하차, 도보 15분 🕓 1~4, 9~12월 08:00~18:00, 5~8월 08:00~19:00 ¥ 1000엔(중·고생 500엔) Ⓟ 있음 🏠 www.nakijinjoseki-osi.jp 🔍 나키진 성터

오키나와 판 아담과 이브 신화가 존재하는 사랑의 섬 ······ ②

코우리 섬 古宇利島 🔊 코우리지마

나키진 북쪽에 있는 작은 섬. 코우리라는 이름은 그리움을 뜻하는 오키나와 말 '쿠이'에서 유래했다고. 섬의 크기는 아주 작아, 전체 면적 3.13㎢, 인구는 358명에 불과하다.

🚶 해양박공원에서 차로 30분 ¥ 무료 Ⓟ 군데군데 있음 🏠 kourijima.info 🔍 코우리 섬

코우리 대교 古宇利大橋 🔊 코우리오오하시

오키나와 본섬에서 가장 길고 아름다운 다리. 총연장 2km의 아치형 교각으로 오키나와 자동차 드라이브의 3대 하이라이트 구간 중 하나다. 다리가 생기기 전에는 나키진 북부에 있는 운텐 항運天港에서 정기선을 탔어야 했는데, 배편도 적어 불편이 이만저만이 아니었다고 한다. 다리 아래, 투명한 물빛과 바람을 가로지르는 드라이브는 막혔던 가슴을 뻥 뚫어주는 호쾌함을 선사한다.

코우리 오션 타워 古宇利オーシャンタワー 🔈코우리 오샨타와

코우리 섬의 유일한 상업 시설. 코우리 대교와 본섬이 내려다보이는 언덕 위에 세워진 유료 전망대다. 2013년 말 개업 당시 거의 모든 여행 안내서에 할인 쿠폰을 뿌리는 대규모 마케팅을 실시해 인지도를 높였는데, 에어컨 나오는 전망 값치고는 아무리 생각해도 비싸다. 전망대로 오르는 타워 내부에는 산호·조개 전시관도 있어 오가며 구경할 수 있게 꾸며놨다. 전망대에서 바라보는 풍경은 잠시 탄성이 나올 만큼 훌륭하다. 맨 꼭대기에는 야외 전망대도 있는데 인스타그래머들이 좋아할 만한 포토 스폿이 존재한다. 부설 이탈리안 레스토랑이 있다.

🕓 09:00~18:00 ¥ 1000엔(6~15세 500엔) Ⓟ 있음
🏠 www.kouri-oceantower.com 🔍 코우리 오션 타워

하트 바위 ハートロック 🔈하토롯쿠

말 그대로 하트 모양의 바위로, 코우리 섬 북부에 있다. 커플 인증샷 용으로 급부상하는 포토 명소다. 하트 바위를 보기 위해선 계단으로 이루어진 다소 험한 길을 내려가야 한다. 입구는 크게 두 곳으로, 오른쪽 갈림길은 주차장을 겸한 입장료를 징수하는 편한 길이고, 왼쪽 길은 거친 내리막 도보 구간이다. 주변에 전망을 감상할 수 있는 몇 개의 카페가 있고, 최근 건설 붐이 일고 있어 더 많은 여행자 편의시설이 생겨날 전망이다.

🕓 09:30~19:00 ¥ 무료 Ⓟ 1시간 300엔, 1일 500엔 🔍 하트 바위

도케이 비치 トケイ浜 🔊 토케이하마

코우리 섬 북단에 있는 작은 해변. 하트 바위를 보고 오른쪽 길로 조금만 더 지나오면 된다. 오키나와의 많은 해변이 배경처럼 맞은편 섬이나 육지를 거느리고 있는 데 비해, 도케이 비치는 뻥 뚫린 망망대해를 조망할 수 있는 몇 안 되는 해변이다. 융기산호초를 양쪽에 끼고 있는 해변은 아늑하다. 최성수기가 아니라면, 해변에 오로지 당신뿐인 행운을 누릴 수 있을 정도로 외지고 인적도 드물다. 수질은 말할 것도 없고, 수심도 물이 들어올 때만 피하면 아주 얕다. 한적함을 좋아한다면, 숨어 있는 보석 중 하나. 도케이 비치에서 조금만 더 안쪽으로 들어가면 피스 비치ピースビーチ라는 해변도 나온다. 여기도 은신처 중 하나. 급하게 만든 샤워장과 화장실, 물놀이 용품 렌털점(그나마 성수기만) 외에는 아무것도 없다.

🕓 상시 개방 ¥ 무료 Ⓟ 300엔 🔍 도케이 비치

한 그릇 받자마자 감동이 밀려오는 성게알 폭탄 ······ ①

시라사 しらさ 🔊 시라사

성게알 돈부리(우니동) 전문점. 예전에는 코우리 섬에서 나는 성게만으로 식당을 운영했다고 하는데, 지금은 온갖 유명세를 다 타면서 손님이 몰리는 바람에 코우리 섬 산과 수입산을 섞어 쓴다. 최적의 시즌은 7~9월로 이때는 냉동하지 않은 생 성게알의 맛을 볼 수 있다. 참고로 생 성게알은 냉동에 비해 크리미한 부드러움에서 완전히 다른 식감을 낸다. 성게알이 비려서 못 먹는 사람이라면 해산물 돈부리, 카이센동에 도전해 보자. 최근 시라사의 성공 탓에 코우리 섬 여기저기서 성게알 돈부리를 판매하는데, 원조는 역시 원조, 시라사가 제일 낫다. 우니농 정식うに丼定食은 안 먹으면 후회.

🚶 츄라우미 수족관에서 차로 30분, 코우리 대교를 건너 왼쪽으로 조금만 가면 된다. 📞 (098)51-5252
🕓 11:00~18:00(목요일 휴무) ¥ 2000엔
Ⓟ 있음 🏠 shirasakouri.blog35.fc2.com
🔍 시라사 식당

깎아지른 절벽 위에 예쁘장한 작은 카페 ······②

카페 코쿠 カフェ こくう 🔈 카페 코쿠

절벽 위에 자리해 바다를 조망할 수 있는 예쁘장한 카페. 다수의 오키나와 관련 서적의 표지 사진으로도 쓰인다. 빨간 지붕의 고택, 통유리를 통해서 바라볼 수 있는 숲과 바다의 풍경이 일품. 보통 전망 좋은 카페들이 풍경만 예쁘고 실속이 없는 경우가 많은데, 카페 고쿠는 전망과 편안함 그리고 맛까지 모두 잡았다는 평을 받는다. 현지 식재를 사용한 건강한 점심 식사 메뉴도 있어, 아예 점심부터 오후까지 몇 시간을 이곳에서 보낼 계획을 세우는 여행자도 많다.

🚶 츄라우미 수족관에서 차로 25분. 📞 (098)56-1321
🕒 11:30~16:00(일·월요일 휴무) ¥ 1500엔 Ⓟ 있음
🏠 www.instagram.com/cafe_koku_okinawa
🔍 카페 코쿠

AREA ···· ④

본섬의 끝, 예상치 못한 비경

구니가미·히가시

国頭·東

오키나와 본섬 최북단의 꽤 넓은 삼림지대. 구니가미는 행정구역명이고 흔히 얀바루라고 부른다. 면적이 194.8km^2로 서울의 1/3에 달하지만, 인구는 고작 4800명이다. 마을의 95%가 숲인데, 일본의 천연기념물인 얀바루쿠이나ヤンバルクイナ라는 날지 못하는 야생 조류, 오키나와 딱따구리와 같은 희귀 생물들이 살고 있어 에코 투어의 성지로 각광받고 있다. 히가시도 분위기는 비슷하다. 면적은 82km^2로 꽤 큰 편이지만 인구는 고작 1732명으로 오키나와의 촌村 단위 행정구역 중 인구가 가장 적다.

거대한 돌산의 웅장함 ······ ①

대석림산 大石林山 🔈 다이세키린잔

오키나와 본섬의 최북단인 해도 곶 P.239과 마주 보고 있는 해발 175m의 작은 산. 막상 보면 무척 웅장한데, 그 이유는 바로 열대 카르스트 지형 특유의 분위기 때문이다. 우리나라 사람들에게도 잘 알려진 중국의 구이린桂林, 쿤밍의 스린石林이 바로 열대 카르스트 지형이다. 참고로 대석림산은 전 세계에서 산개한 열대 카르스트 지형 중 최북단에 있는 곳이라고 한다. 오키나와 사람들은 세상의 숲이 대석림산에서 비롯됐다고 믿는다. 산 안에 우다키만 70여 곳, 특히 몇몇 포인트는 일본인들에게 기운이 좋다고 알려진 파워 스폿이다. 덕분에 산에서 두 팔을 활짝 펴 기를 받거나 의외로 임산부 여행자들이 많은 곳이기도. 입장권을 구입하면 1.5km 거리에 있는 등산로 입구까지 셔틀버스를 타고 이동한다. 걸어서도 갈 수 있지만 야생 멧돼지 출몰 구역이라 셔틀버스 탑승을 권한다. 등산로 입구에서 내리면 네 개의 코스 중 하나를 선택해야 하는데, 각 코스와 길이는 다음과 같다.

① 거암석림 감동 코스巨岩石林感動コース, 1km
② 츄라우미 전망대 코스美ら海展望台コース, 700m
③ 바리어 프리 코스バリアフリーコース, 600m
④ 아열대 자연림 코스亜熱帯自然林コース, 1km

이 중 가장 인기 있는 코스는 열대 카르스트 지형의 극치를 볼 수 있는 ① 거암석림 감동 코스와 산의 북단에서 북해의 전망을 감상할 수 있는 ② 츄라우미 전망대 코스. 특히 두 코스는 연계도 가능한데, 일단 거암석림 감동으로 시작해, 70% 정도의 코스를 소화하면 대석림산 최고의 하이라이트라는 오공암悟空岩 앞에서 츄라우미 전망대 코스로 옮겨 탈 수 있다. 이 경우 코스 길이는 총 1.6km 정도, 소요 시간은 한 시간이면 충분하다. 바위가 산의 주인공이다 보니, 곳곳에 이름이 붙은 바위들이 보인다. 그중에는 라이언킹이나 공룡 등 재미있는 이름도 있는데, 눈썰미만 있다면 왜 이런 이름이 붙었는지 알 수 있다. 천천히 구경하면서 그 의미를 되새겨보는 재미가 있다.

🚶 해양박공원에서 차로 1시간 20분, 나하공항에서 차로 2시간 10분 🕘 09:30~17:30 ¥ 2500엔(어린이 1000엔)
Ⓟ 있음 🏠 www.sekirinzan.com 🔍 대석림산

오키나와의 땅끝 ······ ②

헤도 곶 辺戸岬 🔈 해도미사키

🚶 해양박공원에서 차로 1시간 20분, 나하공항에서 차로 2시간 10분
🕓 상시 개방 ¥ 무료 Ⓟ 있음
🏠 www.sekirinzan.com 🔍 헤도 곶

오키나와 본섬의 최북단. 어디를 가나 최북단, 최남단의 의미는 각별한 데다, 일주 본능까지 더해져 찾는 여행자들이 많다. 미 군정시대, 미군들의 횡포를 견디다 못한 오키나와 사람들은 차라리 이럴거면 다시 일본으로 돌아가자며 일본 복귀 운동을 벌였는데, 그때 벌어진 대규모 반환 촉구시위의 현장이라 일본 우익들에게는 꽤 각별한 장소이기도. 하지만 일본 복귀 이후 오키나와 사람들의 염원인 미군 부대 문제는 전혀 해소되지 않아, 결국 오키나와 사람들 입장에서는 뒤통수를 맞은 현장이기도 하다. 맑은 날은 가고시마의 최남단인 요론 섬与論島까지 보인다. 진지한 느낌의 비석이 하나 놓여져 있는데, 일본 복귀를 기념하기 위해 세운 조국 복귀 투쟁비다. 오키나와의 새해 해돋이 명소이기도 하다.

오키나와에서 트레킹을! ······ ③

히지 폭포 比地大滝 🔈 히지오오타키

지역의 90%가 숲으로 이루어진 얀바루 일대에서 가장 대중적인 트레킹 코스. 울창한 열대 삼림 속에서 2시간 정도의 가벼운 트레킹을 즐기기 좋은 곳이다. 일본의 숲은 최근 50~60년 사이 급격한 조림 사업으로 녹지가 확보된, 한국의 숲과 달리 수백 년 된 나무들이 가득한 그야말로 태곳적 향기가 느껴지는 거대삼림군이다. 입구에서 폭포까지의 거리는 약 1.5km지만, 길이 꽤 험하고 계단도 많은 편이라 편도 40분~1시간은 걸린다. 가는 도중 50m짜리 현수교를 만나는데, 이곳에서 바라보는 계곡의 아름다움이 뛰어나다. 일정상 여유가 있다면 기분 전환 삼아 다녀올 만하다. 오키나와와 숲. 꽤 어울리지 않는 조합으로 보이는데, 이 섬은 숲조차 감동적이다.

🚶 코우리 섬에서 차로 40분 🕓 4~10월 09:00~16:00(폐문 18:00), 11~3월 09:00~15:00(폐문 17:30)
¥ 500엔(어린이 300엔, 캠핑시 텐트 한 채당 2000엔)
Ⓟ 있음 🏠 hiji.yuiyui-k.jp 🔍 히지 폭포

열대의 맹그로브 숲을 즐겨보자

히루기 공원 ヒルギ公園 🔊 히루기코엔

게사지慶佐次 강 하구, 10만㎡에 달하는 맹그로브 숲에 조성된 자연공원이다. 이 곳의 맹그로브 숲은 야에야마 제도에 있는 이리오모테를 제외하고 오키나와 현에서 가장 큰 규모. 즉, 일본에서 두 번째로 큰 맹그로브 숲이다. 민물과 짠물, 조수 간만의 차에도 불구하고 굳건하게 살아남을 수 있는 지구상에 몇 안 되는 생명체인 맹그로브는 듬성듬성 땅에 박힌 뿌리의 틈 사이로 자그마한 생태계를 만드는 것으로 유명하다. 실제로 뿌리 주변에는 미나미 말뚝 망둥이, 흰발농게 ハクセンシオマネキ 같은 수상 생물부터 물총새나 백로와 같은 조류들도 서식하고 있다. 맹그로브 숲 주변으로 산책로가 잘 꾸며져 있는데, 더 깊이 들어가고 싶다면 마을 부설 여행사에서 시행하는 카누 투어에 참여하면 된다.

해양박공원에서 차로 50분 08:30~17:30 ¥ 무료 Ⓟ 있음 higashi-kanko.jp/search/376 히루기 공원

후추 맛 가득한 알싸한 소바

마에다 식당 前田食堂 🔊 마에다쇼쿠도우

헤도 곶으로 가는 길가에 자리한 소바 전문점으로 40년의 역사를 자랑한다. 오키나와의 소바집치고는 소고기를 내세웠다는 점이 꽤 특이하다. 후추가 많이 들어가 매콤한 편인 데다, 숙주나물도 산처럼 쌓아주기 때문에 우리나라 사람들 기호에 맞는 편. 물론 오키나와 정통 소바 마니아들을 위한 메뉴들도 풍성하다. 소고기 소바 牛肉そば와 소고기 오카즈牛肉おかず가 가장 인기 있는 이 집의 간판 메뉴.

츄라우미 수족관에서 차로 40분
(098)44-2025
11:00~16:00(수·목요일 휴무)
¥ 1000엔 Ⓟ 있음 마에다 식당

REAL PLUS

낙도라기엔 꽤 큰 섬

이에 섬

伊江島

츄라우미 수족관에서 맞은 편 바다를 보면 우뚝 솟은 산이 하나 있는 섬이 보이는데 그곳이 바로 이에 섬伊江島이다. 섬 면적으로 22㎢로 서울 강남구의 2/3정도. 1980년대만 해도 섬의 절반이 미군기지였는데, 최근 반환이 이루어지면서 현재는 섬의 35%만 미군이 점유하고 있다.

이에 섬으로 가는 방법

모토부 항 이에 섬 항로터미널本部港伊江島航路ターミナル, 줄여서 모토부 항에서 페리로 30분 정도 소요된다. 큰 배라서 자동차나 오토바이도 실을 수 있다. 여름방학 기간과 연말연시, 5월 휴가 기간에는 페리 수가 증편된다. 참고로 민나 섬으로 가는 도구치 항과 별개의 장소다. 항구마다 이 부분을 헷갈리는 여행자들이 늘 존재한다.

모토부 항本部港 나하공항에서 얀바루 급행버스, 에어포트 셔틀, 117번 버스 or 나고 버스 터미널에서 65·66번 버스를 타고 本部港 정류장에서 하차 모토부 항 페리터미널

페리 운항 시간표

평시 운항		성수기 운항 (7월 21일~8월 31일)		요금
이에 항 출발 시간	모토부 항 출발 시간	이에 항 출발 시간	모토부 항 출발 시간	• 편도 ¥730(어린이 ¥370) • 모토부발 왕복 ¥1390(어린이 ¥710) • 이에발 왕복 ¥1250(어린이 ¥630) • 자동차 3m 이상 4m미만, 편도 ¥2530, 왕복 ¥4810 • 자동차 3m 이상 5m 미만, 편도 ¥3990, 왕복 ¥7590 • 바이크 50cc 이상 125cc 미만, 편도 ¥1020, 왕복 ¥2040
08:00	09:00	08:00	09:00	
10:00	11:00	10:00	11:00	
13:00	15:00	12:00	13:30	
16:00	17:00	14:30	15:30	
		16:30	17:30	

이에 섬 돌아다니기

섬이 꽤 큰 데다 볼거리가 흩어져 있어, 렌터카나 렌털 자전거, 택시 등을 이용해 돌아봐야 한다. 체력이 된다면 자전거를 현지에서 렌트하는 것도 좋은 방법이다. 페리에 렌트한 자동차나 오토바이를 싣고 갈 수 있지만, 렌트 규약에 따라 본섬 바깥으로 반출이 금지되는 경우도 있으니, 약정을 꼼꼼히 살펴보도록 하자. 이에 섬의 택시는 시간제로 운행된다. 인원이 많다면 그리 비싼 건 아니다.

(0980)49-3855 ¥ 소형(최대 4명 탑승) 1시간에 3600엔/ 중형(최대 6명 탑승) 1시간에 5100엔

이에 섬 렌털업체

렌털 업체	문의	웹페이지	렌트 장비
타마 렌터카 有限会 TM.Planning	(0980)49-5208	tmp.co.jp	자동차, 오토바이, 자전거, 전동킥보드, 전동미니카
이에 섬 관광버스 伊江島観光バス	(0980)49-2053	http://iejima-bus.com	자동차, 택시(시간제)

여기서 물을 길었다고?

와지 湧出

이에 섬에서 가장 빼어난 절경을 자랑하는 해안 절벽이다. 과거에는 절벽 아래로 민물이 솟아났는데, 이렇다 할 자체 수원지가 없는 이에 섬에서 몇 없는 샘터 중 하나였다고. 절벽을 따라 바다로 내려가야 하다 보니 태풍이라도 불면 인명사고도 문제지만 몇날 며칠 물도 못 떠먹는 일도 비일비재했다고. 미 군정 시절 미군 측의 공사로 양수 펌프가 건립됐고, 현재는 오키나와 본섬에서 해저 파이프를 통해 민물을 공급받는다. 이제는 망망한 바다와 깎아지른 듯한 단애를 바라보며 무상함을 느끼기에 적당한 곳일 뿐이다.

이에 항에서 차로 15분 상시 개방 ¥ 무료
Ⓟ 요령껏 주차 와지 전망대

Start Your Engine!

미군 보조비행장 伊江島補助飛行場 이에지마호죠히코우죠우

일찌감치 미군에 의해 점령된 이에 섬은 1945년 초, 세 개의 비행장이 생기며 오키나와 본섬 공략의 전초기지로 활용됐다. 전쟁이 끝난 후, 섬을 기준으로 가장 동쪽의 활주로는 민간 공항으로, 서쪽의 활주로 두 곳은 미군 시설이 되었다. 미군 기지 반환 협상 실수로 반환됐다는 이 활주로는 현재 '미군이 훈련 기간 내 해당 활주로를 사용하고, 평상시에는 이에 섬 주민들도 자유롭게 출입할 수 있다'고 다소 묘하게 정리됐다. 훈련 기간엔 항공기 이착륙과 해병대 낙하 훈련만 이루어지는 한정적인 용도의 비행장으로만 쓰이고 있다. 출입이 자유로운 평상시에는 누구나 출입이 가능한데, 곧게 뻗은 일직선의 활주로는 스피드 레이스를 벌일 수 있는 구조라 자동차광들에게 인기 만점이다.

이에 항에서 차로 10분 상시 개방 ¥ 무료
Ⓟ 요령껏 주차 이에 섬 미군 보조비행장

아름다운 풍경과
슬픈 역사가 어긋나는 곳

니야티야 동굴

ニャティヤ洞 🔊 냐티야도우

이에 섬에 있는 우다키 중 하나로 특히 아이를 갖지 못하는 여인들에게 영험한 성소로 알려져 있다. 지금도 내부에 제단이 있고, 동그란 돌이 하나 있는데, 이 돌을 들면 수태가 가능했다고. 돌은 태어날 아이의 성별을 예측해 주는 능력도 있어서, 여성이 돌을 들었을 때 무거움을 느끼면 아들, 가벼움을 느끼면 딸이었다고 한다. 2차 대전 당시에는 1000여 명의 섬 주민을 수용한 방공호로 쓰였다. 당시 이에 섬에 배치된 일본군은 1700명가량이었는데 미군과의 전투 중 전멸했고, 섬 주민들도 일본군의 강요에 의한 집단 자결 등으로 약 2500명가량이 희생되었다. 동굴에서 바다로 연결되는 풍경이 무척 아름다운데, 비극적 역사 때문에 침울해지기도 한다.

🚶 이에 항에서 차로 12분 ¥ 무료 Ⓟ 요령껏 주차 🔍 니야티야 동굴

딱 봐도 뭔가 있는 성스러운 산

탓츄 タッチュー 🔊 탓츄

해발 172m의 산으로, 이에 섬의 상징과도 같은 존재다. 탓츄라는 말은 '뾰족산'이라는 의미의 오키나와 말인데 이에 섬 사람들은 성채를 뜻하는 구스쿠城, 혹은 구스쿠 야마城山라고 부른다. 원시적인 신앙 형태가 뒤섞인 오키나와의 전통 종교 특성상 탓추는 일종의 성지로 주목받고 있다. 산허리를 빙빙 돌아 정상까지 오를 수 있는데, 정상에서 바라보는 시원한 전망이 일품이다. 차량이용자라면 산 중턱까지 올라갈 수 있어 걷는 구간이 짧아진다.

🚶 이에 항에서 차로 10분 ¥ 무료
Ⓟ 있음 🔍 이에 섬 탓츄

산호모래 해변

이에 비치 伊江ビーチ 이에 비치

오키나와 본섬에서 배로 30분 왔을 뿐인데 물의 투명도와 푸른빛의 농도가 다르다는 것을 알 수 있다. 청소년 수련원을 곁에 끼고 있어, 일본 고등학생들의 수학여행 철인 봄, 가을이면 학생들에 의해 점거 되다시피 한다(반대로 수학여행 철만 피하면 정말 한적하다). 해변의 길이는 약 1km. 순백의 산호모래가 가득 깔려 있다. 해변 뒤로 숲이 조성되어 있는데, 숲 자체의 조경도 꽤 빼어난 편이다. 오키나와에서 해수욕과 삼림욕을 겸할 수 있는 몇 안 되는 해변 중 하나다. 당일치기로 방문해 하루 종일 해변에서 노는 것도 추천할 만하다. 거창한 준비물은 필요없다. 그저 파라솔을 하나 빌려, 망망한 수평선 너머를 바라보는 것만으로도 편안함이 느껴진다. 텐트가 있다면 캠핑도 가능하다.

모토부 항 本部港에서 배로 30분, 이에 항에서 차로 10분
상시 개방(수영 기간 5~10일 09:00~18:00) ¥ 300엔 Ⓟ 있음 이에 비치

PART 4

오키나와의 숨은 섬들을 만나는 시간

본섬에서 제일 깨끗한 바다

케라마 제도

慶良間諸島

나하에서 빠른 배로 40분. 동중국해에 있는 아름다운 제도이자 일본의 해양 국립공원. 면적 0.01㎢ 이상의 크기를 기준으로 36개에 달하는 섬들이 모여 있는데, 이 중 유인도는 5개다. 그중에서 도카시키 섬渡嘉敷島과 자마미 섬座間味島이 가장 크고, 케라마 제도에 거주하는 대부분의 사람들도 이 두 섬에 모여 산다. 이 일대는 세계에서 가장 투명한 바다 중 하나로 손꼽히면서 지금도 다이버들의 성지로 명성을 떨치고 있다.

한국에서 온 여행자들은 오키나와 본섬의 바다만으로도 놀라는 경우가 많은데, 케라마 제도를 보면 진짜 바다가 뭔지 다시 한번 느끼게 된다. 당일치기로 예정했다 떠나가면서 아쉬움에 통곡하는 섬.

한눈에 보는 케라마 제도 여행

#도카시키 #자마미 #혹등고래 #다이빙 #스노클링 #츄라우미 #배봉기 #아리랑 기념비 #아하렌 비치 #후루자마미 비치 #바다거북

케라마 제도 전도

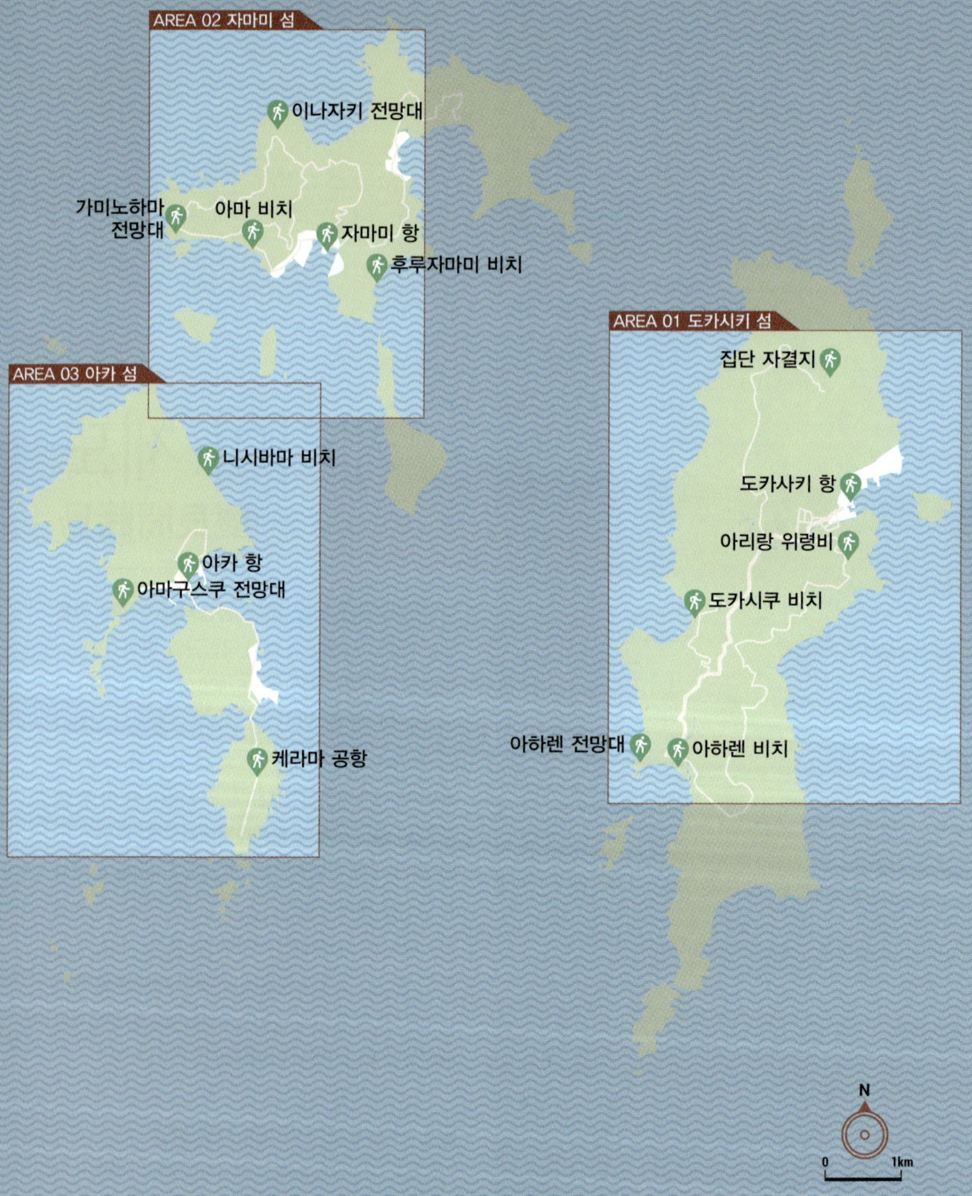

AREA 02 자마미 섬

이나자키 전망대
가미노하마 전망대
아마 비치
자마미 항
후루자마미 비치

AREA 03 아카 섬

니시바마 비치
아카 항
아마구스쿠 전망대
케라마 공항

AREA 01 도카시키 섬

집단 자결지
도카사키 항
아리랑 위령비
도카시쿠 비치
아하렌 전망대
아하렌 비치

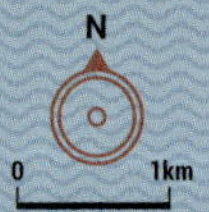

케라마 제도로 가는 방법

케라마 제도로 가기 위한 거점 도시는 나하다. 나하의 토마린 항泊港에서 도카시키 섬과 자마미 섬으로 가는 페리가 출발한다. 배는 고속선과 페리의 두 종류로 나뉘는데, 고속선이 2배가량 빠르고, 페리는 자동차를 실을 수 있다. 케라마 제도의 또 다른 섬인 아카 섬도 토마린 항에서 페리와 고속선이 운항 중이다.

세 섬 사이를 오가기 위해서는 굳이 나하로 되돌아와 배를 갈아탈 이유가 없다. 미츠시마みつしま라는 선사의 작은 배가 세 섬 사이를 연결하는데, 자마미를 기점으로 아카 섬으로 연결되는 배는 매일 6편이 운항 중이지만, 도카시키로 가는 배는 매일 2편뿐이며 사전 예약을 해야 한다. 예약이 있을 경우 미츠시마의 배가 도카시키 섬을 들르지만, 예약이 없으면 그나마 있던 배도 자마미-아카 섬만 연결하기 때문이다.

토마린 항 🚶 모노레일 미에바시美栄橋 역 북쪽 출구에서 도보 10분 또는 나하공항에서 택시로 15분(1500엔 정도) 또는 나하공항 국내선 3번 플랫폼에서 26·99·120번 버스, 나하 버스터미널에서 20·21·27·28·29·31·77번 버스를 타고 토마리 다카하시泊高橋 정류장 하차 🕓 24시간 ¥ 무료
🅟 있음 🏠 www.tomarin.com 🔍 Tomari Port

케라마 제도로 들어가기 전에 알아둬야 할 것들

① **날씨** 굳이 태풍이 오지 않아도 파도가 높은 날은 페리 운항이 전면 중단되기 때문에 날씨는 무척 중요하다. 운항 여부는 토마린 항, 혹은 내가 머무는 섬의 공식 웹페이지를 들어가면 한눈에 확인할 수 있다. 만약 출국일 당일이나 전날 배를 타고 나하로 나갈 예정이라면 일기예보도 반드시 확인하자. 만약 태풍이라도 오면 닷새 정도는 섬에 갇힐 수도 있다.

② **수영을 못해도 걱정 말자** 물속에서 하는 레포츠는 장비빨이다. 물론 장비를 제대로 운용하기 위해 스쿠버 자격증이 필요한 것도 사실이지만 생초짜라 해도 체험 다이빙과 같은 신박한 상품이 기다리고 있기 때문에 물속에 못 들어갈 일은 없다. 그저 시키는 대로 옷만 입고 숨만 쉬면 잠수부가 나를 들고(?) 바닷속 여기저기를 구경시켜 준다. 스노클링도 어차피 구명조끼로 부력을 확보하므로 수영을 못해도 얼마든지 뜰 수 있다. 케라마 제도의 섬에는 생초짜를 기다리는 다양한 해양 여행사들이 있다.

③ **페리 예약 필수** 성수기 때는 늘 배의 빈 좌석보다 타려는 사람이 많다. 숙소만 예약하고 배가 없어 못 들어가는 경우도 부지기수. 페리 예약은 출발일 한 달 전부터 예약이 가능하다. 미리 예약하지 않으면 토마린 항의 지박령이 될 수도 있다.

④ **숙소 예약도 당연히 필수다** 케마라 제도의 섬들은 낙도라 호텔 예약 사이트들이 커버하지 못하는 경우도 많다. 이럴 땐 직접 예약해야 하는데 이런 곳은 대부분 전화로 예약해야 하지만 일본어만 가능한 경우가 대부분이다(드물게 라인 등 채팅 앱으로 예약이 되는 곳도 있다). 일본어를 잘하는 지인이 있다면 도움이 된다.
마지막으로 섬의 식당들은 영업 시간이 유동적이다. 특히나 비수기에 방문한다면, 문 닫는 식당이 많아 머무는 숙소의 아침이나 저녁 포함 옵션을 이용하는 게 나을 수도 있다.

AREA ····①

배봉기 할머니의 이야기가 서려 있는

도카시키 섬 渡嘉敷島

케라마 제도에 있는 두 개의 촌村 단위 행정구역 중 하나. 섬의 크기는 15.31㎢로, 서울시의 동작구보다 약간 작은 크기지만 케라마 제도에서는 가장 큰 섬이다. 오키나와 사람들에게 도카시키 섬에 대해 물으면 이구동성 오키나와 최고의 선원들을 배출한 섬이라고 말한다. 이런 터프함 때문이었을까? 오키나와 전투 당시 가장 끔찍한 집단 자결도 이 섬에서 벌어졌는데, 무려 섬 인구의 절반이 집단 자결에 참여했을 정도다. 그로부터 70여 년이 훌쩍 지났지만 여전히 전쟁의 잔해는 섬 곳곳에 남아있고, 한국에서 정신대로 끌려간 배봉기 할머니의 흔적도 이 섬에 남아있어 여행자들의 마음을 아프게 한다.

도카시키 섬 공식 사이트 www.vill.tokashiki.okinawa.jp

도카시키 섬으로 가는 방법

나하의 토마린 항에서 도카시키 섬으로 가는 배편은 크게 두 종류다. 1시간 10분 걸리는 페리와 35분 걸리는 고속선. 페리는 하루에 1편, 고속선은 3편 운항 중인데 성수기·비수기 따라 운항 편수는 조금 유동적이다. 운항 시간표는 도카시키 섬 공식 사이트를 통해 확인하도록 하자.

페리 예약

출발일 2개월 전부터 전화, 팩스, 그리고 웹페이지를 통해 예약할 수 있다. 외국인 여행자 입장에서는 웹페이지가 가장 편하다. 웹페이지 예약 시 예약 번호가 주어지는데, 토마린 항에서 입항 신고서 작성 시 필요하니 반드시 메모해 두도록 하자.
참고로 한국처럼 예매가 아닌 탑승 권한에 대한 예약일 뿐이다.
토마린 항에서 당일 선표 구입 탑승이 가능하긴 하지만, 성수기에는 거의 불가능하다고 봐야 한다. 가급적 사전 예약 필수.

예약 (098)868-7541, 팩스 (098)862-2115 10:00~17:00
tokashiki-ferry.jp/Senpaku/portal ¥ 고속선 토마린 항↔도카시키 섬 편도 2530엔, 왕복 4810엔(어린이 편도 1270엔, 왕복 2410엔), 페리 토마린 항↔도카시 키 섬 편도 1690엔, 왕복 3210엔(어린이 편도 850엔, 왕복 1610엔)+1인 100엔의 환경세가 부과된다.

페리 탑승

고속선인 마린 라이나는 승선 30분 전, 페리는 승선 1시간 전에 탑승장에 도착해야 한다. 토마린 항에 도착하면 매표소가 있는 홀이 있는데 이곳의 4번 창구가 도카시키 섬 매표소다. 매표소 앞에 승선 신청서가 놓여 있으니, 기본적인 인적 사항을 적어 매표소로 가면 된다. 승선 신청서를 기재하지 않으면 표를 구입할 수 없다.
또 하나! 웹페이지를 통해 예약을 했다 해도 표는 현장에서 구입해야 한다. (우리는 티켓을 예매한 게 아니라 일정을 예약했을 뿐이다) 당일 티켓 구입과 다른 점은 '예약 번호'

를 승선 신청서에 적을 수 있고, 당일 구매자는 좌석 상황에 따라 배를 탈 수 없을지도 모르지만, 예약자는 탑승이 보장된다는 점이 다르다. 티켓 구입은 현찰만 가능하니 미리 현금을 확보해두자.

표를 구입한 후, 배가 보이는 선착장으로 들어가자. 오른쪽의 큰 배가 페리 도카시키고, 고속선 승선장은 오른쪽으로 7분 정도 걸어가야 나온다. 두 배 모두 지정석이 아니니 일찍 가서 좋은 자리를 확보해 놓자.

토마린 항-도카시기 섬 페리 운항 시간표

기간	토마린 출발	도카시키 도착	도카시키 출발	토마린 도착
3월 1일~9월 30일	10:00	11:10	16:00	17:10
10월 1일~2월 말	10:00	11:10	15:30	16:40

토마린 항~도카시키 섬 고속선 운항 시간표

기간	토마린 출발	도카시키 도착	도카시키 출발	토마린 도착
3월 1일~9월 30일	09:00, 16:30	09:40, 17:10	10:00, 17:30	10:40, 18:10
10월 1일~2월 말	09:00, 16:00	09:40, 16:40	10:00, 17:00	10:40, 17:40
골든 위크 기간 & 7~8월, 9월의 금·토·일 한정 추가 선편	09:00, 13:00, 16:30	09:40, 13:40, 17:10	10:00, 14:00, 17:30	10:40, 14:40, 18:10

도카시키 섬 돌아다니기

서울 동작구만한 크기인 데다 언덕 지형이라 도보 여행은 불가능하다.

버스

항구와 섬에서 가장 유명한 비치인 아하렌 비치를 연결하는 마을버스가 섬 내의 유일한 대중교통 수단이다. 도카시키 항에 배가 도착하는 시간에 맞춰 운행한다. 하루 3~4편 정도로 운행 횟수가 적지만, 이마저도 없으면 정말 불편하다. 도카시키 항에서 나오면 바로 오른쪽에 버스정류장이 있다.

렌터카

섬 내에 렌터카 회사가 몇 곳 있고, 일부 민박에서도 렌터카 서비스를 시행하고 있다. 전체적인 가격은 본섬에 비해 비싼 편이고 차종도 낡은 편. 대신 당일치기 여행자를 배려해 4시간 렌트도 가능하다. 자전거도 빌려주는 곳이 있지만, 경사가 심한 지형 탓에 그리 적당하진 않다. 성수기에는 여행객에 비해 렌터카의 숫자가 부족하다. 즉 예약해야 하는데 일본의 특성상 전화를 해야 하는 경우가 많아 한국인 여행자에게는 난이도가 좀 높은 편이다.

도카시키 섬의 렌터카 업체

업체명	대여 차량 종류	웹페이지	전화	예약 방법
알로하 렌털 기획 アロハレンタ企画	50cc, 1100cc 바이크, 경차	alohatokashiki.jp	(090) 6866-8666	전화
카리유시 렌탈서비스 かりゆし レンタサービス	50cc, 1100cc 바이크, 경차, 경트럭	kariyushi-kerama.com	(098) 987-3311	전화
쿠지라 렌터카 くじらレンタカー	경차, 승용차, 왜건	www.seafriend.jp/?men=11	(098) 987-2836	웹페이지, 전화

봉고 택시

최대 9명이 탑승할 수 있는 봉고 택시. 섬에 딱 두 대뿐이다. 일반적으로 사전 예약이 필수지만, 예약이 비는 날은 항구 앞 주차장에서 대기 중이다. 2시간 단위로 1~4명은 ¥6000, 5~9명은 ¥8000이다. 기사님은 영어가 전혀 통하지 않지만, 가이드북이나 스마트폰으로 목적지만 찍어주면 알아서 가준다.

(090)3078-5895

도카시키 섬 추천 코스

당일 코스

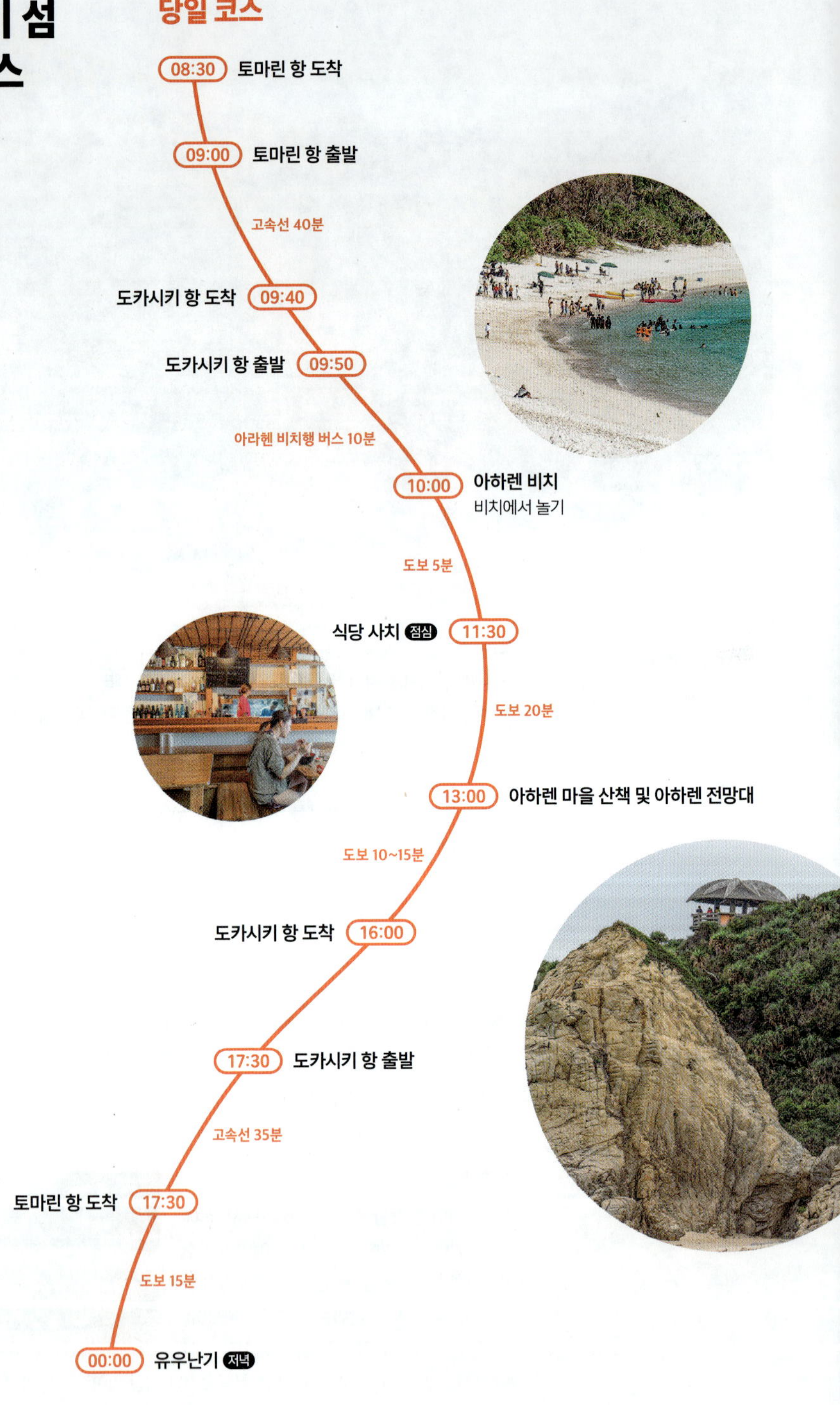

08:30 토마린 항 도착

09:00 토마린 항 출발

고속선 40분

09:40 도카시키 항 도착

09:50 도카시키 항 출발

아라렌 비치행 버스 10분

10:00 아하렌 비치
비치에서 놀기

도보 5분

11:30 식당 사치 점심

도보 20분

13:00 아하렌 마을 산책 및 아하렌 전망대

도보 10~15분

16:00 도카시키 항 도착

17:30 도카시키 항 출발

고속선 35분

17:30 토마린 항 도착

도보 15분

00:00 유우난기 저녁

스쿠버 다이빙도 즐기는 1박 2일 코스

* 당일 코스의 13:00에서 이어짐

- 15:00 오토바이 렌트
  - 오토바이 10분
- 15:15 도카시쿠 비치
  - 오토바이 15분
- 17:00 아리랑 위령비
  - 오토바이 15분
- 18:30 아라헨 비치, 석양 해수욕
  - 오토바이 반납, 도보 5분
- 19:30 하프타임 저녁
  - 도보 5분
- 20:30 숙소

- 08:30 다이빙 업체 도착
  - 차로 5분
- 08:50 아하렌 항 도착
- 09:00 아하렌 항 출발
  - 배로 20~40분
- 09:30 스쿠버 다이빙 또는 스노클링
  - 배로 20~40분
- 10:30 아하렌 항 도착
  - 차로 5분
- 10:40 다이빙 업체 도착
  - 도보 5~10분
- 10:50 숙소에서 휴식
  - 도보 5~10분
- 12:00 해산물 식당 시프렌즈 점심
  - 도보 5~10분
- 13:40 다이빙 업체 도착
  - 차로 5분
- 14:00 아하렌 항 출발
  - 배로 20~40분
- 15:00 스쿠버 다이빙 또는 스노클링
  - 배로 20~40분
- 15:40 아하렌 항 도착
  - 차로 5분
- 16:00 숙소에서 휴식

도카시키 섬 상세 지도

집단 자결지 05
N
0 500m
케라마 제도 국립공원
Tokashiki Port
케라마 백팩커스
아리랑 위령비 04
186
02 도카시쿠 비치
케라마 별장 시오노카
N
0 100m
02 마사노텐
하프타임 사운드 비치 카페 03
01 식당 사치
해산물 식당 시프렌드 04
03 아하렌 전망대
01 아하렌 비치

케라마 블루를 볼 수 있는 그곳 ······ ①

아하렌 비치 阿波連ビーチ

트립어드바이저 선정 일본 비치 랭킹 5위에 빛나는 도카시키 섬 최고의 해변. 널찍한 해변, 부드러운 산호모래, 바닥이 훤히 비치는 투명한 물빛과 풍경을 돋보이게 하는 바위산은 비치가 가져야 할 모든 미덕을 한데 품은 느낌이다. 활처럼 굽은 만灣 모양의 비치라 태풍 때를 제외하고는 파도도 거의 없어 어린이를 동반한 여행자들도 안심하고 비치 스노클링을 즐길 수 있다.

미야코 블루와 함께 오키나와 2대 블루로 손꼽히며, 케라마 블루라는 조어가 탄생한 곳도 바로 이곳 아하렌 비치다. 해변 끄트머리에 전망대가 있는데, 여기서 바라보는 해변과 바다의 풍경 또한 일품.

도카시키 섬을 대표하는 비치답게 숙소와 식당도 이 일대에 몰려 있다. 배후에 있는 작은 마을도 둘러보는 재미가 있다.

🚶 도카시키 항에서 정기 버스로 15~20분
🕓 09:00~18:00(수영 기간 4~10월) ¥ 무료
Ⓟ 무료 🔍 아하렌 비치

언덕에서 내려다보면
바로 저곳이 천국이구나 싶은 ······②

도카시쿠 비치 渡嘉志久ビーチ

숨은 보석. 오키나와에서 가장 고운 산호 모래를 자랑하는 곳으로, 아하렌 비치에 비해 덜 붐비고, 바다 환경도 나은 편이다. 바다 뒤로 숙소가 하나 있고 꽤 넓은 공원이 펼쳐져 있어, 녹색과 푸른 바다 그리고 순백의 해변이 조화를 이루며 아름다움의 끝을 보여주고 있다. 해변 정면에 보이는 섬이 바로 케라마 제도에 있는 또 하나의 관광 포인트인 자마미 섬이다. 물빛이 원체 좋아 걸어서라도 갈 것 같은 착각이 들지만, 50m쯤 지나면 바다는 여지없이 깊어진다. 환경적으로도 도카시쿠 비치는 꽤 중요한 곳인데, 바로 바다거북의 산란 장소이자 서식지이기 때문. 스노클링 도중 종종 바다거북이 관찰되기도 한다.

🚶 도카시키 항에서 차로 12~15분. 대중교통 접근이 불가능하다.
🕒 09:00~18:00(수영 기간 4~10월) ¥ 무료
🅟 인근 캠핑장의 주차장을 무료로 사용할 수 있다
🏠 www.aharen.com/aharenbeach(비공식) 🔍 Tokashiku Beach

도카시쿠 비치의 해양 스포츠

해변과 마주 보고 있는 숙소 도카시쿠 마린 빌리지에서 해양 스포츠 및 해양 활동을 위한 물품을 대여하고 있는데, 기본적으로 투숙객만을 위한 서비스다. 해변에 감시원이 있기 때문에 스노클링 장비를 휴대하고 있다면 셀프 스노클링을 즐길 수 있다. 만약 마린 빌리지 투숙객이라면 산호 투어는 꼭 참석해 보자.

멍 때리고 싶다고? 일단 여기! ······ ③

아하렌 전망대

阿波連展望台 🔊 아하렌 텐보우다이

아하렌 비치에서 바다를 바라보고 오른쪽 끝, 작은 언덕 위에 있는 팔각정. 딱 봐도 올라가기만 하면 뭔가 엄청난 광경을 볼 수 있을 것처럼 생겼다. 전망대로 오르기 위해서는 일단 비치 끝에 있는 거대한 바위로 가자. 잘 살펴보면 사람 둘이 지나갈 법한 돌 구멍이 있다. 이 안으로 들어가면 바로 언덕으로 오르는 계단이 나온다. 계단을 오르면 아하렌 비치를 한눈에 굽어볼 수 있는 팔각정으로 이어진다. 숨을 돌리고, 바다를 바라보며 잠시 멍을 때려보자. 참고로 돌 구멍을 통과한 후 오른쪽 오르막 계단이 아니라 바다 쪽으로 돌아들어가면 온통 산호 조각으로 이루어진 또다른 작은 해변이 나오는데, 이 일대는 지질학의 보고라고 할 정도로 흥미로운 것들이 많다. 이것저것 뒤적거리는 잔재미는 덤.

🚶 아하렌 비치에서 도보로 15~20분 ¥ 무료 Ⓟ 없음
🔍 Kubandaki Observatory

죽어서도 한반도로 돌아오지 못한
배봉기 할머니를 기리며 ······ ④

아리랑 위령비

アリラン慰霊のモニュメント 🔊 아리랑 이레이노모뉴멘토

일본에 6개, 오키나와에 2개뿐인 조선인 추모비 중 하나. 2차 대전 말기 이 섬에는 7명의 조선인 종군 위안부가 있었는데, 그 중 생존자이자 최초로 종군 위안부의 존재를 세상에 알린 배봉기(1914~1991) 할머니의 위령비이기도 하다.

배봉기 할머니의 증언은 일본 작가 고 가와다 후미코에 의해 약 70시간의 녹음 테이프로 남았고, 이 구술을 바탕으로 〈빨간 기와집〉이라는 책이 출판된다. 당시 종군 위안부들이 거주하며 성적 학대를 받았던 집이 빨간색 기와로 덮여 있었기 때문에 붙여진 이름이다. 이런 내용은 재일교포 영화감독 박수남에 의해 〈아리랑의 노래-오키나와의 증언 1991〉이라는 다큐멘터리로 영화화되었고, 이어서 1997년 영화 촬영이 이뤄졌던 곳 중 하나인 이곳에 아리랑 위령비가 세워지게 됐다. 탑 가운데 있는 커다란 둥근 돌은 유일하게 우리나라에서 가져온 위령탑의 구성품이다. 비석을 따라 내려오는 달팽이 모양의 바닥은 건립 당시 도카시키 섬 어린이들이 평화를 염원하며 그린 것들이라고 한다.

🚶 도카시키 항에서 차로 7~10분 ¥ 무료 Ⓟ 없음 🔍 아리랑의 비

가해자가 분명한 비극의 현장 ……⑤

집단 자결지

集団自決跡地 🔈 슈우단 지케츠아토치

제2차 세계대전 당시, 미군에 쫓기던 일본군과 도카시키 섬 주민들이 집단 자결을 한 현장이다. 생존자들의 증언에 의하면 미군이 도카시키 섬에 상륙하던 날 섬 주민들은 산 정상에 있는 일본군 주둔지를 향해 장대비를 뚫어가며 산을 오르고 있었다고 한다. 하지만 어떤 착오인지 일본군 주둔지와 좀 떨어진 다른 봉우리로 가게 됐고 후방에 미군이 쫓아온다는 공포에 사로잡혀 집단 자결을 하게 되었다고. 처음에는 둥그렇게 모여 앉아 수류탄을 터트려 자살하려고 했으나 대부분의 수류탄이 불발탄이 되자 가족 간 학살-가장이 온 가족을 죽이고 본인도 목숨을 끊는-이 벌어졌고, 그렇게도 죽지 못한 사람들은 해안 절벽에 몸을 내던졌다. 이런 일이 발생한 가장 큰 원인은 섬 내의 일본군이 '미군에게 사로잡히면 남자는 탱크로 깔아 죽이고, 여성은 집단 성폭행을 한 후 산채로 불태워 죽인다'며 거짓 선전을 했고 섬 주민들은 이 말을 그대로 믿었기 때문이라고. 참고로 이곳에서 당시 도카시키 섬 주민의 50%가 한날한시에 죽었다.

실제로 전쟁 중 미군 수기를 보면 몇 날 며칠 산속에 갇혀 있던 주민을 구출해 물을 주면 그 물조차 독약을 탔다고 믿어 마시지 않았다고 한다. 이 비극을 바라보는 섬사람들과 일본 본토 사람들의 시각은 상이하다. 섬사람들은 이 사건을 계기로 결국 일본군도 미군도 그들을 지켜주지 못했다는 반전 의식이 싹텄는데, 일본 본토의 우파들은 이들의 죽음을 덴노(천황)를 향한 충성의 옥쇄쯤으로 바라보기 때문이다.

막상 가보면 볼 건 없다. 이곳이 그런 곳임을 알리는 비석과, 제단, 그리고 집단 자결이 이루어진 해안 절벽으로 향하는 내리막 계단 길이 있을 뿐이다. 하지만 또 하나의 전쟁 피해자인 오키나와 섬사람들의 아픔을, 일본 제국주의 피해국 국민으로서 함께 감응한다면 이곳은 한번쯤 들러볼 만한 곳이다. 참 슬픈 곳이지만 이곳을 찾을 때마다 하늘은 참 속절없이 파랗기만 하다.

🚶 도카시키 항에서 차로 10분
🕓 상시 개방 ¥ 없음 Ⓟ 있음
🔍 Group Self-Determination Site

점심 나절 배고프면 배회하지 말고 ······ ①

식당 사치 食堂 さち ◀) 쇼쿠도우 사치

섬 내에서 가장 만만한 밥집으로 2025년 4월에 오픈했다. 카레라이스, 돈까스 같은 일본 국민 한 끼 음식과 오키나와 소바 류의 오키나와 국민 음식 그리고 사시미 초절임 정식 같은 요리들이 있다. 이런 낙도에서 이 정도라면! 이라는 마음으로 접근하면 맛 점수 4점도 가능하다.

아하렌 비치 입구 도보 5분 (098)987-3108
11:00~14:00(화·금요일 휴무) ¥ 1000엔 Ⓟ 없음
사치

반주를 즐기는 여행자들이 즐겨 찾는 곳 ······ ②

마사노텐 お食事処 まーさーの店 ◀) 오쇼쿠지도코로 마사노텐

식당 사치와 비슷한 메뉴와 분위기의 밥집. 저녁 장사를 하므로 점심 식당 사치, 저녁 마사노텐이 일종의 공식이다. 메뉴판보다는 카운터 앞 칠판에 적어 놓은 오늘의 메뉴本日のメニュー가 더 중요한 집이라 일본어 읽기가 안 된다면 약간의 어려움이 예상된다. 섬 물고기 가라아게 정식島魚の唐揚げ定食은 그날 잡은 생선을 튀겨 나오는 메뉴로 대부분의 경우 실패하지 않는다. 오키나와의 맛을 보고 싶다면 타코라이스タコライス도 나쁘지 않은 선택. 이미 먹어보지 않았다는 전제하에 말이다.

* 2025년 6월 현재 임시 휴업 중

아하렌 비치에서 도보 3분 (098)987-2911
11:30~14:00, 18:00~22:00(수시 휴무, 목요일은 14:00까지 영업) ¥ 1000엔 Ⓟ 없음
토카시키 마시노텐

마시고 놀다 보면 시간이 순삭 ······ ③

하프타임 사운드 비치 카페 Sound Beach Café

도카시키 섬 최강의 주酒유소. 꽤 다양한 탭과, 병맥주(베트남 빈땅부터 일본 에비수, 스리랑카 라이온까지)를 보유하고 있다. 주당 여행자들은 이곳을 알고 난 후 여행이 (술에 취해) 반토막났다는 자조가 있을 정도. 캠핑 느낌의 인테리어도 꽤 수준급이다. 식사 메뉴도 훌륭해 케라마 섬 최고의 스테이크와 버거를 먹을 수 있다. 도카시키 버거トカシキバーガー는 생참치를 패티로 만든 일종의 생선 버거다. 흔한 메뉴는 아니니 시도해 보자.

- 아하렌 비치에서 도보 5분
- (098)987-2021
- 19:00~00:00(부정기 휴무)
- ¥ 1000~2000엔 Ⓟ 없음
- www.azhoop.com
- 하프타임 사운드 비치 카페

섬 유일의 본격적인 해산물 레스토랑 ······ ④

해산물 식당 시프렌드

海鮮居食屋シーフレンド 카이센이쇼쿠야 시프렌도

도카시키 섬에서 여러 채의 펜션과 다이빙숍을 함께 운영하는 나름 섬 지역 재벌인 시프렌드에서 운영하는 레스토랑. 마구로동이나 카이센동 같은 해산물 덮밥 메뉴가 강점. 저녁에는 이자카야로 변신하는데 계절별로 바뀌는 해산물 요리와 엄청나게 다양한 오키나와 아와모리를 곁들일 수 있다. 다이빙숍 부설이다 보니 그날 다이빙을 즐긴 사람들끼리 뭉치는 경향이 있어 좀 떠들썩한 분위기다. 카이센동海鮮丼과 마구로동マグロ丼은 놓치기 싫은 메뉴.

- 아하렌 비치에서 도보 3분
- (098)987-2836
- 07:00~09:00, 11:30~14:30, 17:30~21:00(일요일 휴무) ¥ 2000엔
- Ⓟ 없음 www.seafriend.jp
- Sea Friend Seafood Restaurant

도카시키 항에서의 먹거리 쇼핑

도카시키 항 대합실 안에는 섬에서 나는 특산품을 파는 작은 매장이 있다. 그저 그러겠거니 하고 지나칠 수 있는데, 의외로 알려지지 않은 나만의 오미야게를 집어낼 수 있는 곳이다.

모든 상품은 도카시키 섬 어업/농업 협동조합 생산품인데, 조금 짭짤한 편이긴 하지만 풍미와 향미가 일품인 참치 어포マグロジャッキ, 구아바 특유의 향을 잘 살린 구아바 젤리グアバ JELLY는 둘이 먹다 하나가 죽어도 모를 맛이다. 강력 추천.

AREA ····②

별빛이 가득한 자그마한 어촌마을

자마미 섬 座間味島

많은 여행자에게 케라마 제도는 곧 자마미 섬을 뜻한다. 섬의 면적은 6.66㎢, 인구는 겨우 645명에 불과한데, 매년 방문객은 30만 명에 달할 정도로 인기 있는 여행지다. 미슐랭 가이드북의 Star Rating 등재지라는 명성이 한몫했는데, 이 덕에 오키나와의 주변 섬 중 거의 유일하게 외국인 방문객들의 발길이 끊이지 않는다. 매년 2~3월에는 혹등고래 관찰지로서도 명성을 누리고 있는 데다, 다이빙은 12~2월을 제외하고는 연중 가능해 인기가 더 많다. 다른 여행지와 달리 비수기가 짧다는 것도 특징이라면 특징이다.

자마미 섬 공식 사이트 www.vill.zamami.okinawa.jp

자마미 섬으로 가는 방법

나하의 토마린 항에서 자마미 섬으로 가는 배편은 크게 두 가지다. 2시간이 걸리는 페리와 50분이 걸리는 고속선이 그것인데, 고속선의 운항 편수는 성수기냐 비성수기냐에 따라 2~3편 탄력적으로 운영되고, 페리는 성수기에는 매일 1편, 비수기에는 아예 운항을 하지 않을 때도 많다. 굳이 느린 페리를 왜 타나 싶을 수도 있는데, 본섬에 오토바이나 자동차를 반입하기 위해서는 페리를 선택해야 한다(참고로 렌터카의 경우 본섬에서 다른 섬으로 이동이 금지된 경우도 있으니 잘 확인하도록 하자).
운항 시간표는 자마미 섬 공식 사이트에서 확인할 수 있다.

페리 예약하기

출발일 한 달 전부터 전화, 팩스, 그리고 자마미 섬 공식 사이트를 통해 예매할 수 있는데, 일본 밖 카드를 이용한 탑승권 예매는 출발일 23일 전부터 가능하다.
참고로 같은 케라마 제도의 도카시키 섬으로 가는 선편은 탑승일 예약에 불과해 나하의 토마린 항에서 예약 번호를 들고 현장 구입을 해야 하지만 자마미 섬의 경우는 예매. 즉 한국처럼 인터넷으로 미리 표를 구매할 수 있다. 성수기(4~10월)에 주말까지 끼면 현장 예매는 아예 불가능할 정도의 인기 구간인 만큼 가급적 인터넷 예매를 하도록 하자.

¥ 고속선 토마린 항↔자마미 섬 편도 3950엔, 왕복 7510엔(어린이 편도 1980엔, 왕복 3760엔)
페리 토마린 항↔자마미 섬 편도 2900엔, 왕복 5510엔(어린이 편도 1450엔, 왕복 2760엔)
오토바이 편도 1580엔, 3m 미만 경차 편도 9320엔

페리 탑승하기

고속선인 퀸 자마미는 승선 30분 전, 페리인 페리 자마미는 승선 1시간 전에 도착해야 한다.

토마린 항-자마미 섬 페리 운항 시간표

토마린 출발	아카 도착 / 출발	자마미 도착 / 출발	아카 도착 / 출발	토마린 도착
10:00	11:30 / 11:45	12:00 / 14:00	14:15 / 14:30	16:00

토마린 항-자마미 섬 고속선 운항 시간표

토마린 출발	아카 도착 / 출발	자마미 도착 / 출발	아카 도착 / 출발	토마린 도착
09:00	통과	09:50 / 10:00	10:10 / 10:20	11:10
15:00	15:50 / 16:00	16:10 / 16:20	통과	17:10

자마미 섬 돌아다니기

해안선의 전체 길이가 23km밖에 되지 않는 작은 섬이다. 섬 가운데 우후다키大岳라는 해발 160m의 산이 있어, 지형이 평탄하진 않지만, 해변과 해변을 연결하는 도로는 대체로 완만한 편이다.

버스

손에 버스村営バース라고 불리는 노선버스 두 노선이 섬의 주요 지점을 연결하고 있다. 배가 들어오고 나가는 시간에 운행 시간이 맞춰져 있어 편수가 적어도 이용에 큰 불편함은 없다. 대신 풍랑으로 고속선이 결항하는 날이면 고속선 도착시간에 출발하는 버스는 운행이 중단되며, 페리 시간표에 따라서만 버스가 배차된다.(페리마저 결항되면 버스도 운행하지 않는다)

후루자마미 비치행, 아마 비치행 혹은 두 비치 모두 가는 버스로 나뉜다. 탑승하기 전, 기사에게 확인하도록 하자.

버스 운행 시간표

노선	자마미 항 출발 시간	요금
자마미 항→ 후루 자마미 비치 방면	09:20, 10:05, 10:15, 10:35, 12:15, 12:25, 12:50, 13:20, 13:40, 14:05, 14:25, 14:55, 16:00, 16:25, 16:40, 17:25	¥300
자마미 항→ 아마 비치 방면	09:10, 10:25, 11:55, 12:40, 13:30, 14:15, 15:10, 16:10, 17:15, 17:40	

* 자마미 항 대합실에는 그날의 버스 운행 시간표가 적혀 있다. 시간 변동이 심하니 도착하면 일단 확인하는 게 좋다.

렌터카

낙도가 그렇듯, 렌터카가 있긴 하지만 본섬에 비해 차량은 낡았고 가격은 비싸다. 도카시키 섬과 달리 비교적 평탄한 지형이라 가장 중요한 두 해변의 경우 버스, 정 급하면 도보로도 여행이 불가능한 곳은 아니다. 자전거를 대여해 돌아다니는 여행자가 많은 편. 빠른 속도로 섬 일주를 하고 싶다면 작은 원동기를 빌리는 것도 좋은 방법이다. 렌터바이크의 경우 한 사람이 탈 수 있는 50cc가 대부분, 2인용인 100cc 이상의 바이크는 섬을 탈탈 털어도 몇 대 되지 않는다.

자마미 섬의 렌터카 업체

업체명	렌털 품목	전화	웹페이지	예약 방법
렌타루 이시카와 レンタル石川	자전거, 전기 자전거, 바이크 50cc, 100cc	(098)987-2202	없음	전화
렌타루 카다쿠 レンタルかにく	바이크 50cc, 100cc, 250cc, 경차	(098)9872334	kaniku.info	전화
아사기 렌터카 あさぎレンタカー	바이크 50cc, 경차	(098)896-4135	없음	전화
오키 렌타루 おきレンタル	자전거, 바이크 50cc	(098)896-4060	없음	전화
자마미 렌터카 ざまみレンタカー	바이크 50cc, 100cc, 경차	(098)987-3250	없음	전화

자마미 섬 추천 코스

당일 코스

08:30 토마린 항 도착

09:00 토마린 항 출발

고속선 50분

09:50 토마린 항 출발

아마 비치행 버스 10분

10:10 아마 비치
거북이가 출몰하는 비치에서 놀기

자마미 항 버스 10분

11:30 카후시도우 혹은 레스토랑 마루미야 점심

후루 자마미행 버스 10분

13:00 후루자마미 비치에서 놀기

자마미 항 버스 10분

15:50 자마미 항 도착

16:20 자마미 항 출발

고속선 1시간 10분

17:30 자마미 항 도착

도보 10분

18:00 시마규 저녁

자마미 섬에서 스쿠버 다이빙 코스
* 당일 코스의 13:00에서 이어짐
09:40 다이빙 업체
차로 5분
10:15 자마미 항 도착
10:20 자마미 항 출발
배로 20~40분
10:50 스쿠버 다이빙 또는 스노클링
배로 10~30분
13:30 자마미 항 도착
도보 5~10분
14:00 카후시도우 혹은 레스토랑 마루미야 점심
도보 5~10분
15:30 숙소에서 휴식
도보 5~10분
16:30 자마미 항 도착
버스 10분
16:40 아마 비치
거북이 찾아 스노클링
18:20 아마 비치 출발
도보 15분
18:40 마릴린 동상
선셋 포인트에서 석양 보기
도보 15분
20:00 나나마루 저녁
18:00 마릴린 동상
선셋 포인트에서 석양보기
도보 13분
19:30 산타 저녁

자마미 섬 상세 지도

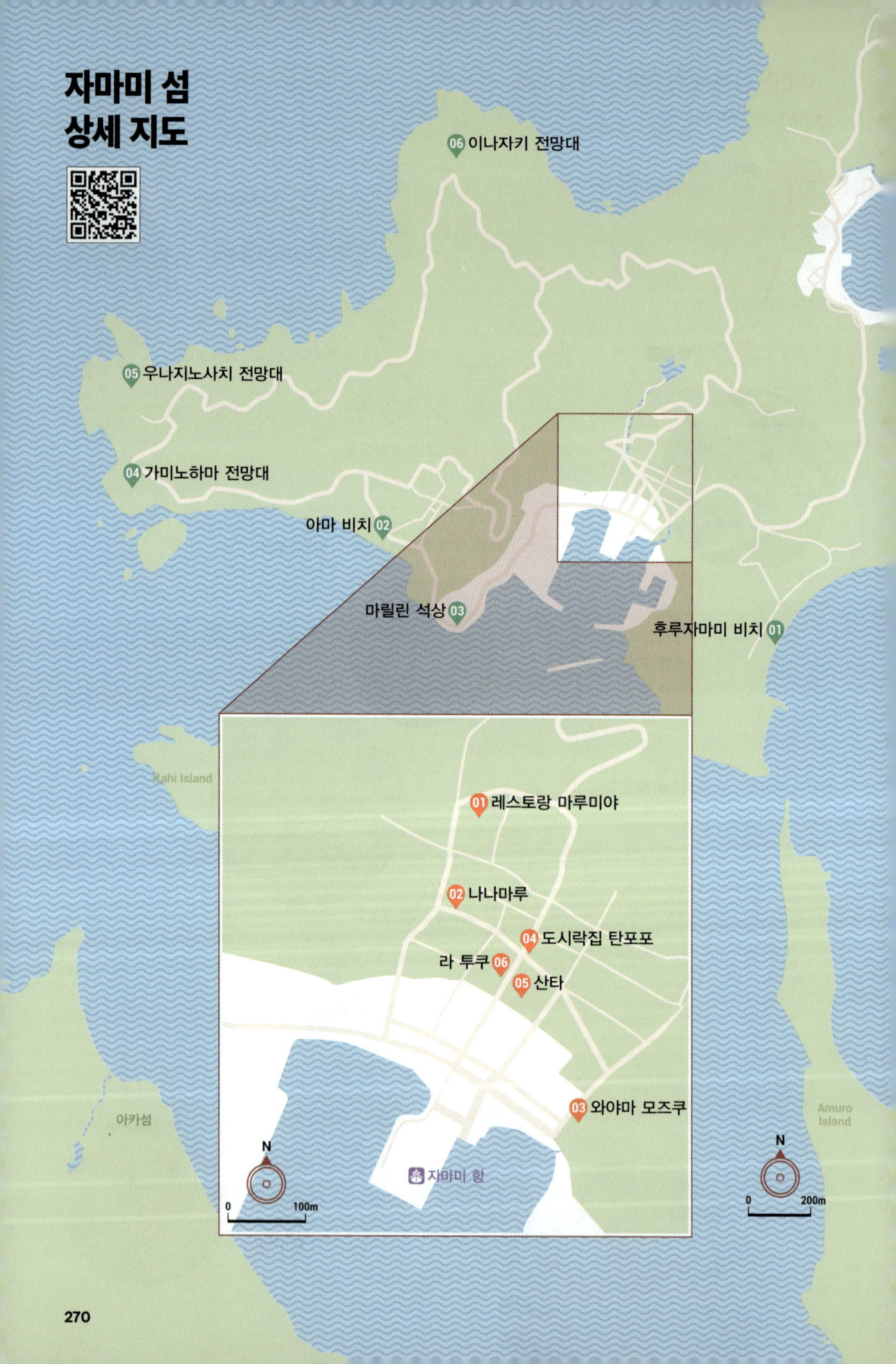

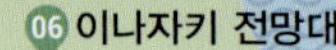

05 우나지노사치 전망대

04 가미노하마 전망대

아마 비치 02

마릴린 석상 03

후루자마미 비치 01

Kahi Island

01 레스토랑 마루미야

02 나나마루

04 도시락집 탄포포

라 투쿠 06

05 산타

03 와야마 모즈쿠

자마미 항

N

0 100m

아카섬

Amuro Island

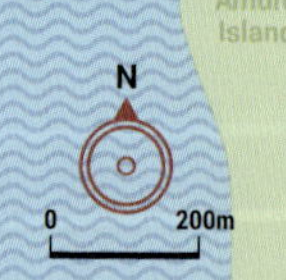

일본 제일의 비치 중 하나 ······ ①

후루자마미 비치 古座間味ビーチ

케라마 제도에서 언제나 최고의 자리를 지키는 절대 비치. 미슐랭 그린 가이드에서 별도 받은 해변이다. 자마미 항에서 걸어서 20분 내외의 거리로 설사 항구에서 버스를 놓쳤다 해도 약간의 땀만 흘리면 걸어서 갈 수 있다. 후루자마미의 가장 큰 미덕은 바다의 투명도. 1m 정도, 혹은 그 이상의 깊이에도 바닷속이 훤히 들여다보인다. 물고기들도 많아 비치 스노클링의 성지로도 각광받고 있다. 하지만 물가에서 조금만 나가면 바로 2~3m까지 깊어지므로, 수영 초보자라면 해변 바로 앞에서 놀아야 한다.

🚶 자마미 항에서 비치행 버스로 5~10분 또는 도보로 20분(언덕을 올라가야 해서 날씨가 더울 경우 조금 힘들다) 🕓 상시 개방(수영 기간 4월 8일~11월 20일) ¥ 무료 Ⓟ 무료
🔍 후루자마미 해변

후루자마미 비치의 해양 스포츠 & 설비

유명세에 비해 상업화는 더디게 진행되고 있어. 해양 스포츠 마니아들에게는 뭔가 부족한 면도 느껴지는 곳이다. 화장실, 샤워실, 탈의실 정도가 갖춰져 있는데 샤워장만 ¥300, 나머지는 무료로 이용이 가능하다. 해변 앞에 두 개의 매점이 있어 간단한 끼니 해결, 음료, 빙수 정도는 사 먹을 수 있다. 마을과 떨어져 있기 때문에 이 매점을 잘 활용해야 한다. 스노클링 장비 등 기초적인 물놀이 장비도 이곳에서 대여해 준다.

바다거북을 관찰할 수 있는 ······ ②

아마 비치 阿真ビーチ

후루자마미 비치에 비해 덜 유명한 탓에 성수기를 제외하고는 상대적으로 한산하다. 항구 기준으로는 좀 먼 편이지만, 대신 가는 길이 평지로 이루어져 있어 못 갈 거리도 아니다.

아마 비치의 가장 큰 장점은 얕은 수심. 바다로 꽤 걸어 들어가도 허리 이상 차지 않는 데다 활처럼 굽은 지형 탓에 파도도 잔잔하다. 자마미 섬에서 유일하게 캠핑과 바비큐가 허용된 가족 해변이라 여름이면 수학여행단에 점거 당하다시피 한다. 서민적인 느낌을 선호한다면 더 마음에 들지도 모른다. 물속은 사막과도 같아 화려한 열대어를 보고 싶은 사람에게는 적당하지 않지만, 대신 바다거북을 관찰할 수 있다. 해질 녘, 수영 한계선 리프 주변에 종종 출몰하기 때문에 그 시간대가 되면 모두 스노클을 갖추고 물밑만 바라보곤 한다.

🚶 자마미 항에서 비치행 버스로 5~10분 또는 도보로 20분
🕒 상시 개방(수영 기간 4월~10월) ¥ 무료 🅟 무료 🔍 아마 비치

아마 비치의 해양 스포츠 & 설비

샤워실과 화장실 등 기본 설비만 갖추고 있다. 바다거북 보호+얕은 수심으로 인해 해양 스포츠는 거의 없고 유일하게 있는 게 스탠드업 패들보딩(SUP)뿐이다. 해변 근처에는 매점이 없고, 해변에서 항구 쪽으로 20m쯤 걸어 나오면 숙소 몇 곳이 모여 있는 삼거리가 나오는데 그 일대에 렌털 숍도 몰려있다.

케라마에서 가장 아름다운 석양을 볼 수 있는 선셋 포인트 ······ ③

마릴린 석상 マリリン像 🔈 마리린조우

자마미 마을에서 아마 비치로 가는 길에 있는 방파제 길. 오른쪽에 강아지 동상이 있고 그 앞으로 바다가 펼쳐져 있다. 명당이란 걸 사람들이 알아보는 법인지 따로 소개된 적이 없음에도 해가 떨어질 즈음이 되면, 하나둘씩 이곳으로 모여든다. 조용히 둑에 걸터앉아 석양과 함께 멍 때리면 끝. 간간이 자동차만 몇 대 지나다니는 한적한 길이라 평화롭기 그지없다.

강아지 동상의 주인공은 마릴린이라는 개인데, 바다 건너 아카 섬에 살던 수캐 시로가 주인을 따라 자마미 섬에 왔다가 암캐 마릴린에게 한눈에 반했다고 한다. 아카 섬으로 돌아온 시로는 마릴린을 잊지 못했고, 결국, 도해. 무려 3km 거리의 바다를 헤엄쳐 매일 마릴린을 만나고 돌아갔다고 한다. 이 믿을 수 없는 이야기는 1986년 지역 신문인 류큐 신보에 기사화되며 전국적 화제가 되었고 1988년 「마릴린을 만나보고 싶다マリリンに逢いたい」라는 제목으로 영화화 됐다. 영화 속 시로는 실제 시로였고, 마릴린은 1987년 8월 28일 죽는 바람에 대역 견이 마릴린 역할을 했다. 동상이 있던 자리는 매일 시로가 헤엄쳐 오길 기다리며 마릴린이 앉아있던 자리라고 한다.

자마미 항에서 도보 12분 Ⓟ 없음 ⌕ 마릴린 동상

케라마 제도의 섬들을 바라보자 ······④

가미노하마 전망대

神の浜展望台 🔈 카미노하마 텐보우다이

자마미 섬 서쪽, 해발 27m에 자리한 전망대로, 아마 비치에서 바다를 바라볼 때 오른쪽 끝에 위치한다. 27m가 무슨 전망대냐 할지 모르겠는데, 이곳은 섬이라 해발 0m에 가깝기 때문에 27m도 꽤 높은 편이다. 전망대에 올라서면 자마미 섬의 서해와 남해에 걸쳐 파노라마처럼 펼쳐진 섬들의 향연을 볼 수 있다. 서쪽이다 보니 당연히 최적의 석양 포인트.

아마 비치에서 도보 20분 ¥ 무료 Ⓟ 없음
가미노하마 전망대

오솔길 따라 작은 전망대가 우뚝! ······⑤

우나지노사치 전망대

女瀬の崎展望台 🔈 우나지노사치 텐보우다이

자마미 섬에서 가장 아름다운 풍광을 자랑하는 전망대로 양쪽에 해안 절벽을 끼고 그림 같은 자태를 뽐내고 있다. 도로를 따라 걷다 전망대 건물이 보이면 산책용 계단길이 연결된다. 길 자체가 무척 예뻐 크게 힘들다는 느낌은 들지 않는다. 이 계단 길부터 오른쪽으로 해안 절벽이 형성돼 있다. 전망대가 서향이니 당연히 끝내주는 석양 포인트. 전망대에서 바라보는 바다 풍경보다 차도에서 전망대와 바다를 동시에 바라보는 풍경이 더 예쁘다는 사람도 있다.

가미노하마 전망대에서 도보 10~15분 Ⓟ 없음
우나지노사치 전망대

고래 워칭이 가능한 전망대! ······⑥

이나자키 전망대

稲崎展望台 🔈 이나자키 텐보우다이

전망은 별로지만, 매년 12~4월 사이에는 혹등고래를 관찰할 수 있는 유일한 전망 포인트다. 배를 타고 하는 투어에 비해, 조금 더 여유 있고 평화로운 분위기다. 배를 타고 바다로 나가 혹등고래에게 접근할 때마다 느끼는 '저들을 불편하게 하는 것은 아닐까?'라는 미안함도 없다. 물론 고래 출몰 시기에 이곳에 왔다고 늘 고래를 볼 수 있는 것은 아니다. 전망대 입구에는 고래 등장 위치와 시기를 안내하는 푯말이 꽤 충실하게 만들어져 있으니 참고할 것.

자마미 마을에서 렌터카나 오토바이로 10~15분 ¥ 무료
없음 Inazaki Observation Deck

언제나 점심도 문제없는! ······ ①

레스토랑 마루미야 レストラン まるみ屋

최적의 점심 스폿 중 하나. 섬 거주민이 오너 셰프인 가게다. ¥500~1300 사이의 끼니가 될 만한 단품 혹은 정식을 판매한다. 정식이래 봐야 메인 디시와 밥, 국, 그리고 초절임 두어 가지지만, 낙도라는 걸 감안하면 충분히 맛있다. 특히 이 집의 회정식刺身定食은 두세 점씩 다섯 종류의 생선이 나오는데, 모두 현지산이라는 점에서 제철 현지 생선을 먹고 싶은 사람을 위한 메뉴라 해도 과언이 아니다. 전날 20:00 이전에 주문할 수 있는 오늘의 도시락日替わりお弁当도 해변 멀리 나가 하루 종일 놀고 싶은 사람에게는 좋은 추천 메뉴.

자마미 항에서 도보 10분
(098)987-3166 11:00~14:30, 18:00~22:30(수요일 휴무)
¥ 1000~2000엔 P 없음
레스토랑 마루미야

유일하게 영어 응대가 가능한 식당 ······ ②

나나마루 ななまる

아침 장사를 하는 자마미 섬의 귀한 식당 중 하나. 주인장이 일본 본토 사람인데 그래서 그런지 오키나와 특유의 헐렁함이 없고 성실하게 운영한다. 아침 식사는 전날 예약이 필수. 예약 없으면 문 닫아 버린다. 아침밥 메뉴는 단 한 가지로 '오늘의 생선구이日替わり焼き魚定食' 정식뿐. 그마저도 전날 태풍이라도 와서 배가 못 뜨면 먹지 못한다. 점심~저녁 메뉴는 풍성하다. 거의 모든 계절 가능한 고등어구이 정식金華サバ塩焼은 한식인지 일식인지 구분이 안 되는 구성. 오늘의 생선회本日のお刺身도 추천 메뉴.

자마미 항에서 도보 7분 (090)7796-1966
07:30~10:00, 18:00~22:00(월요일 휴무)
¥ 1000~1400엔 P 없음 나나마루

오키나와 소바의 냉모밀 버전! ······③

와야마 모즈쿠 和山海雲

점심 장사만 한다. 지역의 특산 해초인 모즈쿠를 가미한 녹색 면을 가쓰오부시 장국에 찍어 먹는 일종의 오키나와 풍 퓨전 냉모밀もずくそばば을 판매한다. 밥도 싫고 뜨거운 요리도 싫다면 이 집이 섬에서 유일한 대안에 가깝다. 후루자마미 비치에서 마을로 들어오는 초입에 있어 수영복 차림의 손님이 많은 편. 주문할 때 히야冷(차가운 국물)인지 온溫(뜨거운 국물)인지를 정해야 하는데, 히야는 우리가 먹는 찍먹 냉소바, 온은 뜨거운 국물에 면이 담긴 일반적인 탕면이다. 별식으로 모즈쿠와 오징어 다리를 갈아 만든 소시지もずくどセーイカのヘルシーソーセージ가 맛있다. 참고로 와야마 모즈쿠에서는 가이드와 함께하는 끝내주는 포인트 스노클링도 진행 중이다.

자마미 항에서 도보 5분 (098)987-2069
11:00~재료 소진 시까지(부정기 휴무) ¥ 1000엔
P 없음 wayamamozuku.jp 와야마 모즈쿠

케라마 제도 제일의 수제 도시락집 ······④

도시락집 탄포포

ヘルシー食彩 たんぽぽ

헤루시쇼쿠사이 탄포포

그날그날 만든 도시락을 판매하는 가게다. 두 종류의 도시락이 매일 바뀐다. 전날 주문을 하는 게 좋지만, 다행히 여유분을 만들어 놓기 때문에, 낮 열두 시 전에 가면 도시락을 구입할 수 있는 날이 더 많다. 뭔 도시락을 이렇게까지 성의 있게 만드나 싶을 정도로 훌륭한 맛을 자랑한다. 구입한 도시락을 까먹기 가장 좋은 장소는 커뮤니케이션 센터 옆 벤치(구글 지도 좌표 26.22726, 127.30296) 혹은 자마미 항 매표소 바깥의 공용 공간이다.

항에서 도보 10분, 105 스토어 조금 못미쳐 있는 자마미손 사무소 옆
(090)6890-5727 11:30~도시락 소진(부정기 휴무) ¥ 600엔 P 없음
도시락집 탄포포

섬에서 가장 왁자지껄한 이자카야 ······ ⑤

산타 三楽

현지인과 여행자들이 한데 모이는 섬 제일의 이자카야. 이 집의 매력은 매일 바뀌는 메뉴. 제철 식재를 적절히 사용해 최고의 요리를 만들어 내지만, 일본어가 약한 외국인 여행자에게는 조금 난도가 있다. 영어 메뉴판도 있지만 '오늘의 메뉴'까지는 번역하지 못했다(매일 바뀌니 할 수도 없고). 회는 모둠(모리아와세)이 아닌 단품 위주로 판다. 생선의 일본 이름을 알고 있다면 여긴 정말 최고일지도. 밥 메뉴로는 카이센동海鮮丼, 안주로는 생참치회本鮪刺身를 놓칠 수 없다. 가을 한정 전갱이 뱃살 회를 먹을 수 있는데, 가을에 여길 가는 사람이 있을지….

항에서 도보 7분, 다이버숍 Heart Land 맞은편에 있는 렌털 숍 골목으로 들어가면 된다. (098)987-3592
18:00~23:00(목요일 휴무)
¥ 2500엔 Ⓟ 없음 산타

섬 식재로 만든 이탈리안식 이자카야? ······ ⑥

라 투쿠 La toqee ラ・トゥーク

자마미 섬에서 가장 번듯한 레스토랑 겸 바. 현지의 식재를 이용한 다양한 해산물 요리와 몇 가지 이탈리안 요리를 선보이고 있다. 갓 잡은 자연산 식재에서 나오는 신선함과 이탈리아식 조리 기법의 만남이 절묘하다. 요리에 주력해서인지 밥집에 비해 가격은 좀 비싼 편이다. 고야를 곁들인 바지락찜アサリとゴーヤーのバター酒蒸し은 이탈리안과 오키나와 식재가 어우러진 보기 좋은 예. 그날의 어황에 따라 달라지는 섬 생선 모둠 회島魚のお刺身도 추천 메뉴다.

항에서 도보 5분, 1층에 다이버숍 Heart Land가 있고 식당은 2층
(098)987-3558
18:30~22:00(화요일 휴무)
¥ 2000엔 Ⓟ 없음 라투쿠

AREA ····③

외로운 먼 바다의 절해고도

아카 섬 阿嘉島

자마미 섬에서 배로 약 15분, 거리상으로는 3km쯤 떨어진 아카 섬阿嘉島은 절해고도인 케라마 제도에서도 낙도 중의 낙도, 섬 중의 섬으로 불리는 곳이다. 면적은 3.82㎢로 자마미 섬의 딱 절반 크기, 인구는 340명에 불과하다. 아카 섬에서는 섬 바로 옆에 있는 케루마 섬慶留間島이라는 유인도와 후카지 섬外地島이라는 무인도가 다리로 연결된다. 케루마 섬만 해도 인구라 봐야 20명 내외이니, 그저 말이 유인도일 뿐 무인도에 가깝다. 여기까지 온다면, 정말 인적이 드문 곳을 사랑하거나 시간이 많은 사람일 가능성이 크다. 한적한 평화를 즐길 수 있기를! 참고로 아카 섬과 주변의 작은 섬은 모두 행정구역상 자마미손座間味村에 속한다.

아카 섬으로 가는 방법

나하의 토마린 항에서 자마미 섬으로 가는 모든 페리와 고속선은 아카 섬을 경유한다. (자마미 섬 돌아다니기 참고 P.267) 자마미 섬에서 출발한다면, 두 섬을 경유하는 서비스인 미츠시마みっしま호가 자마미 섬과 아카 섬을 매일 6번 왕복한다. 사전 예약이 있을 경우 도카시키 섬도 하루 2회 운행한다.

예약은 토마린 항에서는 불가능하고, 자마미 항, 아카 항, 그리고 도카시키 섬의 경우는 아하렌 항이다. 배가 작아 약간의 풍랑만 있어도 운항이 중단되며, 시간표도 공식 시간표와 달리 들쑥날쑥이라 현지 확인이 필요하다.

마츠시마 ✆ (098)987-2614 ¥ 자마미 섬→아카 섬 500엔(어린이 250엔), 자마미 섬→도카시키 섬 1100엔+100엔(환경부담금)

마츠시마 운행 시간표

자마미 출발	아카 도착 / 출발	도카시키 도착 / 출발	아카 도착 / 출발	토마린 도착
07:45	08:00	-	-	08:15
08:30	08:45	09:05	09:25	09:40
11:45	12:00	-	12:15	12:30
14:30	14:45	-	-	15:00
15:30	15:45	16:05	16:25	16:40
17:30	17:45	-	-	18:00

아카 섬 돌아다니기

공공 버스는 없다. 렌터카도 없다. 자전거와 오토바이 렌트가 가능하고, 숙소의 경우 예약하면 배 도착 시간에 맞춰 항구로 마중을 나온다. 일반적으로 자전거를 빌리는데, 아카 섬 내에서 왔다갔다 하는 데는 문제 없으나 연륙교로 이어진 게루마 섬까지 넘어가는 길은 언덕이 있어 조금 힘들다.

아카 섬
상세 지도

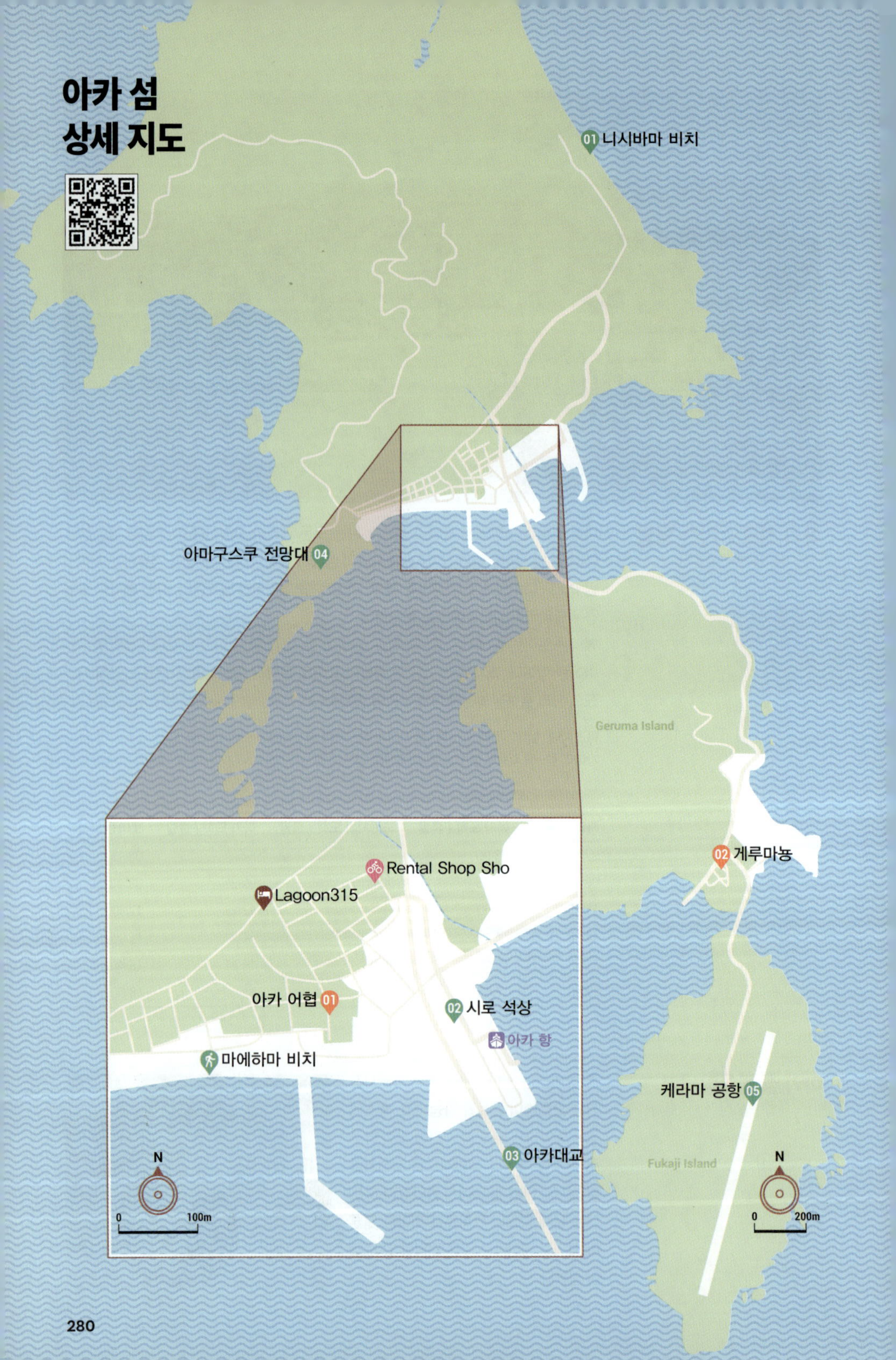

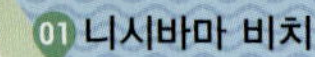

01 니시바마 비치
04 아마구스쿠 전망대
Geruma Island
02 게루마농
05 케라마 공항
Fukaji Island
N
0
200m
Rental Shop Sho
Lagoon315
01 아카 어협
02 시로 석상
아카 항
마에하마 비치
03 아카대교
N
0
100m

인적은 드물지만
잘 관리된 해변 ······ ①

니시바마 비치 ニシ浜ビーチ

아카 섬의 자랑. 한때 산호초의 바다라는 별칭으로 불릴 정도로 해변에서 멀지 않은 곳부터 얕은 산호 밭이 이어진다. 물의 투명도는 40m. 이쯤 되면 세계적으로도 톱클래스다. 특히 섬사람들의 해안 보호 노력이 인상적인데, 여행자들이 몰리면서 산호 밭이 황폐해지자 비치를 2년이나 폐쇄해 버렸다. 그 동안 다시 산호가 복원되긴 했으나 전성기 때만은 못하다는 평. 어딜가나 사람이 문제다. 케라마 제도의 바다가 그렇듯, 이곳도 물이 깊은 편이다. 스노클링 경험이 많지 않다면 더욱 주의가 필요하다. 여름철 성수기에만 안전 요원이 상주한다.

🚶 아카 항에서 자전거로 15분 또는 도보로 20분
🕒 상시 개방(수영 기간 4월~10월) ¥ 무료 Ⓟ 무료 🔍 니시바마 비치

사랑만을 위해 맹렬히 살다 간
어느 강아지의 조각상 ······ ②

시로 석상 しろの像 🔈 시로노조우

자마미 섬의 비치에서 언급한, 패기 넘치는 수컷 강아지 동상. 매일 왕복 6km를 헤엄쳐 애정 공세를 펼친 주인공이다. 아카 항 정면에 있으며, 현지인과 여행자들 사이에서 명물로 꼽힌다.

🚶 아카 항 대합실 앞 ¥ 없음 Ⓟ 있음 🔍 시로 석상

다리 아래에서 수중생물을 관찰할 수 있는 ······ ③

아카대교 阿嘉大橋 🔊 아카오오하시

아카 섬과 케루마 섬을 연결하는 다리. 다리를 설계한 디자이너는 무엇보다 다리가 아름다운 주변 풍경을 해치지 않게 하기 위해 애를 썼다고 한다. 아카 섬과 케루마 섬을 잇는 해협은 물이 투명하기로 유명한데, 다리 난간에 올라 바다를 내려다보면 가오리나 거북이처럼 다이빙이나 해야 만날 수 있는 수중생물들의 우아한 유영을 심심찮게 관찰할 수 있다.

🚶 아카 항 앞에서 바로 보이는 다리 ¥ 없음 Ⓟ 없음
🔍 아카대교

한없이 펼쳐진 바다와 섬의 향연 ······ ④

아마구스쿠 전망대

天城展望台 🔊 아마구스쿠텐보우다이

아카 섬 남쪽의 작은 섬 시마시루 섬砂白島과 아카대교의 그림 같은 풍경을 감상할 수 있는 곳이다. 만약 오토바이를 빌리지 않고 걷거나 자전거를 이용해 방문한다면 오르막 경사가 상당해 꽤 성가신 이동을 해야 한다. 낮에도 사람이 많은 편이 아니라 조용히 풍경을 감상할 시간이 필요한 사람에게 제격이다.

🚶 아카 항에서 도보 20분 ¥ 없음 Ⓟ 없음
🔍 아마구스쿠 전망대

낙도에 뚝 떨어진 작은 공항 ······ ⑤

케라마 공항 慶良間空港 🔊 케라마쿠우코우

무인도에 있는 작은 공항. 1983년에는 나하-케라마간 비행편이 연결되기도 했지만, 지금은 모두 철수. 섬 내에 응급환자가 발생할 때나 사용하는 비상용 공항으로 사용될 뿐이다. 드물게 부정기편이 운행되긴 하지만 가뭄에 콩 나는 수준. 아무도 없는 공항에 슬쩍 들어갈 수 있고 화장실도 사용할 수 있다. 오토바이를 빌렸다면 섬 일주 삼아 잠시 스치며 '어? 진짜 공항이 있네?' 정도의 혼잣말로 족한 곳이다.

🚶 아카 항에서 도보 20분 ¥ 없음 Ⓟ 없음
🔍 케라마 공항

갓 만든 튀김이 일품인 ······ ①

아카 어협 阿嘉魚協 아카교쿄우

아카 섬 어협에서 운영하는 작은 매점. 전날 예약하면 도시락을 먹을 수 있고 아카 섬에서 나는 각종 생선으로 만든 튀김은 오픈 시간에 맞춰 판매한다. 성수기에는 섬에서 잡히는 갑오징어 등으로 만든 덮밥을 먹을 수 있는데, 워낙 영업이 들쑥날쑥해 반드시 먹을 수 있다는 보장은 없다.

아카 항에서 도보 4분
(098)987-2109
11:00~16:00(부정기 휴무)
¥ 700엔 P 없음 아카 어협

섬이라고 믿어지지 않는 파인 다이닝 ······ ②

게루마뇽 慶留間

100% 완전 예약제를 고수하는 이탈리안 레스토랑으로 게루마 섬 안쪽에 있다. 모든 야채는 주인장의 텃밭에서 자가 재배, 생선은 모두 그날 나간 배가 잡아 온 것만을 사용한다. 모든 요리는 코스식으로 제공되는데, 이런 낙도에 이런 레스토랑이 있다는 게 너무 비현실적이라 먹으면서 웃음만 나온다. 기회가 된다면 예약 후 식사를 즐겨보자. 참고로 웹페이지를 통해 예약이 가능하다. 노쇼 금지!

아카 항에서 도보 3분 (098)987-2650
런치 12:00~15:00, 예약제 디너 19:00~ (부정기 휴무) ¥ 2000~5200엔 P 있음
gerumagnon.wixsite.com/gerumagnon
트라토리아 바 게루마

일본의 작은 몰디브

미야코 제도
宮古諸島

인천에서 비행기로 2시간 25분, 나하에서는 비행기로 약 50분 거리. 에메랄드빛 바다와 고운 산호 모래 해변이 펼쳐진 일본의 대표적인 섬 여행지다. 미야코 섬宮古島을 중심으로 이라부 섬伊良部島, 이케마 섬池間島 등 8개의 주요 섬들로 이루어져 있으며, 다리로 연결된 섬들이 많아 이동이 편리하다. 맑은 물과 산호초로 둘러싸여 있어 다이빙과 스노클링 포인트로 유명하다. 오죽하면 일본의 몰디브라는 별명이 붙어 있을까. 이제 막 개발이 시작된 섬. 사람들의 때가 묻기 전에 재빨리 방문해보자.

한눈에 보는 케라마 제도 여행

#미야코섬 #이라부섬 #다이빙 #스노클링 #미야코블루 #산호초 #마에하마비치 #이케마대교 #해양스포츠 #힐링여행 #몰디브 #모히또

미야코 제도로 가는 방법

진에어가 미야코 제도로 가는 직항편을 운항하면서 빠르게 한국인 여행자들이 늘고 있다. 만약 오키나와 본섬에서 가고자 한다면 나하공항에서 수시로 운행하는 국내선을 탑승하면 된다. 인천에서 미야코 제도로 가는 직항편은 약 2시간 25분 걸리고, 나하에서는 한 시간이면 충분하다.

참고로 미야코 제도에는 작은 크기에도 불구하고 공항이 두 개나 있다. 더 큰 공항은 미야코 섬에 있는 미야코공항인데 일본 국내선이 주로 출항한다. 또 다른 공항은 시모지 섬에 있는 시모지시마공항이다. 한국에서 미야코 제도로 가는 항공편은 시모지시마공항으로 들어간다. 공항이 두 개라 종종 헷갈리곤 하니 주의하자.

시모지시마공항 (0980)78-6606 shimojishima.jp 시모지시마 공항
미야코공항 (0980)72-1212 miyakoap.co.jp 미야코 공항

공항에서 시내로

오키나와 본섬도 대중교통이 취약하기로 유명하지만 미야코 섬은 상황이 더 심각하다. 버스가 있긴 하지만, 정류장이 한정적이고 운행 편수도 많지 않다. 렌터카를 예약하지 않았다면 택시를 타는 게 편하다.

버스

중앙교통주식회사中央交通株式会社의 미야코시모지시마 에어포트라이너みやこ下地島エアポートライナー와 미야코 협영버스宮古協栄バス에서 운행하는 미야코시모지시마 공항 리조트선みやこ下地島空港リゾート線, 두 개의 버스가 비행기 도착 시간에 맞춰 운행 중인데, 여행자에게는 에어포트라이너가 훨씬 유리하다.

MAP

에어포트 라이너 정류장

- **주요 정류장 및 요금**
  시모지시마공항 → 힐튼 오키나와(600엔) → 히라라 항(600엔) → 공설시장 앞(600엔) → 미야코공항(800엔) → 미야코지마 도큐호텔·마에하마 비치(1000엔) → 시기리아 세븐 마일즈 리조트(1200엔)
- **시모지시마공항 출발 시각** 11:40(월·수·금·토), 13:35, 15:05, 16:55
- **티켓 구입** 국제선 도착 출구를 따라 가다보면 도로가 나오는 지점(렌터카 회사 직원들이 대기하는 곳)에 판매소가 있다.
- **주의사항** 승차는 시모지시마공항에서만 가능. 종점까지 소요 시간은 약 1시간 14분

택시

공항 밖으로 나가면 곧바로 택시 정류장이 있다. 시내인 히라라平良까지는 약 16km, ¥4500 정도 생각하면 된다.

렌터카

만약 렌터카를 예약하고, 시모지시마공항으로 마중을 나오게 했다면, 국제선 입국 홀을 나와 직진하면 렌터카 회사 직원들을 만날 수 있다. 많은 렌터카 회사들이 시모지시마공항이 아닌 미야코공항 주변에 있기 때문에 렌터카 회사에서 제공하는 합승차량을 타고 40분은 나가야 차를 인계 받을 수 있다. 차를 반납할 때도 일단 렌터카 회사에 반납하면 공항까지 합승차량을 태워 배웅해준다. 아무래도 차 반납하고, 공항까지 가는 시간이 꽤 걸리기 때문에 차를 렌트할 때 몇 시까지 반납해야 안전하게 공항까지 갈 수 있는지 문의해야 한다.
마지막으로 위와 같은 애로사항 때문에 몇몇 렌터카 회사는 시모지시마공항 주변에도 차량 인도 시설을 만들어놓기도 했다. 시간을 알차게 사용하고 싶다면 약간의 비용이 더 들더라도 공항에서 차량 인수/반납이 가능한 회사를 선택하는 게 현명할 수 있다.

시모지시마공항 분점이 있는 렌터카 업체

업체명	예약 방법	웹페이지	차량 종류
OTS 렌터카 OTS レンタカー	웹페이지	www.otsrentacar.ne.jp	경차~오픈카
미야쿠티브 렌터카 ミヤクティブレンタカー 下地島空港店	웹페이지, 전화	miyactiv-rentacar.com	경차~미니밴
에모비 미야코지바 Emobi Miyakojima	웹페이지	www.emobi.co.jp	삼륜차(툭툭)
도요타 렌털리스 トヨタレンタィース	웹페이지	rent.toyota.co.jp	경차~오픈카
패시오 렌터카 Passio Rent-A-Car	전화, 이메일, 카카오톡(예정)	passio-rentacar.com	경차~오픈카
해븐 렌터카 Heaven Rent-A-Car	웹페이지	heavens-rentacar.com	오픈카 전문

미야코 제도 돌아다니기

미야코 섬은 대중교통이 열악하다. 자유로운 일정을 소화하기 위해선 렌터카·렌터바이크를 이용하는 것이 좋다. 시내버스는 소개의 개념이다. 특히 1~2일 일정이라면 대중교통을 이용할 경우 길에서 버리는 시간이 더 많아 결코 추천하고 싶지 않다.

시내버스

주요 호텔과 관광지를 순회하는 루프 버스ループバス가 생겼다. 총 17개 노선을 순회하는데 코스 자체는 상당히 훌륭해 운행 편수만 늘면 버스 여행이 가능할 것 같다. 문제는 하루 3회 운행이다 보니 일정을 잘 짜야하고 아무리 잘 짜도 3군데 이상은 보기 어렵다는 게 흠이다. 하지만 면허증 없는 여행자에게는 버스만 잘만 활용하면 여행이 '완전 불가능'에서 '불편하지만 가능'으로 바뀌었다.

🏠 miyakoislandbus.com

- **코스** 노선은 셋이다. 파란색 A노선은 앞서 말한 섬을 일주하는 순회 버스고, 노란색 B노선은 크루즈 터미널과 이온몰을 거쳐 미야코공항으로 가는 노선, 핑크색인 C노선은 크루즈 터미널에서 돈키호테를 거쳐 미야코공항까지 가는 노선, 즉 B, C는 미야코공항 시내 연계선의 성격을 띠고 있다. 보통 한국인 여행자라면 미야코공항을 갈일이 없을 테니 A노선만 숙지하면 된다.

정류장 이름	정류장 도착시간(상행)	정류장 도착시간(하행)	정류장 위치 구글지도 검색명
① 공설시장 앞 公設市場前	08:40	18:30	공설시장앞 버스정류장
② 마티다 시민극장 앞 マティダ市民劇場前	08:41	18:29	마티다 시민극장앞 버스정류장
③ 파이나가마 비치 パイナガマビーチ	08:42	18:28	파이나가마 비치 버스정류장
④ 이온타운 남점 イオンタウン南店	08:45	18:25	이온타운 남점앞 버스정류장
⑤ 미야코공항 宮古空港	08:54, 13:00, 16:40	12:50, 16:30, 18:16	미야코 공항 버스정류장
⑥ 산에 미야코지마시티 サンエー宮古島シティ	08:56, 13:02, 16:42	12:48, 16:28. 18:14	24.77614, 125.29912
⑦ 미야코지마 도큐호텔&리조트 宮古島東急ホテル&リゾーツ	09:11, 13:17, 16:57	12:33, 16:13, 17:59	미야코지마 도큐호텔 버스정류장
⑧ 마에하마 비치 앞 前浜ビーチ・まいぱり熱帯果樹園前	09:13, 13:19, 16:59	12:31, 16:11, 17:57	마에하마 비치 버스정류장
⑨ 시우드 호텔 シーウッドホテル	09:22, 13:28, 17:08	12:22, 16:02, 17:48	시우드 호텔 버스정류장
⑩ 호텔 브리즈 베이 마리나 ホテルブリーズベイマリーナ	09:39, 13:45, 17:25	12:05, 15:45, 17:31	호텔 브리즈 베이 마리나 버스정류장
⑪ 핫 크로스 포인트 산타 모니카 ホットクロスポイントサンタモニカ	09:40, 14:46, 17:26	12:04, 15:44, 17:30	24.72023, 125.33251
⑫ 이무갸 마린가든 インギャーマリンガーデン	09:46, 13:52, 17:32	11:58, 15:38	이무갸 마린가든 버스정류장
⑬ 시로베 소학교 앞 城辺小前	09:56, 14:02	11:48, 15:28	시로베 소학교 앞 버스정류장
⑭ 아라구스쿠 해안 新城海岸	10:03, 14:09	11:41, 15:21	아라구스쿠 해안 버스정류장
⑮ 요시노 해안 吉野海岸	10:06, 14:12	11:38, 15:18	요시노 해안 버스정류장
⑯ 오션스 리조트 オーシャンズリゾート	10:08, 14:14	11:36, 15:16	오션스 리조트 버스정류장
⑰ 히가시헨나자키 東平安名崎	10:14, 14:20	11:30, 15:10	히가시헨나자키 버스정류장

MAP

루프버스정류장

- **요금** 요금이 무척 저렴하게 책정되어 있다. 요금은 1회 승차권과 1일 승차권으로 나뉜다. 여행자가 이 버스를 이용하는 이유는 수시로 타고 내리기 위함이니 1일 승차권을 구매하는 게 전반적으로 유리하다.

운임	어른	어린이(3세~초등학생)	유아
1회 이용권(A구간 시외 요금)	¥500(¥800)	¥250(¥400)	무료
1일 이용권	¥1500	¥750	무료

택시

주요 관광 명소만 연결하는 일종의 대절택시 서비스가 성업 중이다. 요금은 시간별로 책정되는데, 해당 시간동안 내가 원하는 곳을 갈 수 있는 시스템이라 빠르게 많은 곳을 보고 싶은 사람들에게 적당하다. 택시는 4명까지 탑승 가능한데, 소형차는 불편하다. 3명 정원이라고 생각하자. 머무는 호텔이나 숙소마다 이런 대절 택시 플랜을 안내하는 전단지가 비치되어 있다. 일본어를 못한다면 호텔 측에 관련 상품을 손가락으로 콕 집으면서 불러달라고 하면 된다. 미터 요금으로 갈만한 곳은 공항에서 숙소까지 정도. 그 이상은 정말 부담되는 가격이다.

¥ 1167m까지 470엔, 이후 336m마다 60엔씩 가산 / 대절 택시 3시간 13200엔, 4시간 17600엔, 연장 1시간에 4400엔(소형 기준)

렌터카

렌터카 이용 방법은 P.341을 참고하자.

렌터바이크

바이크 여행도 가능하다. 50cc 이하의 1인용 바이크가 대부분이며, 110cc 이상 두 명이 탈 수 있는 바이크는 언제나 수요가 달리는 느낌이다. 오키나와 본섬에 비해 낡은 바이크가 많지만, 관리의 왕국 일본답게 닦고 조이고 기름칠한 느낌이 확연하다.

미야코 섬의 렌터바이크 업체

업체명	예약 방법	웹페이지	구글지도 검색어	렌털 기종
도이하마 모터즈 富浜モータース	전화 (0980)723031	www.miyacojima.com/ tomihama.htm	도이하마 모터즈	50cc~90cc, 자전거, 산악자전거
B.SHOP	전화 (0980)739311	bshopmiyako.web.fc2.com/	B.SHOP 렌털 바이크	50cc~125cc
사웨스트 미야코지마 サーウエスト宮古島	전화 (0980)722204	www.swest.jp/	렌털 바이크 사웨스트 미야코지마	50cc~250cc

미야코 섬 추천 코스

스나야마 비치

차로 15분

시마지리 맹그로브 숲

차로 10분

점심 해리스 쉬림프 트럭

도보 10분

니시헨나자키

차로 10분

이케마 대교

차로 10분

후나쿠스 해변(스노클링)

차로 40분

아라구스쿠 해변(스노클링)

차로 10분

히가시헨나곶(석양 감상)

차로 25분

저녁 섬두부 봄할머니 식당

#만약 이케마 대교에서 시간을 보고
스노클링을 한 번밖에 못할 것 같다면
아라구스쿠 해변으로 직진하자.

이라부 섬 추천 코스

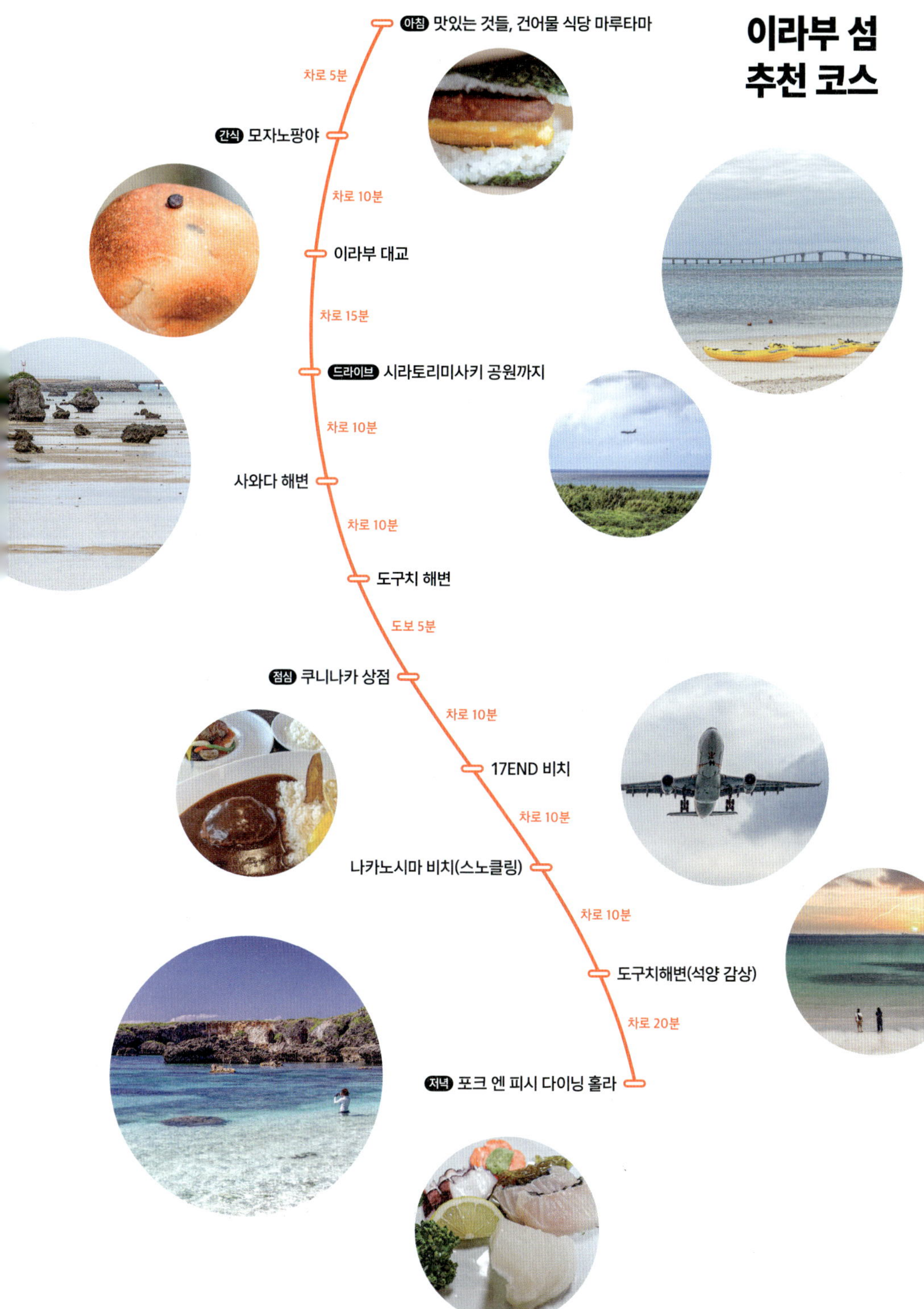

아침 맛있는 것들, 건어물 식당 마루타마
차로 5분
간식 모자노팡야
차로 10분
이라부 대교
차로 15분
드라이브 시라토리미사키 공원까지
차로 10분
사와다 해변
차로 10분
도구치 해변
도보 5분
점심 쿠니나카 상점
차로 10분
17END 비치
차로 10분
나카노시마 비치(스노클링)
차로 10분
도구치해변(석양 감상)
차로 20분
저녁 포크 엔 피시 다이닝 홀라

AREA ····①

미야코 제도 여행의 중심

미야코 섬·이케마 섬·쿠리마 섬

宮古島·池間島·来間島

푸른빛이 넘실거리는 미야코 블루의 바다, 미야코 섬宮古島을 중심으로 연륙교로 연결되는 보석 같은 작은 섬. 짙푸른 산호초 바다에서 스노클링과 다이빙을 즐기고, 이케마 섬池間島의 한적한 해변에서 시간을 잊은 채 휴식을 취해보자. 자그마한 쿠리마 섬来間島에선 인생샷을 남길 수 있는 절경의 다리가 기다리고 있다.
자동차로 쉽게 이동하며 섬마다 다른 매력을 탐험하고, 지역 특산물인 미야코 소바와 남국 과일을 맛보는 것도 놓칠 수 없는 즐거움이다.
맑은 날엔 일본에서 가장 투명한 바다를 품은 요나하 마에하마 해변에서 SUP와 카약을 타며 환상적인 일몰을 감상하고 밤이 되면 별이 쏟아지는 밤하늘 아래에서 지금까지 걸어온 여행과 앞으로 남은 여정의 항해도를 그려보자.

미야코 섬·이케마 섬·쿠리마 섬 상세 지도

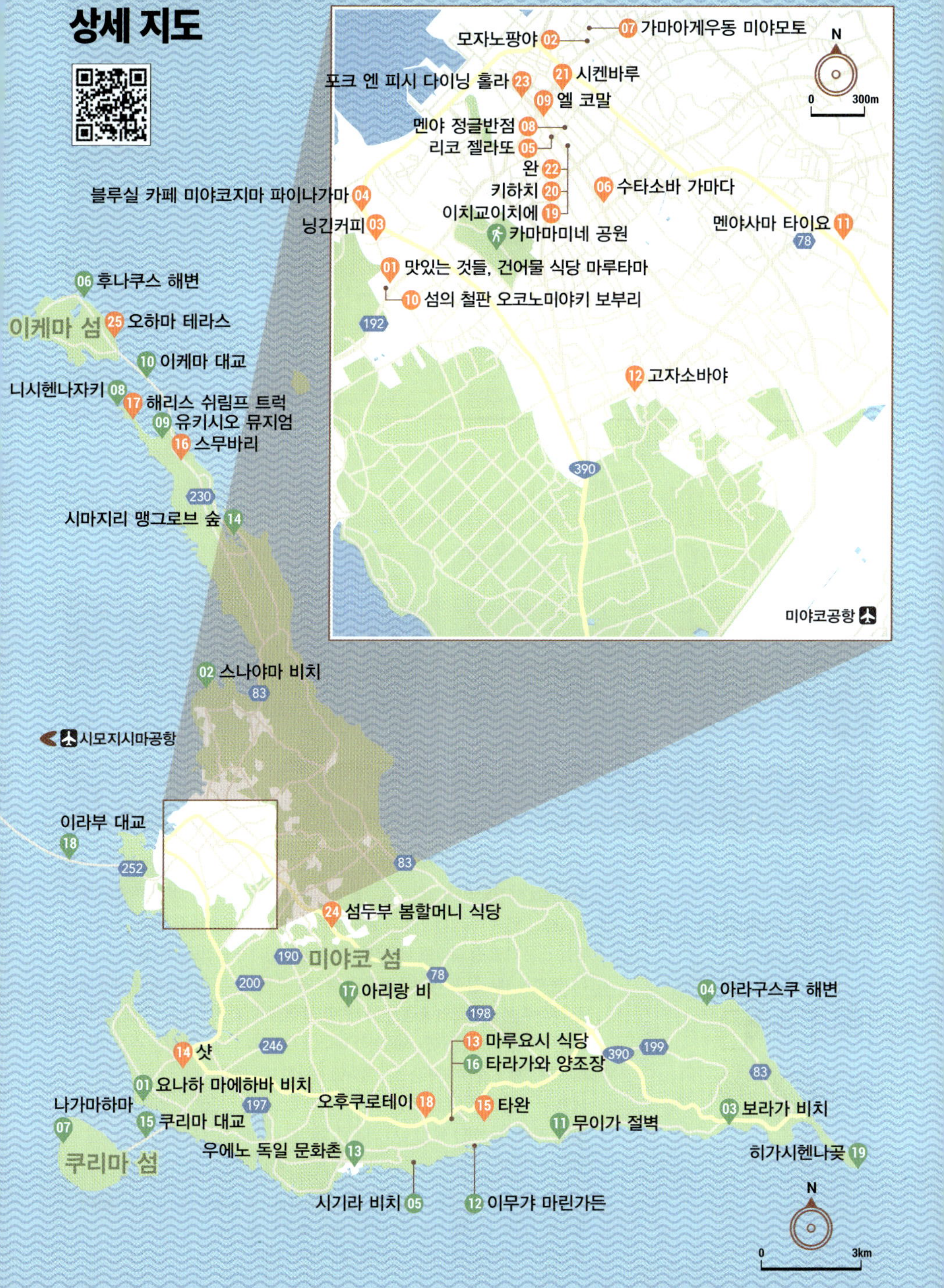

07 가마아게우동 미야모토
모자노팡야 02
포크 엔 피시 다이닝 훌라 23
21 시켄바루
09 엘 코말
멘야 정글반점 08
리코 젤라또 05
완 22
키하치 20
이치교이치에 19
06 수타소바 가마다
블루실 카페 미야코지마 파이나가마 04
닝긴커피 03
카마마미네 공원
멘야사마 타이요 11
01 맛있는 것들, 건어물 식당 마루타마
10 섬의 철판 오코노미야키 보부리
12 고자소바야
미야코공항
06 후나쿠스 해변
이케마 섬
25 오하마 테라스
10 이케마 대교
니시헨나자키 08
17 해리스 쉬림프 트럭
09 유키시오 뮤지엄
16 스무바리
시마지리 맹그로브 숲 14
02 스나야마 비치
시모지시마공항
이라부 대교
18
24 섬두부 봄할머니 식당
미야코 섬
04 아라구스쿠 해변
17 아리랑 비
13 마루요시 식당
16 타라가와 양조장
14 샷
01 요나하 마에하바 비치
나가마하마
07
15 쿠리마 대교
오후쿠로테이 18
15 타완
11 무이가 절벽
03 보라가 비치
히가시헨나곶 19
쿠리마 섬
우에노 독일 문화촌 13
시기라 비치 05
12 이무갸 마린가든

미야코 섬에서
가장 큰 해변 ······①

요나하 마에하마 비치

与那覇前浜ビーチ

무려 7km에 달하는 순백의 백사장이 펼쳐진 미야코 섬에서 가장 큰 해변. 어느 지점을 선택해도 만족스러운 풍경을 제공하는데, 특히 편의시설과 해양 스포츠를 원한다면 쿠리마 대교 방향 동쪽 해변이 더 적합하다. 비수기에도 사람들이 찾는 드문 해변 중 하나로, 넓은 백사장 덕분에 인파가 몰려도 여유를 느낄 수 있다. 눈부신 백사장과 '미야코 블루'라 불리는 푸른 바다, 그리고 바다 건너 펼쳐진 이라부 섬과 대교의 풍경은 이 해변이 미야코 섬 최고의 명소로 불리는 이유를 잘 보여준다. 대중적인 해변이라 바나나 보트, 패러세일링 같은 수상 액티비티 프로그램도 풍부하지만, 스노클링에 적합한 해변은 아니다.

해변 옆 식당에서는 아보카도가 든 타코라이스 같은 간단한 요리를 맛볼 수 있으며, 저녁에는 식당 옥상에서 바비큐 파티를 즐기며 평온한 풍경을 만끽할 수 있다.

🚶 시내에서 차로 10~15분, 루프 버스 A선 마에하마 비치 앞 前浜ビーチ・まいぱり熱帯果樹園前앞 하차 🕓 연중 가능(해수욕 4~10월) ¥ 없음 🅟 무료
🏠 www.okinawastory.jp/spot/1089 🔍 마에하마 비치

작지만 그림 같은 해변 ②

스나야마 비치 砂山ビーチ

미야코 섬에서 가장 아름다운 비치 중 하나. 주차장에 차를 세우고 자그마한 모래 언덕을 오르면 아래로 그림 같은 풍경이 펼쳐진다. 코끼리, 혹은 다리를 연상케 하는 자그마한 바위산과 앙증맞은 해변. 특히 이곳의 산호모래는 매우 고와서 맨발로 걸으면 보드랍게 발을 감싸주는, 따스한 기분을 느낄 수 있다. 하지만, 해변치고는 파도가 센 편인 데다, 상어가 출몰했던 전력이 있어서 수영보다는 일광욕, 일몰 감상용 비치에 가깝다. 파도가 센 편이라 스노클링에도 적당치는 않다. 주차장 주변의 몇몇 편의시설을 제외하고는 미개발 상태라 언제가도 한적하다. 잠시 머물며 풍경 감상을 하기에 적당한 곳이다.

히라라에서 차로 15~20분 상시 개방 ¥ 없음 P 무료
스나야마 비치

언덕 아래 은밀하게 자리 잡은 사영 해변 ······ ③

보라가 비치 保良川ビーチ

일명 파라다이스 비치. 바위 절벽 사이에 은둔해 있는 그림 같은 곳이다. 산호모래 해변으로 수심도 얕고 수질도 손꼽힌다. 해변 자체는 그리 넓은 편이 아니지만 은둔지 같은 느낌이 있다. 지역 주민들이 만든 유한회사가 운영하는 곳으로 다양한 편의시설을 갖추고 있다.
별도의 실내 풀과 워터슬라이드도 있고, 매점에서 파는 음식도 다양하다. 카약과 같은 간단한 액티비티 프로그램은 물론 자체 스노클링 투어도 개최한다. 여기저기 다니지 않고 한 곳에 머물고 싶은 사람에게는 적당한 곳이다.
아라구스쿠 해변에 비해서는 못하지만 여기서도 바다거북을 관찰할 수 있으니 스노클링 마니아라면 참고하자. 주차장에 차를 세우고 꽤 걸어야 한다는 게 유일한 흠이다.

히라라에서 차로 30분 08:00~17:00 ¥ 무료(수영장 500엔 사물함 100엔, 파라솔&의자세트 2500엔, 스노클링 세트 1800엔) www.uminooto.com 보라가 비치

거북이 파라다이스
+최고의 핫플 ······ ④

아라구스쿠 해변 新城海岸

미야코 섬 동쪽에 있는 커다란 해변. 해변의 길이만 800m에 이를 정도로 광활하다. 미야코 섬에 있는 유일한 별 모래 해변이자 해변 스노클링으로 거북이를 관찰 할 수 있어 요즘은 처음부터 이쪽으로만 가는 여행자들도 많다. 바다를 마주 보고 해변 오른쪽 끝 부분이 가장 명당자리. 모래는 이케마 섬의 후나쿠스 해변보다는 질이 약간 떨어진다. 해변에는 파도에 떠밀려온 산호 조각들이 무지를 이루고 있어, 밟으면 마치 도자기가 부딪치는 듯한 청량한 소리를 들을 수 있는데, 이게 예술이다. 여행자들이 많이 찾다보니 해변의 이런저런 편의시설과 설비들도 점점 좋아지고 있다.

스노클링 장비는 해변 입구의 여러 매장에서 빌릴 수 있고, 초보자를 위한 스노클링 투어도 실시하고 있다. 다만, 조수간만의 차가 심한 편이라 스노클링은 무조건 만조 전후 2시간이 제일 좋다. 참고로 주차장이 두 개. 유료 주차장과 무료 주차장이 있다. 무료 주차장이 꽉 차면 유료 주차장을 이용해야 하는데, 오후쯤 가면 무료 주차장은 늘 꽉 차 있기 일쑤다.

히라라에서 차로 30분, 루프 버스 A선 아라구스쿠 해안新城海岸 하차 · 상시 개방
¥ 없음 · Ⓟ 1000엔 · 아라구스쿠 해안

호텔에서 관리하는
깔끔한 해변 ······ ⑤

시기라 비치 シギラビーチ

시기라 세븐 마일즈 리조트에서 운영하는 호텔 해변. 호텔 내 실내풀은 투숙객만 이용 가능하지만, 해변은 외부인에게도 공개된다. 입장료는 없지만, 꽤 비싼 주차료(시간제가 아니다.)를 내야 한다. 해변은 생각보자 작은데, 활처럼 굽은 만 형태라 아늑하고 파도도 잔잔하다. 해변에서 왼쪽, 산호초 사이로 난 길을 따라가면 스노클링 포인트가 나온다. 호텔 혹은 외부 스노클링 업체가 주로 사용하는 곳이긴 하지만 외부인이 사용해도 무방하다. 물론 이럴 경우 단체에 묻어가는 듯한 태도를 보이면 안 된다.

물 밖으로 나가자마자 수생 생물들을 만날 수 있다. 여기까지 가지 않고 해변에서도 스노클링이 가능하다. 해변에서 바다를 보면 유독 사람들이 몰리는 곳이 있는데, 거기가 바로 포인트라고 보면 된다. 수많은 렌털 서비스와 바나나 보트를 비롯한 다양한 수상 액티비티를 즐길 수 있으니 내부 비치 하우스에 문의해보자.

🚶 히라라에서 차로 20분, 시모지 공항에서 에어포트 라이너를 타고 시기라 세븐 마일즈 리조트 하차 🕒 4~10월 ¥ 없음 Ⓟ 있음(1000엔) 🏠 shigira.com 🔍 시기라 비치

쉿! 알려지지 않게 조심조심 가봐요 ⑥

후나쿠스 해변 フナクスの浜

여행객들에게는 거의 알려지지 않은 해변 중 하나. 편의시설이라고는 주차장과 관리가 거의 안 되는 화장실만 있을 뿐이다. 게다가 해변으로 이어지는 길은 자그마한 안내판을 눈여겨보지 않으면 그냥 지나치기 딱 좋을 정도. 하지만, 미야코 섬에서 불편하단 말은 천혜의 자연이란 말과 동의어. 해변 자체는 정말 훌륭하다. 순백에 가까운 산호모래는 밟는 순간 스펀지가 발을 빨아들이는 듯한 포근함을 느끼게 해준다.

3개의 손바닥만 한 해변은 산호초로 나눠져 있어 산호초를 올라 옆 해변으로 이동할 수 있다. 산호초가 무척 날카로우니 주의하자. 넘어지면 피범벅이다. 스노클링 환경도 좋다. 특히 산호초와 물이 만나는 지점에 작은 물고기들이 몰려 있는데, 역시나 물에 휩쓸리면 찰과상. 최소한 래시 가드 정도는 장착하자. 안전관리 요원이 없는 천연 해변이다. 수영이든 스노클링이든 2인 1조를 엄수하자.

🚶 히라라에서 차로 35분 🕒 상시 개방 ¥ 없음 Ⓟ 무료 🏠 없음 🔍 후나쿠스 해변

꼭꼭 숨어 있는 석양 포인트 ······ ⑦

나가마하마 長間浜

미야코 섬 남쪽, 쿠리마 대교로 연결되는 쿠리마 섬来間島은 전체 면적이 2.84㎢에 불과한 작은 섬이다. 섬을 가로질러 북서쪽 끝으로 가면, 약 600m의 새하얀 백사장이 있는 나가마하마長間浜를 만날 수 있다. 화장실 같은 기초적인 편의시설도 없는 자연 그대로의 백사장이지만, 이곳이 유명한 이유는 그림 같은 선셋을 볼 수 있기 때문이다. 한편, 나가마하마에서 조금 내려가면 무스눈 비치ムスヌン浜라는 작은 해변이 나오는데, 이곳 또한 히든 플레이스. 역시 선셋 포인트로 활용하면 딱이다. 마지막으로 쿠리마 대교를 건너 왼쪽의 작은 길로 들어서면 다코 공원이라는 작은 공원이 나오는데, 여기에 있는 초거대 문어 석상은 남들 모르는 은밀한 장소를 찾는 이들에게 인기 있는 스폿이니 여기도 잊지 말자.

히라라에서 차로 20분 상시 개방 ¥ 없음
P 적당히 갓길에 대야 한다. 없음
나가마하마, 무스눈 비치

일출과 일몰 감상이 모두 가능한 미야코 섬의 북쪽 끝 ······ ⑧

니시헨나자키 西平安名崎

미야코 섬의 북쪽 끝에 있는 곶. 해안 절벽에 부딪치는 거센 파도와 물보라가 강렬함을 선사한다. 가는 길에 등장하는 바다 가운데의 기암괴섬(!)과 새하얀 풍력 발전소와 푸른 하늘의 조합은 드라이브 자체만으로도 상쾌함이 배가된다. 니시헨나자키 오른쪽의 기다란 다리는 미야코 섬과 이케마 섬을 연결하는 이케마 대교池間大橋다. 몇 개의 벤치가 있으니 앉아서 풍경을 바라보자.

히라라에서 차로 25분 상시 개방 ¥ 무료 P 무료 없음 니시헨나자키

소금 아이스크림 명소로 더 유명한 ⑨

유키시오 뮤지엄 雪塩ミュージアム

"신안 천일염이 최고지!"로 끝나는 한국과 달리 일본은 각 지역별로 대표 브랜드 소금 산업이 발달했고, 소금도 세분화되어 있어 육고기, 흰살 생선, 붉은살 생선에 찍어먹는 소금도 구분을 하는 편이다. 미야코를 대표하는 유키시오 소금은 세계에서 가장 많은 미네랄을 함유한 소금으로 기네스북에도 올라있는 명품이다.

기본적으로 유키시오 소금의 대단함과 제조과정 견학이 핵심인데, 여행자 입장에서는 잿밥. 즉 여기서 먹을 수 있는 유키시오 아이스크림과 유키시오 지역특산품(주로 과자) 구입에 더 관심이 많다. 유키시오 아이스크림은 요즘은 꽤 흔해져 본섬의 국제거리에서도 맛 볼 수 있지만 원산지에서 먹는 맛은 확실히 남다르다. 무더운 여름철 원기 회복 및 기념품 구입을 위해 들러보자.

🚶 히라라에서 차로 20분 🕒 4~8월 09:00~18:30, 9~3월 09:00~17:00 ¥ 무료 🅟 무료 🏠 museum.yukishio.com/
🔍 유키시오 제염소/유키시오뮤지엄

미야코 드라이브,
바다는 내 곁에 ⑩

이케마 대교 池間大橋

1992년 건설된 미야코 섬과 이케마 섬을 잇는 다리로, 다리의 중간 부분을 아치형으로 들어올린 연속 상형교 방식이다. 왕복 2차선으로 다리 자체는 협소한데, 그 덕에 가는 길이던 오는 길이던 창 밖으로 펼쳐지는 에메랄드 그린의 풍광이 일품. 물속이 훤히 비치는데, 현실세계의 풍경인가 의심스러울 지경. 바다가 시작되는 초입에 차를 대고 풍경을 감상할 수 있는 주차장이 포함한 전망대가 있다. 이 지점은 여름철 별 감상에도 최적 포인트니 기억해두자.

🚶 히라라에서 차로 25분 🕒 상시 개방 ¥ 없음 🅟 다리 중간에 주차장겸 전망대가 있다.
🏠 없음 🔍 이케마 오하시 대교 전망대 주차장

깎아지른 단애의 압도적인 풍경 ······⑪

무이가 절벽 ムイガ-断崖

해발 54m의 해안 절벽. 미야코 섬에서 가장 높은 지대로 날이 좋을 때는 히가시헨나 곶의 등대까지 선명하게 보인다. 주차장을 기준으로 계단을 따라 위로 오르면 절벽의 위의 전망대가 나오고 아래로 내려가면 바닷가로 이어진다. 두 계단 모두 사람들이 많이 이용하는 곳이 아니라 수풀이 무성한 경우가 있기 때문에 반바지 차림이라면 옅은 자상을 입을지도 모른다. 멋진 풍경을 보기위해 감수해야 할 부분인 셈이다.

🚶 히라라에서 차로 25분 🕓 상시 개방 ¥ 없음 🅟 무료
🏠 없음 🔍 무이가 절벽

스노클링과 다이빙 초보를 위한 부트 캠프 ······⑫

이무갸 마린가든
イムギャーマリンガーデン

자연적으로 조성된 일종의 내해內海로 바다 바깥이 어떤 상황이건 이 안에서는 언제나 호수처럼 잔잔한 바다를 만날 수 있다. 파도가 거의 없다 보니 물속 투명도가 높아 스쿠버다이빙, 스노클링 초보자들을 위한 훈련 장소가 되었다.
해변에는 바다에서 떠밀려온 산호조각과 모래가 반반 섞여 있다. 해변 너머에는 작은 언덕이 있고, 언덕 꼭대기에는 전망대가 있다. 산책용 보도를 따라 올라가면, 내해와 바깥 바다의 풍경이 한눈에 들어온다. 편의시설은 화장실과 음료 자판기뿐이다. 개별적으로 장비를 들고 와도 되고, 장비가 없다면 이뮤갸 마린가든의 스쿠버, 스노클링, 패들보트 상품을 이용하면 된다.

🚶 히라라에서 차로 20분 🕓 상시 개방 ¥ 없음 🅟 무료 🏠 없음 🔍 이무갸 마린가든

미야코지마와 독일 우호의 상징 ······ ⑬

우에노 독일 문화촌 うえのドイツ文化村

1873년 독일 상선 R.J 로버트슨 호가 미야코 섬에 풍랑을 맞아 좌초했는데, 미야코 섬의 주민들이 위험을 무릅쓰고 선원 8명 전원을 구조하고 열심히 간호해 모두 독일로 돌려보냈다는 미담으로 만들어진 미니어처 독일 마을이다. 이후 독일로 귀환한 선원이 빌헬름 황제에게 이 사실을 보고했고 감동한 황제가 1876년 미야코 섬에 기념비를 세웠다고. 문화촌 자체는 현재의 독일 정부와 관련이 없지만, 2000년 G8 정상회담을 앞두고 독일 총리가 이 마을을 방문하기도 했다. 123,431㎡의 넓은 부지에 독일의 마르크부르크 성을 실물 크기로 한 박애기념관博愛記念館, 독일이 낳은 동화작가 그림 형제의 다양한 작품, 독일풍 전통 장난감 등 아이들이 좋아할 만한 것들이 가득한 킨더하우스キンダーハウス 등 다양한 부속 건물이 있다. 독일에서 기증한 높이 4.3m의 실제 베를린 장벽도 눈길을 끈다. 게다가, 반잠수식 수중관광선 시스카이 하쿠아이シースカイ博愛에 탑승할 수 있고, 실내 수영장도 있어 나름 복합 레저파크의 면모를 보여준다.

🚶 히라라에서 차로 20분 🕘 09:00~18:00(화·목요일 휴무) ¥ 무료, 박애기념관 750엔(어린이 400엔), 킨더 하우스 210엔(어린이 100엔), 시스카이 하쿠아이 2000엔(어린이 1000엔) Ⓟ 무료 🏠 www.hakuaiueno.com/ 🔍 우에노 독일문화촌

살아있는 자연 체험장 ······ ⑭

시마지리 맹그로브 숲 島尻のマングローブ林

시마지리 맹그로브 숲은 미야코 섬 북쪽에 있는 일본을 대표하는 맹그로브 숲 생태계 중 하나다. 물이 빠지는 썰물 때가 되면 맹그로브 뿌리 사이로 활발하게 활동하는 게와 같은 자그마한 수상생물과 다양한 새들을 관찰할 수 있다. 도보 산책로가 잘 조성되어 있어 숲의 주요 지점을 누비고 다닐 수 있다. 성수기에는 맹그로브 숲을 물 위에서 관찰할 수 있는 카약 투어와 숲 탐사 가이드 투어를 즐길 수도 있다. 언제 방문해도 상관없지만, 새벽이나 해질녘이 가장 좋다. 온갖 생물들이 가장 활발하게 움직이는 시간이기 때문이다. 모기 기피제는 필수.

🚶 히라라에서 차로 20분 🕘 상시 개방 ¥ 없음 Ⓟ 무료 🏠 없음 🔍 시마지리 맹글로브 숲

쿠리마 섬으로 연결되는 아름다운 포털 ······ ⑮

쿠리마 대교 來間大橋

1995년 3월 개통된, 총연장 1690m의 다리. 미야코 섬과 쿠리마 섬을 연결하는 왕복 2차선 교각으로 다리를 지나며 바라보는 풍경이 아름답기로 유명하다. 특히, 황금빛 요나하 마에하바 비치와 미야코 블루라 불리는 새파란 바다와의 콘트라스트는 누가 봐도 반할 풍경. 매년 11월에 개최되는 미야코 섬 마라톤 대회와 전 일본 철인 3종 대회의 주요 코스이기도 하다.

🚶 히라라에서 도보 15분 🕓 상시 개방 ¥ 무료 🅟 다리건너 주차장 있음 🏠 없음
🔍 쿠리마 대교

미야코 제도 최대의 전통주 아와모리를 만날 수 있는 곳 ······ ⑯

타라가와 양조장 多良川 本社

1948년에 건립된 미야코 섬을 대표하는 양조장. 방문객을 위한 공장 투어를 실시하고 있는데, 오키나와 전통주의 제조 과정을 엿볼 수 있는 좋은 기회다. 특히 지하 동굴에 마련된 술 보관소는 하나같이 인상적이었다고 말하는 공장투어의 하이라이트다. 꽤 다양한 자사 제품에 대한 시음이 가능하며(도수가 높기 때문에 취할 수 있다), 시중보다 할인된 가격으로 아와모리를 구입할 수도 있다. 주당이라면, 혹은 괜찮은 기념품을 구입하고 싶다면 방문해보자.

🚶 히라라에서 차로 20분 🕓 10:00, 11:00, 13:30, 15:00(예약 시간 10분 전까지 매점 집결) ¥ 공장 견학 500엔(방문 전 예약 필수) 🅟 무료 🏠 taragawa.co.jp
🔍 타라가와 양조장

일본 최남단의 종군위안부 기림비 ⑰

아리랑 비 アリランの碑

2차 대전 당시 미야코 섬에는 약 16개의 일본군 위안소가 있었고 많은 조선인 여성들이 취업사기 혹은 강제로 끌려와 전쟁노예의 삶을 살아야 했고 이는 같은 전쟁의 피해자로서 수많은 미야코 섬 주민들도 증언하고 있다. 당시 미야코 섬은 섬 전체가 일본군 항공기지로 쓰이며 약 3만 명의 일본군이 주둔했다고 한다. 당시 어린 아이였던 요나하 히로토시 씨는 흰 옷을 입고, 언제나 구슬프게 아리랑을 부르던 누나들에 대한 기억이 있었다. 성장하고 나서야 그 시절 무슨 일이 있었는지를 알게 된 요나하 히로토시 씨는 사재를 털어 기림비를 만들었다. 그게 바로 이곳이다.
추모비에는 다음과 같은 글이 새겨져 있다.
"아시아 태평양 전쟁 당시 이 근처엔 일본군 위안소가 있었다. 조선에서 끌려온 여성들이 츠가 우물에서 빨래하고 돌아오는 길에 이곳에서 잠시 쉬던 모습을 기억하고 있다. 비참한 전쟁이 다시는 일어나지 않도록 세계의 평화와 공존을 바라는 마음을 담아 이 비를 후세에 전하고 싶다."

히라라에서 도보 15분 ⓘ 상시 개방 ¥ 없음
Ⓟ 갓길에 적당히 대야 한다. 🏠 없음 🔍 아리랑 비

끝없이 이어지는 푸른 바다 속으로 ⑱

이라부 대교 伊良部大橋

2015년에 개통된 미야코 섬과 이라부 섬을 연결하는 3540m의 대교. 통행료를 징수하지 않는 다리 중에서는 일본에서 가장 길다. 1940년 두 섬 사이를 오가는 나룻배가 침몰하면서 73명의 사망자가 발생한 안타까운 사고이후 두 섬 사이에 다리를 놓아야 한다는 여론이 환기되기 시작했고, 1991년에는 이라부 대교를 조속히 건설하라는 미야코 섬과 이라부 섬 양쪽 주민들의 시위가 벌어지기도 했다. 결국 일본 정부는 2006년 공사에 착공해 9년간의 공기를 거쳐 2015년 개통했다.
다리를 건너는 동안 눈앞에는 미야코 블루의 극치가 펼쳐진다. 단! 다리 내에서 주행 중 주정차는 금지. 미야코 섬과 이라부 섬의 대교 시작점에 풍경을 조망할 수 있는 주차장과 작은 매점이 있어 전망대 역할을 하고 있으니 참고하자.

히라라에서 차로 10분 ⓘ 상시 개방 ¥ 무료
Ⓟ 양쪽 대교 시작점이 있다. 🏠 없음 🔍 이라부 대교

미야코 섬의 장엄한 끝 ······ ⑲

히가시헨나곶 東平安名崎

미야코 섬을 대표하는 절경 중 하나. 약 2km에 걸쳐 높이 20m, 폭 140~160m의 융기산호초로 이루어져 있다. 바람을 맞으며 새하얀 등대를 좇는 드라이브 코스는 그 자체로 미야코 섬 최고의 하이라이트다. 이 일대는 오키나와에서도 식물군이 다채롭기로 유명한데, 그중 매년 3~5월에 만개하는 철포백합은 천연기념물로 지정될 정도로 희귀한 꽃이다. 곶의 맨 끝에 자리한 등대는 미야코 섬에서 가장 인기 있는 사진 촬영 명소. 자연이 만드는 파노라마의 장엄함과 녹색과 청색으로만 이루어진 콘트라스트의 아름다움을 느껴보자. 등대로 가는 길 왼쪽에 있는 헬멧 모양의 바위는 미야코 섬 제일의 미인이었다는 미무야ミムヤ의 무덤이다. 수많은 총각의 청혼이 쇄도하던 그녀가 정작 사랑한 이는 임자 있는 몸이었고, 결국 절망한 나머지 이 절벽에 몸을 던졌다고. 무덤 안에는 미무야의 초상이 있어 지나가는 남성 청년들의 애간장을 녹이고 있다. 일출, 일몰 포인트로도 끝내주고, 여름철 별 관측 성지이기도 하다.

🚶 히라라에서 도보 30분, 루프 버스 A선 히가시헨나자키東平安名崎 하차
🕓 상시 개방 ¥ 없음 Ⓟ 무료 🏠 없음 🔍 히가시헨나 곶

미야코의 아침을 깨우는 구수한 된장국 ······ ①

맛있는 것들, 건어물 식당 마루타마 んまむぬ ひもの食堂 まるたま

미야코 섬에서 속 편하고 정갈한 아침 식사를 원한다면 이곳이 정답이다. '응마무누んまむぬ'는 미야코 사투리로 '맛있는 것'을 뜻한다. 이름처럼 주인장이 직접 꼼꼼하게 손질해 해풍에 말린 반건조 생선구이 정식이 메인. 하지만 이 집의 진짜 식재는 된장이다. 류쿠왕국 왕실로 납품했다는 170년 전통의 '玉那覇味噌醤油' 제품을 쓰는데 정말로 감칠맛이 남다르다. 속 편한 아침을 즐기고 싶다면 재료 가득 들어간 된장국 정식具沢山味噌汁定食을, 점심나절 제대로 된 정식을 맛보고 싶다면 직접 말린 반건조 생선 정식自家製鮮魚の干物定食을 노려보자. 오키나와 전체를 통틀어 최고의 아침 포인트 중 하나다. 오픈런 강추. www.hotpepper.jp에서 예약할 수 있다.

🚶 히라라에서 차로 5분 📞 (0980)79-0097
🕒 08:00~16:00(화·수 휴무) ¥ 1인 1000~1800엔
Ⓟ 무료 🏠 www.instagram.com/marutama_himono/
🔍 marutama

이런 낙도에 어떻게
이런 빵집이! ······ ②

모자노팡야 モジャのパン屋

빵집이라고 하기에도 어색한 길가의 작은 스톨. 하지만 빵맛만큼은 일본 어디에 내놔도 손색없는 수준. 그 덕에 빵 나오는 시간이 되면 기다란 오픈런이 시작된다. 가장 유명한 것은 초코빵. 하지만 뭐든 좋으니 남는 거 하나만 팔라는 절규가 끊이지 않는다. 일부 일정을 포기하더라도 꼭 한 번 맛보길 권하고 싶은 집이다. 주인장의 식재에 대한 집념이 대단해 이 멀고 먼 낙도의 빵집에서 프랑스산이라는 원산지 표시가 떨어지지 않는다. 땡볕에 빵 하나 먹겠다고 줄을 서는 자신이 원망스럽겠지만, 득템하고 나면 그 모든 게 감수된다. 강력 추천.

🚶 미야코지마 공설시장에서 도보 9분 📞 비공개 🕒 화~토 10:00~12:30 ¥ 1인 500엔
Ⓟ 근처 사설 주차장 이용 🏠 www.facebook.com/mojyapan/ 🔍 모자노팡야

주택가 2층, 작고 예쁜 도넛 가게 ③

닝긴커피 ニンギン珈琲

카마마미네 공원カママ嶺公園 맞은편 주택가에 자리 잡은 작은 도넛가게. 상호는 커피집인데 도넛과 흑당빵이 더 유명하다. 어차피 빵 사면서 커피도 사긴 하지만 말이다. 갓 만든 따뜻한 도넛의 부드러움과, 미야코 섬 제일의 바리스타를 자칭하는 주인장이 내린 커피의 풍미는 훌륭하다. 테이크아웃 전문점으로 성격 급한 사람들은 맞은편 공원의 벤치까지도 가지 않고 가게 앞 계단에 주저앉아 모든 걸 다 먹어치우곤 한다. 강력 추천.

미야코지마 공설시장에서 차로 3분, 도보 15분
(090)1112-0078
월~토 12:00~16:00
¥ 1인 1000엔
근처 사설 주차장 이용
ninginshoten.thebase.in
닝긴커피

바다바람 맞으며 당신을 위한 한 스쿱 ④

블루실 카페 미야코지마 파이나가마 ブルーシールカフェ 宮古島パイナガマ

오키나와의 대표 아이스크림 브랜드 '블루실'의 미야코 섬 플래그십 스토어는 1948년 오키나와 주둔 미군 병사들의 복지를 위해 설립됐다. 1963년부터 일반 판매를 시작해 오키나와 현대사의 산 증인으로 자리매김했다. 매장 형태는 한국의 배스킨라빈스와 비슷하지만, 오키나와 현지 식재료를 활용한 프리미엄 아이스크림으로 차별화했다. 망고 맛은 이곳의 시그니처 메뉴다. 일본인들 사이에선 '오키나와 솔트 쿠키'와 '샌프란시스코 민트 초콜릿'이, 한국인들에겐 오키나와 특산물과 과일을 조합한 맛이 인기다. 매장 내부는 아이스크림 천국을 테마로 꾸며져 포토 존으로도 손색없다. 아이스크림 외에도 크레페 메뉴도 있다. 아이 동반 가족 여행객들에게 추천한다.

미야코지마 공설시장에서 차로 3분, 도보 18분 (0980)79-0310
10:00~18:00 ¥ 1인 1000엔 무료 blueseal.co.jp
블루실 카페 미야코지마 파이나가마

미야코섬에서만 맛 볼 수 있는 젤라또의 세계 ⑤

리코 젤라또 Ricco Gelato

🚶 미야코지마 공설시장에서 차로 5분
📞 비공개 🕓 금~화 11:00~18:00
¥ 1인 500~800엔 🏠 ricco-gelato.com
🔍 리코 젤라또

쫀득쫀득한 본격 젤라또 전문점으로 2009년 미야코 섬에서 처음 문을 열었다. 현지 원재료만을 고집하는 이곳은, 유명 프랜차이즈 블루실이 진출하기 전부터 미야코 섬의 젤라또 맛집으로 유명했다. 지역 과수원과의 직거래 시스템을 통해 최상급 과일을 공수하여, 타 업체와는 비교할 수 없는 고품질의 과일 젤라또를 선보인다. 대표 메뉴로는 망고マンゴー, 섬바나나와 드래곤프루트 믹스バナナ&ドラゴン, 오키나와 흑당두유黒糖豆乳, 수박すいか이 있다. 신선한 식재료 수급 상황에 따라 메뉴가 매일 달라지며, 매장 내 '오늘의 젤라또本日のジェラート' 칠판에서 그날의 시즈널 메뉴를 확인할 수 있다. 실내 좌석은 2석이며, 주로 테이크아웃으로 운영된다.

남국에서 먹는 냉소바의 시원함 ⑥

수타소바 가마다 手打そば かま田

미야코 섬에서 나는 메밀로 면을 직접 뽑는 수제 소바 전문점이다. 이곳의 대표 메뉴는 미야코 섬 특산품인 시쿠와사シークワーサー 과즙을 듬뿍 넣은 냉소바 스다치소바すだち蕎麦다. 새콤한 맛이 더운 날씨에 잃어버린 입맛을 되찾아준다. 튀김도 이곳의 인기 메뉴지만, 가끔 주방 인력 부족으로 주문이 안 될 때도 있다. 지역 양조장에서 만든 망고 IPA는 운전하지 않는다면 소바와 함께 즐기기 좋은 맥주다.

🚶 미야코지마 공설시장에서 도보 11분, 차로 3분 📞 (0980)72-0296
🕓 월~토 11:00~15:00 ¥ 1인 1300엔 🅿 있음 🏠 없음 🔍 수타소바 가마다

쪄 죽어도 이 집 우동은 먹고싶어 ⋯⋯ ⑦

가마아게우동 미야모토 釜あげうどん 宮もと

미야코의 따가운 햇살 아래서도 뜨끈한 우동 한 그릇이 생각난다면 주저 없이 이곳으로 향해야 한다. 주인장이 매일 아침 그날의 기온과 습도에 맞춰 직접 반죽하고 썰어내는 자가 제면 우동집이다. 주문과 동시에 삶아내기에 시간은 조금 걸리지만, 기다림 끝에 만나는 면발의 쫄깃함과 매끄러운 목 넘김은 그야말로 '진짜'다. 대표 메뉴인 가마아게 우동釜あげうどん, 유부우동きつねうどん, 명란 가마우동明太釜バターうどん 등이 추천 메뉴. 이 집은 우동에 어묵튀김인 치쿠텐ちく天을 곁들이는 게 국룰. 재료가 소진되면 가차 없이 문을 닫으니 서둘러야 맛볼 수 있는 귀한 점심 장소다.

🚶 히라라에서 차로 7분 📞 (0980)70-9003
🕘 10:00~15:00(목요일, 2·4번째 수요일 휴무)
¥ 800~1200엔 Ⓟ 무료
🏠 www.instagram.com/kamaageudon_miyamoto 🔍 카마아게우동 미야모토

열대 정글(?)에서 만나는 중식당 ⋯⋯ ⑧

멘야 정글반점 麺処 Jungle飯店

붉은 조명이 가득한 독특한 중식당이다. 본격적인 중국 요리보다는 볶음밥, 덮밥, 일식 라멘과 교자가 주력 메뉴다. 점심에는 가볍게 한 끼 식사하기 좋고, 저녁에는 중국 요리를 곁들인 술자리 장소로 제격이다. 특이하게도 중국 남부 지방의 대표 주류인 샤오싱주를 판매한다. 쌀로 만든 이 술은 12도 정도의 도수로, 중국 요리와 환상적인 페어링을 이룬다. 이 집의 대표 면류는 미소라멘味噌ラーメン, 타이완라멘台湾ラーメン, 탄탄멘이다. 정글볶음밥ジャングル炒饭과 해물볶음밥海鮮炒饭은 푸짐한 양으로 대식가도 만족시킨다. 히라라에서 저녁에 예약 없이 식사할 수 있는 몇 안 되는 식당 중 하나다. 마파두부麻婆豆腐도 이 집의 추천 메뉴다.

🚶 미야코지마 공설시장에서 도보 5분 📞 (0980)75-4477
🕘 목~화 11:30~15:00, 18:00~00:00 ¥ 1인 1300엔
Ⓟ 근처 사설 주차장 이용 🏠 www.instagram.com/junglehanten/ 🔍 멘야 정글반점

몇 번을 먹어도 물리지 않는 섬의 타코 ······ ⑨

엘 코말 El Comal

미야코지마 공설시장 찻길 맞은편의 작은 스톨, 늦은 오후부터 밤까지 영업하는 타코 전문점이다. 이곳의 특징은 타코 반죽을 직접 만들어 튀긴다는 점. 한국에서는 보기 힘든 독특한 식감으로 첫인상부터 좋은 평가를 받는다. 살사 소스는 일본인들에겐 맵다고 하지만, 한국인 입맛에는 적당한 매콤함이 신선하게 다가온다. 전체적으로 간이 약한 편이지만 자꾸 생각나는 중독성 있는 맛이다. 식당과 이자카야가 몰려 있는 히라라의 '엘 코말' 주변 음식점들은 대부분 사전 예약이 필수라, 일본어가 서툰 한국인 여행자들이 어려움을 겪곤 한다. 이런 상황에서 이 타코 스톨은 훌륭한 대안이 된다. 가볍게 지나가다 한두 개 먹기에도 좋고, '일본의 몰디브'라 불리는 미야코 섬에서 모히토 한 잔과 함께 즐기는 타코는 특별한 경험이 될 것이다.

미야코지마 공설시장에서 도보 1분 · 비공개 · 목~화 16:00~22:00 · ¥ 1인 1000엔 · P 근처 사설 주차장 이용 · www.instagram.com/elcomalmex · 엘 코말

내 눈앞에서 지글지글 ······ ⑩

섬의 철판 오코노미야키 보부리 島の鉄板お好み焼き ぼぶり

오코노미야키 전문점이다. 일반적인 오코노미야키 가게와 달리 모던하고 깔끔한 인테리어라 커플이나 여성 여행객들에게 특히 인기가 많았다. 기본적으로 히로시마풍 오코노미야키를 메인으로 하는데, 히로시마 스타일 외에도 오사카 스타일의 네기(파) 야키 등 온갖 종류의 오코노미야키를 맛볼 수 있다. 아와모리 술지게미를 먹여 키운 호로요이 소를 사용한 햄버그스테이크와 힘줄 요리도 훌륭하다. 저녁에는 보부리의 마구 먹이기 코스ぼぶりの背負い投げコース도 시행한다. 육류, 해산물, 히로시마 오코노미야키가 포함된 메인만 세 가지 코스. 어지간한 대식가라도 나가떨어질 양을 자랑한다. 타베로그를 통해 예약할 수 있다.

히라라에서 차로 3분, 도보 15분 · (0980)79-6670 · 11:00~15:00, 17:00~00:00(부정기 휴무) · ¥ 1인 점심 1500~2000엔, 저녁 3000~4000엔 · P 무료 · www.instagram.com/okonomiyakiboburi/ · 오코노미야키 보부리

오키나와 라멘의 자존심 ⑪

멘야사마 타이요 麺屋サマー太陽

오키나와 현지 식재료만 사용하는 라멘집이다. 2018년 전국 라멘 경연대회에서 6위를 차지했고, 이후 오키나와 라멘의 자존심으로 불린다. 기본 국물은 미소를 베이스로 하며, 두 가지 특별한 고명이 들어간다. 대표 메뉴는 미야코지마산 차새우를 올린 구루마에비소바車海老そば이며, 오키나와산 와규 곱창이 들어간 와규호르멘和牛ホル麺 또한 인기다. 죽순 손질 실력도 수준급으로, 잘 조리된 죽순 특유의 보들보들한 식감을 즐길 수 있다. 카드 결제가 되는 자판기를 보유하고 있다.

미야코지마 공설시장에서 차로 10분 (0980)79-0597 일~목 10:30~15:00 ¥ 1인 1500엔 P 무료 summer-taiyo.com 멘야사마 타이요

미야코 섬에서 제일 오래된 노포 ⑫

고자소바야 古謝そば屋

1932년부터 이어진 미야코 섬을 대표하는 소바 노포다. 2004년까지 수타 소바를 고집했으나 이후 인력부족 문제를 겪으로 자체 면 공장을 설립했다. 오키나와 붉은 기와의 전통 가옥을 개조한 실내는 모던한 카페 느낌이 물씬 풍긴다. 기본 메뉴인 소바 세트そばセット는 미야코 소바, 주우시(영양찜밥), 실말초 무침으로 구성되며, ¥100만 추가하면 소키소바ソーキそば, 카레소바カレそば, 채소소바野菜そば 중 선택할 수 있다. 특히 채소소바는 이곳의 숨은 맛집 메뉴다.

미야코지마 공설시장에서 차로 7분 (0980)72-8304 목~화 11:00~16:00 ¥ 1인 1000엔 P 무료 kojasoba.com 고자소바야

본격적인 미야코 소바 식당 ⑬

마루요시 식당 丸吉食堂

60년, 3대째 운영 중인 마루요시 식당은 소바만을 취급하는 미야코 소바의 대명사쯤 되는 곳이다. 네 가지 소바와 생맥주, 그리고 흰밥과 쥬우시가 메뉴의 전부. 국물에서 살짝 마늘향이 나는데, 약간의 느끼함을 잡아주기 때문에 한국인에게도 호평받는 집이다. 네 가지 소바는 가장 기본인 미야코 소바宮古そば, 돼지갈비가 올라가는 소키 소바ソーキそば, 족발이 올라가는 데비치 소바てびちそば, 그리고 삼겹살이 올라가는 산마이니쿠 소바三枚肉そば. 면이랑 국물 맛은 똑같다.

미야코지마 공설시장에서 차로 20분 (0980)77-4211 수·목, 토~월 10:30~14:00 ¥ 1인 1500엔 P 무료 없음 마루요시 식당

지금까지 먹어본 그 타코라이스가 아니다 ⑭

샷 Shot

타코라이스는 오키나와 주둔 미군 부대의 부식에서 시작된 요리다. 찌개 문화권인 한국이 부대찌개를 만들었다면, 덮밥 문화권인 일본은 타코라이스로 발전시켰다. 샷은 여기에 멕시코 요리인 카르니타스 제조법을 접목했다. 기존 타코라이스가 양념한 다진 고기를 볶아서 고명에 얹었다면, 샷은 부드럽게 찢은 돼지고기로 풍미를 살렸다. 이로써 식감과 맛, 비주얼까지 업그레이드된 2세대 타코라이스가 탄생했다. 5가지 소스는 다양한 맛을 추구하는 손님들을 사로잡는 매력 포인트다. 주문은 사이즈 → 세트/단품 선택 → 토핑 양념 → 음료 → 고기 종류(오리지널/반반/카르니타스) 순으로 진행된다. 처음에는 고기 반반을 추천.

미야코지마 공설시장에서 차로 16분 비공개 11:30~16:00
¥1인 1500엔 무료 www.instagram.com/shot__0980
타코라이스 전문점 Shot

사탕수수밭 한가운데 태국 식당이 ⑮

타완 Tawan

오키나와는 본섬을 비롯해 맛있는 태국 요리점이 많다. 기후가 비슷해 태국 요리에 쓰이는 향신료 재배가 가능하기 때문이다. 타완은 식당이 있을 것 같지 않은 한적한 곳에 자리 잡은 독특한 공간이다. 오키나와의 소규모 식당들처럼 취급하는 요리 종류가 많지 않고, 메뉴도 수시로 변경된다. 무더운 여름철 미야코섬 여행 중에는 입맛을 잃기 쉬운데, 이럴 때 새콤매콤한 태국 요리가 원기회복에 도움이 된다. 여름에는 빙수 메뉴가 추가되며, 현지 식재료도 매장에서 판매한다. 예약제로 운영되며, 인스타그램 메시지로 예약이 가능하다. 주 3일만 영업하는 주인장 위주의 웰빙 지향 레스토랑이다.

미야코지마 공설시장에서 차로 25분
비공개 화~목 11:00~15:00
¥1인 1500엔 무료
www.instagram.com/tawan_thaifoods 타완 타이요리

섬 문어의 모든 것을 맛보자 ⑯

스무바리 すむばり

미야코 섬 끄트머리에 위치한 인기 식당이다. 매일 아침 항구에서 공수하는 섬 문어로 만드는 요리가 이곳의 자랑이다. 숙련된 기술로 데친 문어는 전혀 질기지 않고 부드러운 식감을 선사한다. 이 식당의 대표 메뉴인 스무바리 소바すむばりそば는 섬 문어와 해조류인 아사アーサ를 넣어 만든 향토 음식이다. 독특한 현지 맛이지만 한국인의 입맛에도 잘 맞는다. 문어 덮밥タコ丼과 문어 볶음 정식タコ炒め定食 역시 손님들이 자주 찾는 인기 메뉴다.
주문은 벽에 걸린 메뉴판을 보고 하면 된다.

🚶 미야코지마 공설시장에서 차로 20분
📞 (0980)72-5813 🕓 내용없음 ¥ 1인 1200엔
🅟 무료 🏠 www.sumbari.com/menu.html
🔍 쓰무바리 식당

하와이의 명물을 미야코에서! ⑰

해리스 쉬림프 트럭

HARRY'S Shrimp Truck

니시헨나자키로 가는 길목에 위치한 하와이풍 새우요리 전문점이다. 푸드 트럭 한 대로 시작해 폭발적인 인기를 얻어 현재는 미야코 섬에서 손꼽히는 규모의 야외 레스토랑으로 성장했다. 좌석이 부족할 땐 트럭 앞 잔디밭에서 피크닉 형태로 식사를 할 수 있다. 단, 100% 야외 영업이라 한여름에는 에어컨 없이 식사하기가 고통스러울 수도 있다. 메뉴는 하와이풍 양념새우 덮밥 한 가지로 단출하다. 양념 종류는 플레인, 스파이시 핫, 버터갈릭, 스페셜 네 가지다. 스파이시 핫은 한국인 입맛 기준으로 매콤하다고 하기에도 어려운 애매한 맛이다. 플레인이나 버터갈릭을 추천한다. 미야코 섬 전통 음식에 적응하기 어려운 한국인 여행자들 사이에서도 큰 인기.

🚶 미야코지마 공설시장에서 차로 25분
📞 (0980)72-5610 🕓 11:00~17:00
¥ 1인 1600엔 🅟 무료 🏠 www.harrys.fun/menu 🔍 해리스 쉬림프 트럭

노부부가 운영하는 실속 있는 이자카야 ······ ⑱

오후쿠로테이 おふくろ亭

미야코 마린가든 인근에 자리 잡은 작은 이자카야이자 미야코 현지 식재료로 만든 향토 요리 전문점이다. 예약제로 운영하지 않고 선착순으로만 손님을 받는다. 성수기엔 오픈 1시간 전, 평상시엔 30분 전에 도착해야 자리를 잡을 수 있다. 대표 메뉴는 초대형 닭새우를 일본 된장으로 구운 요리와 미야코 소고기를 사용한 초밥이다. 이 지역 특산 해초로 만든 '아사 튀김'과 미야코 국민생선으로 불리는 '구루쿤 가라아게グルクン唐あげ'도 놓치지 말자. 오래된 전통 이자카야답게 현금 결제만 가능하다.

- 미야코지마 공설시장에서 차로 20분
- (0980)74-7723
- 월~수, 금~일 18:00~21:30
- ¥ 1인 3500엔 Ⓟ 무료 🏠 없음
- 오후쿠로테이

한국에 와서도 산신 소리에 어깨가 들썩 ······ ⑲

이치교이치에 一魚一会

미야코지마 최대 번화가인 니시자토 거리에 위치한 활기찬 민요 라이브 이자카야다. 원래 이런 스타일의 이자카야는 다다미가 깔린 좌식 의자에 앉아 조금은 근엄하게 관람하는 아재들의 전유물이었는데, 이치교이치렌은 이런 분위기를 확바꿔 젊은이들이 즐길 수 있는 공간으로 탈바꿈했다. 매일 밤 오키나와 스타일의 사미센이라 할 수 있는 산신 연주에 맞춰 가수와 관객이 혼연일체가 돼 '이~야 사사~'를 연발한다고 참고로 이~야 사사~는 추수 때 부르는 오키나와 민요의 후렴구. 공연 후반이 되면 모두가 일어나 춤을 추는 진풍경도 볼 수 있다. 그렇다고 음식이 별로냐? 그것도 아니다. 생선회 모둠, 쟈코 조개 회, 오징어먹물 볶음밥 모두 훌륭하다. 라이브 공연비가 별도 부가되니 알아두자. 예약 필수.

- 히라라에서 도보 이동 가능
- (0980)79-0185 17:00~24:00
- ¥ 1인 3000~4000엔 Ⓟ 없음
- 🏠 usagiya-miyako.com/info/ichigyo.html
- 어부의 선술집 이치교 이치에

미야코 소고기의 명가 ······ ⑳

키하치 喜八

미야코 소고기 전문점 중 가장 유명한 맛집이다. 일본의 여느 고깃집처럼 한식의 영향을 받아 김치, 나물, 국밥, 냉면 등 한식 사이드 메뉴도 다양하게 갖추고 있다. 대표 메뉴는 소고기 5종 세트로, 이 메뉴를 맛본 후 선호하는 고기를 추가 주문할 수 있다. 이 책에서 소개하는 매장은 본점이며, 길 건너편에 별관이 위치해 있다. 예약 시스템이 독특한데, 일본 국내에서만 예약이 가능하며 해외 거주 외국인의 예약은 받지 않는다. 즉 일본 거주 한국인이나 일본인의 도움을 받던가, 미야코 섬에 도착해 예약을 시도해야 한다. 평일 늦은 시간대에 방문하면 자리를 한두 개 정도는 구할 수 있다.

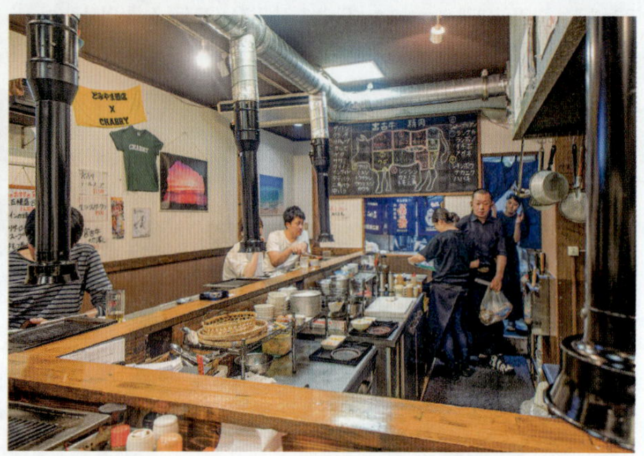

🚶 미야코지마 공설시장에서 도보 5분 📞 (0980)73-3859 🕒 화~일 18:00~22:00 (별관 목~화 18:00~22:00) ¥ 1인 3000엔~ 🅿 근처 사설 주차장 이용 🏠 miyako-kihachi.com 🔍 야키니쿠 키하치

미야코 생선요리의 왕 ······ ㉑

시켄바루 肴処 志堅原

생선요리 전문 이자카야다. 주인장이 매일 어항에 나가 그날의 물고기를 직접 고르기 때문에 모둠회를 시켜도 어제와 오늘이 다르다. 완벽한 시즈널 생선 요리라고 할 수 있다. 메뉴판에 미야코 섬에서 잡히는 생선 도감이 첨부될 정도니 주인장의 전문성은 인정할 만하다. 고정 메뉴는 평이한 편이라 오늘의 메뉴本日のメニュー와 오늘의 회本日の刺身를 고르는 게 이 집을 제대로 즐기는 방법이다. 다만, 매일 바뀌는 특별 메뉴가 일본어로만 되어 있어 일본어를 아는 손님들만 주문할 수 있다는 게 아쉽다. 요즘은 챗 GPT 덕분에 번역이 가능해지긴 했다. 인기가 많아 여행 일정이 잡히면 즉시 예약하는 것을 추천한다.

🚶 미야코지마시 공설시장에서 도보 5분 📞 (0980)79-0553 🕒 수~월 18:00~00:00 ¥ 1인 4000엔 🅿 근처 사설 주차장 이용 🏠 sakanadokoro-shikenbaru.com/ 🔍 사카나도코로 시켄바루

애연가를 위한 어른들의 이자카야 ······ ㉒

완 わん

흡연이 가능한 공간이라 외국인 손님들은 주로 흡연이 가능한 곳이라는 주의사항을 고지 받는다. 하지만 이곳은 단순한 흡연자들을 위한 틈새 이자카야가 아니다. 미야코에서 가장 개성 있는 전통 일본 요리를 선보이는 곳이다. 〈맛의 달인〉 시리즈를 줄줄 외울 정도로 읽었다면, 그 책에 등장하는 요리들을 이곳에서 실제로 맛볼 수 있다. 직접 담근 고등어 초절임炙りダサバ으로 시작해보자. 좀 더 특별한 요리를 원한다면 홋카이도 특산물인 홍살치(일본명: 깅끼) 구이キンキの一夜干炭火焼나 통오징어 절임スルメイカの沖漬け(꽤 강렬한 맛이라 호불호는 확실히 갈릴 듯) 같은 이곳만의 특별 메뉴를 추천한다. 청어구이真イワシ炭火焼 역시 이곳의 자랑거리다.

미야코지마 공설시장에서 도보 5분 (0980)75-5959
화~토 18:00~00:00 ¥ 1인 3500엔
근처 사설 주차장 이용 wanone1.ti-da.net/
이자카야 완

New Generation 이자카야! ······ ㉓

포크 엔 피시 다이닝 홀라 Pork&Fish Dining HULAR フラー

젊은 층이 선호하는 이자카야로, 일반적인 이자카야와는 차별화된 분위기를 자랑한다. 대표 메뉴로 오키나와산 아구(돼지고기)로 만든 샤브샤브를 밀고 있으며, 특색 있는 메뉴로는 영국식 로스트 비프ローストビーフ와 이탈리안 스타일의 까르파쵸カルパッチョ가 있다. '과한 대왕 마끼フラー過ぎる痛風太巻き'는 산더미처럼 쌓아올린 각종 회가 인상적인 메뉴다. 엄청난 볼륨감 때문에 점원이 들고 나오면 모두가 저게 뭐지? 하는 분위기. 회를 사랑한다면 매일 바뀌는 오늘의 추천 메뉴本日のおすすめ를 눈여겨 보자. 예약은 핫페퍼(hotpepper.jp)를 통해 할 수 있다.

미야코지마 공설시장에서 도보 1분
(0980)79-0477 수~월 17:00~23:00
¥ 1인 3000엔 근처 사설 주차장 이용
www.instagram.com/hular_dining
이자카야 홀라

미야코 섬에 외갓집이 있어서 밥을 먹는다면 이런 느낌일까? ······ ㉔

섬두부 봄할머니 식당 島とうふ 春おばあ 食堂

1959년 점주의 어머니가 시장에서 손두부를 만들면서 이 식당의 역사가 시작됐다. 식당은 2011년에 문을 열었는데, 점주가 두부를 만들던 어머니를 기억하며 가게 이름을 지었다고 한다. 현재도 이곳의 두부가 미야코 섬 내에서 최고급 두부로 인정받으며 유통되는 걸 보면, 두부만큼은 확실히 전통과 실력을 인정받은 듯하다. 외진 곳에 위치했지만 식당 내부는 깔끔하고 정갈하다. 다양한 두부요리와 오키나와 향토요리를 선보이는데, 어떤 메뉴를 고르더라도 담백하고 깔끔한 맛을 즐길 수 있다. 지마미 두부ジーマーミ豆腐, 고야 찬푸르ゴーヤチャンプルー, 모즈쿠 즈케もずく酢에 5종 회 모둠お刺身5種盛り合わせ을 곁들이면 완벽한 저녁 식사가 된다. 점심에는 두부 소바まごゆし豆腐そば나 고기야채 소바肉野菜そば가 추천 메뉴다. 구글을 통해 예약할 수 있다.

🚶 미야코지마 공설시장에서 차로 13분 📞 (0980)79-5829
🕓 목~월 11:30~14:30, 17:00~21:15 ¥ 1인 점심 1000엔, 저녁 3000엔 Ⓟ 무료 🏠 www.facebook.com/Miyko1129
🔍 섬두부 봄할머니 식당

깊고 푸른 바다와 하늘만 보이는 공간 ······ ㉕

오하마 테라스

OHAMAテラス

예쁜 정원과 2층 테라스를 품은 아담한 카페다. 테라스에 올라서면 끝없이 펼쳐진 수평선을 마주하게 되는데, 위로는 청명한 하늘이, 아래로는 미야코 블루가 강렬한 대비를 이루며 장관을 연출한다. 카페 건물 왼편의 오솔길은 조용한 해변으로 이어진다. 이곳의 시그니처 메뉴는 망고 셔벗이며, 제철 과일을 올린 빙수도 인기다. 특히, 딸기, 멜론, 망고 빙수가 손님들의 사랑을 받는다. 점심시간에는 하루 25개 한정으로 제공되는 타코라이스도 맛볼 수 있다. 포토제닉한 공간답게 2층 전망대는 사진을 찍으려는 여성 손님들로 늘 북적인다. 이케마 섬을 오가는 여정에서 유일한 휴식처이기도 하다.

🚶 미야코지마시 공설시장에서 차로 30분 📞 (0980)79-6632 🕓 10:00~17:00
¥ 1인 1000엔 Ⓟ 무료 🏠 www.rest-ohama.com 🔍 오하마 테라스

AREA ····②

미야코 블루를 넘어서는 푸른빛

이라부 섬·시모지 섬

伊良部島·下地島

미야코 섬에서 이라부 대교를 건너면 이라부 섬과 시모지 섬이 또 다른 개성으로 당신을 기다리고 있다. 그림처럼 펼쳐진 푸른 그라데이션의 바닷속. 곳곳에 숨은 비밀스러운 해변들이 특별한 만남을 약속한다. 스릴 넘치는 토리이케의 푸른 동굴 다이빙, 수평선과 하나 되는 도구치 해변 산책 그리고 한적한 카페에서 아이스 아메리카노 한 잔의 여유까지 즐겨보자. 그런가 하면 시모지 섬의 명물 17END 비치에서는 비행기가 머리 위를 스치는 짜릿한 순간을 경험할 수도 있다. 시간은 때로는 야속하게도 바삐 흐르고, 어떤 곳에서는 정지한 듯, 푸른 창공과 바다 위에 나 하나만 존재한다는 어떤 순간을 느낄 수도 있다.

이라부 섬·시모지 섬 상세 지도

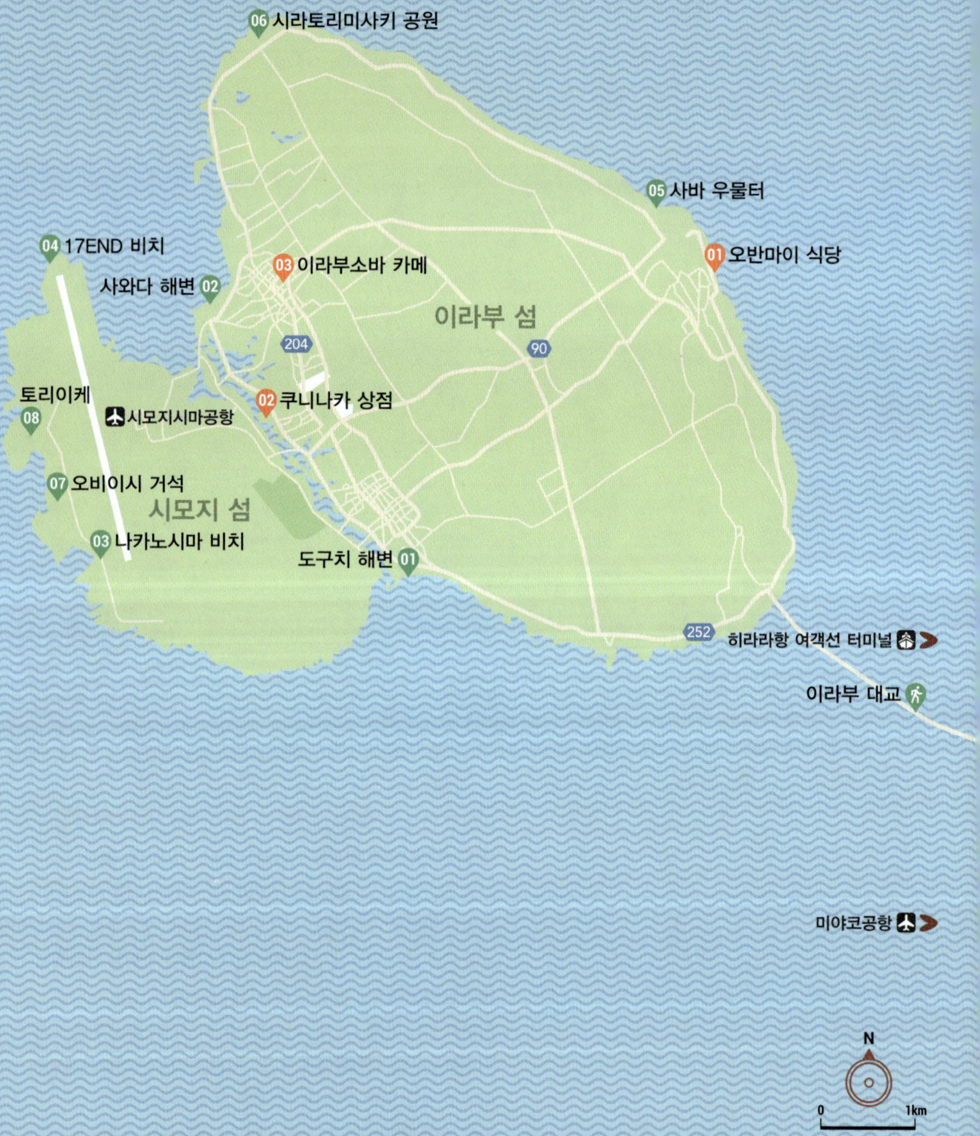

06 시라토리미사키 공원

05 사바 우물터

01 오반마이 식당

04 17END 비치

03 이라부소바 카페

사와다 해변 02

이라부 섬

204

90

토리이케

08

02 쿠니나카 상점

시모지시마공항

07 오비이시 거석

시모지 섬

03 나카노시마 비치

도구치 해변 01

252

히라라항 여객선 터미널

이라부 대교

미야코공항

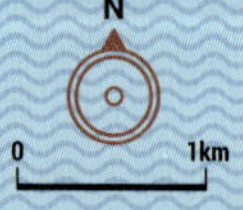

순백이라는 말 외에 다른 표현이 있었으면 좋겠다 ①

도구치 해변 渡口の浜

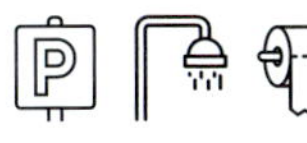

일본 100대 해변 중 하나. 오키나와에 있는 해변 중 가장 긴 편에 속하는 곳으로 활처럼 굽은 해변의 길이만 800m, 폭도 45m에 달할 정도로 대규모다. 순백이라는 표현이 부족할 만큼 새하얀 해변이 도구치 해변의 대표 이미지다. 밀가루처럼 고운 산호모래는 언제 밟아도 기분이 좋다. 현재 이라부 섬은 대규모 개발이 진행 중인데, 아직까지 도구치 해변에는 렌털 숍을 겸한 작은 매점과 기초적인 설비만 있을 뿐이다. 유명 해변이라고 해서 한국과 같은 해변 앞 커피 숍과 술집 밀집구역을 생각했다면 오산. 난개발보다는 약간의 불편함이 낫다는 것을, 이 해변을 와본 사람이라면 누구나 공감할 수 있다. 해변 안쪽으로 기다란 방파제가 있는데, 괜찮은 일몰 포인트이자, 육안으로 물고기를 관찰할 수 있는 장소이기도 하다.

히라라에서 차로 20분 상시 개방 ¥ 없음 Ⓟ 무료 없음 도구치 해변

쓰나미가 만든 절경 ②

사와다 해변 佐和田の浜

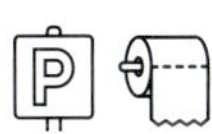

1771년 일어난 오키나와 역사상 최악의 쓰나미 때 밀려온 바위들이 해안을 독특한 절경으로 바꿔놓았다. 가만히 앉아 외계와 같은 풍광을 즐기거나 석양을 즐길 요량이라면 사와다 해변은 미야코 제도를 넘어 오키나와 전체에서도 최고 수준이다. 이미 아름다운 풍광으로 일본의 해변 100선에도 선정된 바 있다. 작은 마을 사와다를 끼고 있는데, 두세 곳의 민박집이 있어 이곳의 풍경에 반한 장기 여행자들을 불러 모으고 있다. 물놀이나 스노클링을 하는 해변이 아니라 풍경 감상용 해변이다. 시모지시마공항으로 이착륙하는 비행기를 보는 즐거움은 덤이다.

히라라에서 차로 25분 상시 개방 ¥ 없음 Ⓟ 무료 없음 사와다노하마

미야코 제도 제일의 스노클링 포인트 ······ ③

나카노시마 비치 中の島ビーチ

비현실적인 경관을 자랑하는 미야코 제도에서 제일 아름다운 비치 중 하나. 자연적으로 형성된 여울과 그 안에 가득한 형형색색의 산호와 열대어로 인해 미야코 제도 최고의 스노클링 포인트로 손꼽힌다. 미야코 제도의 사람들은 이 천혜의 조건을 보존하고자 다양한 자체 자정 노력을 기울이고 있는데, 그런 이유로 나카노시마 비치에는 어떠한 여행자 편의시설, 심지어 화장실도 없다. 해변 앞 도로에 스노클링 장비를 빌려주는 트럭이 종종 오는데, 이 트럭이 해변의 유일한 부대시설이다. 즉 아름다운대신 불편함은 감수해야 한다. 산호는 외부의 환경적 요인에 상당히 민감하고 잘 죽는다. 이미 오키나와의 수많은 얕은 물가는 전멸된 산호들로 인해 마치 물속이 마치 사막처럼 황폐화된 곳이 많다. 나카노시마 비치를 소개하면서 두려운 마음이 드는 것도 이 때문이다. 조심하고 또 조심하자.

🚶 미야코 섬의 히라라에서 차로 30분, 버스 없음 🕓 상시 개방
¥ 무료 🅟 차도의 갓길에 알아서 주차 🏠 없음
🔍 나카노지마 비치

비행기가 뜨고 내리는 해변 ······ ④

17END 비치 17END ビーチ

시모지시마공항 외곽도로 끝에 있는 작은 비치. 정확히는 비치보다는 바로 옆에 있는 공항 끝을 뜻하는 17END에서 푸른 바다를 배경으로 착륙하는 비행기 사진을 찍기 위해 모여드는 곳이다. 10년 전만 해도 시모지시마공항은 자위대 훈련장으로나 쓰이던 버려진 공항이었는데, 최근에는 일본-중국 간 센카쿠-다오위다위 분쟁이 격렬해지며 외려 중요도가 부각되는 중이고, 그 덕에 한국에서 오는 비행기도 이 공항을 이용하게 되었다는.
멋진 항공 사진을 찍기 위해서는 일단 시모지시마공항 이착륙 정보를 공항 웹페이지를 이용해 확인해야 한다. 문제는 활주로가 한 개뿐인 이 공항이 그때그때 사정에 따라 북쪽 지점인 17END와 남쪽 지점인 35END를 되는대로 쓴다는 점이다. 그래서 기껏 시간표를 보고 대기했는데 반대쪽으로 착륙하는 일도 비일비재하니 그날의 운에 맡겨야 한다. 그럼에도 사진을 건지면, 기분 하나는 끝내준다. 별 감상을 위한 해변으로도 좋은 곳이다.

🚶 히라라에서 차로 30분 🕓 상시 개방 ¥ 무료 🅟 무료 🏠 없음
🔍 17END

마음 아픈 절경 ······ ⑤

사바 우물터 サバ沖井戸

이라부 섬도 미야코 섬처럼 강이 없기는 마찬가지다. 그런데도 사람이 살 수 있었던 건, 풍부한 지하수 때문이었다. 사바 우물터는 1966년 이라부 섬에 수도가 개설될 때까지 약 240년 동안 이 일대 마을 사람들의 유일한 식수원이었다. 지금은 경치 좋은 전망대에 가깝지만, 1966년 이전만 해도, 마을 아낙들은 130개의 계단 아래 있는 우물에서 물을 긷는 노동을 매일 3~4회 반복했다고 한다. 이라부 섬에서는 태풍이나 풍랑이 있을 때 가장 큰 문제가 식수를 구하는 일이었는데 위치를 보면 알겠지만, 물 뜨러 내려갔다 파도에 휩쓸리는 일도 흔했다고 한다. 문명의 이기가 보급된 오늘날, 계단을 바라보는 느낌은 확연히 다르다. 계단을 내려가는 이유는 단지 새파란 미야코 블루를 조금 더 가까이에서 보기 위함이다. 바닷바람을 맞으며 그 옛날의 풍경을 상상해보는 건, 오늘이기에 가능한 여유로움이다.

히라라에서 차로 25분 · 상시 개방 · ¥ 무료 · Ⓟ 무료 · 없음 · 사바 우물터

이라부 섬의 끄트머리, 예상 밖의 절경 ······ ⑥

시라토리미사키 공원 白鳥岬公園

암초에 부딪히는 하얀 파도가 백조의 날개처럼 퍼진다고 해 시라토리, 즉 백조곶이라는 이름이 붙었다. 저멀리 끝없이 펼쳐진 태평양을 조망할 수 있는 곳으로 뻥 뚫린 하늘과 수평선, 그리고 종종 오가는 선편을 제외하고는 아무것도 없는 곳이다. 섬 주민들에게는 암초 낚시로도 유명한데, 파도와 물보라가 거칠기 때문에 기상 상황을 잘 파악해야 한다. 자그마한 전망대와 화장실, 자판기가 있다. 잘 살펴보면 작은 오솔길을 따라 작은 해변으로 연결된다. 누구의 손도 닿지 않은 듯한 작은 해변이 은근 절경이다. 멍하니 앉아 풍경보기에는 그만.

히라라에서 차로 30분 · 상시 개방 · ¥ 없음 · Ⓟ 무료 · 없음 · 시라토리미사키 공원

이 큰 돌이 굴러왔다니! ⑦

오비이시 거석 帯石

1771년 발생한 메이와 대지진과 뒤이은 쓰나미로 인해 미야코 제도 일대가 쑥대밭이 되었던 적이 있는데, 그때 해안에 있던 것이 여기까지 굴러들어왔다고. 높이 12.5m, 둘레 60m에 달하는 엄청난 크기다. 지역 주민들에게 이 바위는 신성시 되고 있는데, 실제로 주민들은 이 바위에 대고 어부는 풍어를, 부부는 가정의 편안을, 선원은 안전한 항해를 기원한다고 한다. 바위로 가는 길 산책로도 잘 조성되어 있다.

히라라에서 차로 25분 상시 개방 ¥ 무료 P 무료 없음 오비이시(시모지섬 거석)

수중 동굴로 이어지는 신비로운 해수호 ⑧

토리이케 通り池

한국인이라면 한라산 백록담을 연상케 하는 두 개의 해수 연못. 지름 75m와 55m, 수심은 각각 50m와 40m에 달할 정도로 큰 규모다. 신비로운 경관 탓에 연못에 대한 몇 개의 지역 전설이 있다. 최근 연구 결과에 의하면 원래 이 연못은 해저 동굴이었는데, 침식에 의해 동굴 천장이 붕괴해 현재의 모습이 되었다고 한다. 덕분에 국가 명승지이자 천연기념물로 지정되어 이중 보호를 받고 있다. 사실 토리이케의 진가는 물속에 있다. 지상과 연결된 해저 동굴인데다, 물살도 세지 않기 때문에 이라부 섬을 찾는 다이버들에게는 성지와도 같은 곳. 산책로가 잘 꾸며진 데다, 카렌펠트 지형 특유의 삭막한 아름다움도 한몫을 한다.

히라라에서 차로 25분 상시 개방 ¥ 무료 P 무료 없음 토리이케

퇴락한 쓸쓸한 항구, 그곳에 있는 정식집 ······ ①

오반마이 식당 おーばんまい食堂

이라부 대교 건설 이후 한적해진 항구의 선창가에 자리 잡은 식당이다. 어항에서 직영하며 합리적인 가격에 다양한 해산물 정식을 제공한다. 인기 메뉴로는 신선한 회가 듬뿍 올라간 카이센동海鮮丼, 참치 절임에 참깨를 넉넉히 뿌린 큐슈식 참깨 즈케동胡麻ヅケ丼, 참치덮밥マグロ丼이 있다. 회를 좋아하지 않는 손님을 위해 생선카츠 카레덮밥도 있으니 참고하자. 대부분의 메뉴가 맛있지만, 튀김은 추천하지 않는다.

미야코지마 공설시장에서 차로 20분 (0980)79-7677 11:00~15:00 ¥ 1인 1500엔 P 무료 www.instagram.com/oobanmai 오반마이 식당

그네달린 아름드리 나무와 바람부는 야트막한 언덕 ······ ②

쿠니나카 상점 國仲商店

원래는 마을을 대표하는 식료품 도매상 창고였다고 하는데 꽤 멋들어지게 리노베이션 하면서 이라부를 대표하는 카페로 자리매김했다. 커피 메뉴가 꽤 본격적이라 미야코 일대를 여행하면서 카페인 부족에 시달리는 사람에게 일단 추천, 곁들일 수 있는 버거나 빵류도 제법 훌륭하다. 특히 크로크 무슈, 음료, 요거트로 구성된 ¥700짜리 아침 세트는 조식 불포함 숙소에 머무는 이들에게 구원의 생명줄 같은 메뉴다.

이라부 대교를 건너 차로 10분 (0980)78-4857 09:00~17:00, 화요일 휴무 ¥ 1인 500~1500엔 P 무료 kuninaka-shoten.com 쿠니나카 상점

민가를 개조한 작은 국숫집 ······ ③

이라부소바 카메 伊良部そば かめ

공항 근처의 소바 전문점이다. 식당 공사 중에 육지 거북이가 가게 안으로 들어와서 일본어로 거북이를 뜻하는 '카메'로 이름을 지었다고 한다. 이라부 섬의 인기 식당 중 하나로, 개점 전부터 손님들이 줄을 서서 기다린다. 대표 메뉴는 자체 개발한 이라부 소바. 이라부 섬의 특산품인 가다랑어 어육을 고명으로 올려 특색 있는 맛을 낸다. 미야코 소바보다 가는 면발과 깔끔한 국물이 특징이다. 참치 초밥은 2점 단위로 추가 주문이 가능하다.

미야코지마 공설시장에서 차로 25분 (0980)78-5477 목~화 11:00~16:00 ¥ 1인 1000엔 P 무료 www.instagram.com/yi-liang-busoba-kame/ 이라부소바 카메

열도의 최남단, 마지막 낙원

야에야마 제도

八重山諸島

일본 열도의 최남단인 야에야마 제도는 지리적으로나, 역사적으로 늘 변방에서도 가장 끝자락에 머물던 섬들이 모여있는 곳이다. 도쿄 기준 1980km. 야에야마 제도에서는 일본보다는 외려 타이완이 더 가깝다. 이 거리감으로 인해 이 일대는 어떠한 오염원도 닿지 못한, 청정 자연을 온전히 지켜내는 방패가 되었다.
야에야마 제도에서 해안의 수를 헤아리는 건 무의미한 일일지도 모른다. 100㎡가 넘는 29개의 섬 모두가 천혜의 휴양지 그 자체. 다만 개발의 정도만 다를 뿐이다. 일본 작가 오쿠다 히데오는 야에야마 제도를 배경으로 한 그의 소설 제목을 '남쪽으로 튀어'라고 정했다. 가보면 안다. 왜 이곳으로 가야 하는지.

한눈에 보는 야에야마 제도 여행

#이시가키섬 #국경의섬 #영원한변방 #지도끝
#타이완옆일본 #산호가빚은섬 #투명한위로 #파도의시간
#남십자성 #끝없는사탕수수밭 #만타 #쥐가오리
#이리오모테섬고양이 #맹그로브숲 #수우차

야에야마 제도로 가는 방법

야에야마 제도의 허브는 이시가키 섬에 있는 '파이누시마 이시가키 공항'으로 시내와는 12km가량 떨어져 있다. 진에어가 2025년부터 이시가키 섬으로 가는 주 5회 직항편을 운행 중으로, 더 이상 오키나와 본섬의 나하를 거치지 않고 한 번에 이시가키 섬까지 갈 수 있게 되었다. 비행시간은 2시간 40분가량으로 일본 치고는 오래 걸리는 편이다. 오키나와의 섬끼리는 국내선으로 연결이 잘되기 때문에 만약 일주일 이상의 시간을 낼 수 있다면 이시가키로 입국해 미야코섬에서 출국하거나, 이시가키로 입국해 오키나와 본섬인 나하를 통해 귀국하는 일정을 짤 수도 있다.

파이누시마 이시가키 공항

(0980)76-2915 www.ishigaki-airport.co.jp/kr 파이누시마 이시가키 공항

공항에서 시내로

이시가키 섬은 오키나와 본섬에 비해 대중교통은 열악하다. 시간을 잘 계산하면 버스 여행이 아예 불가능한 건 아니지만, 버스 한 대 놓치면 모든 일정이 틀어져 버리기 때문에 스트레스 지수가 꽤 높다. 렌터카, 혹은 택시 대절은 편안한 여행을 위한 필요충분조건이다.

버스

4번과 10번이 공항과 시내를 연결하는 가장 핵심 노선으로, 두 노선 모두 공항을 출발해 돈키호테 이시가키, 이시가키 낙도 터미널을 찍고 버스터미널에서 운행을 종료한다. 4번은 ANA 인터콘티넨탈 호텔, 아트호텔도 거쳐 조금 더 여행자 동선 친화적이다. 이 외에도 카리 관광カリー観光에서 운행하는 공항↔버스터미널 직행 노선도 있는데 곧바로 시내로 들어가는 여행자들에게는 이쪽이 훨씬 유리하다.

공영버스 4번
06:30~19:30 매 30분에 1편, 20:00, 21:00
40분 ¥550엔 www. azumabus.co.jp

공항버스 노선도

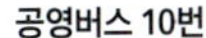

공영버스 10번
공항 출발 07:25, 08:45, 12:15, 13:45, 14:15, 15:45 50분 ¥550엔

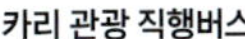

카리 관광 직행버스
08:30~18:00(매 20,50분) 30분 ¥550엔
karykanko.com/ishigaki

택시

공항 밖으로 나가면 곧바로 택시 정류장이 있다. 시내인 이시가키 낙도 터미널石垣離島ターミナル까지는 약 13km, ¥3000~3500 정도 생각하면 된다.

이시가키 공항 국내선 청사

이시가키 공항 안내도

이시가키 공항은 국내선 청사가 핵심이다. 인천발 비행기는 점심 무렵 도착하지만, 렌터카 수령 후 시내로 나가면 식당 브레이크 타임에 걸리기 십상이다. 국내선 청사 쪽에는 특산품 쇼핑부터 요기할 만한 식당, 심지어 이시가키 섬의 자랑인 미루미루 아이스크림과 섬에서 유일한 스타벅스까지 있으니, 공항 내에서 먹고 출발해도 좋다. 이럴 경우 공항 밖으로 나가는 시간과 먹는 시간까지 포함해 렌터카 수령 시간을 비행기 도착 한 시간~한 시간 삼십 분 후쯤으로 잡아놓는 게 좋다. 마지막으로 국내선 청사 식당을 이용할 수 있는 건 한국으로 출국할 때도 마찬가지다.

렌터카

렌터카를 사전에 예약했다면, 국제선 입국장으로 나와 오른쪽으로 방향을 틀고 직진하자. 이시가키 공항은 별다른 경계 없이 국내선 청사와 연결되는데, 국내선 청사 메인 게이트를 통해 나가면 바로 앞에 횡단보도가 보인다. 이 횡단보도를 건너면 이시가키 내 거의 모든 렌터카 회사 직원이 나와 있다. 이들이 든 팻말을 보고 내가 사전 예약한 렌터카 회사를 찾아 승합차에 짐을 싣고 렌터카 회사로 가면 된다. 서류를 작성하고, 차량 점검 후, 주의 사항 숙지하고 사인하면 차를 받을 수 있다.

이시가키 섬 돌아다니기

오키나와 어디나 그렇듯 이시가키 섬도 대중교통은 열악한 편이지만, 렌터카를 이용할 수 없는 상황이라면 버스나 택시를 이용할 수 있다.

버스

뚜벅이 여행자들을 위한 무제한 버스 승차권이 있다. 1일·5일 패스로 나뉘는데 1박 이상을 할 예정이라면 무조건 5일 패스가 유리하다. 5일 패스는 ¥2000인데, 공항 왕복 버스비만 해도 약 ¥1000이기 때문. 즉 공항 왕복에 시내 이동 한두 번만 해도 5일권 본전을 뽑을 수 있다.

뚜벅이 여행자를 위한 이시가키 버스노선

정기권

- **구입처** 이시가키 버스터미널
- **요금** 1일권 1000엔, 5일권 2000엔
- **웹페이지** www.azumabus.co.jp

택시

오키나와는 일본에서 가장 택시비가 저렴한 편에 속하는 지역이지만, 우리나라에 비하면 여전히 비싸다. 시내를 제외하고는 택시를 잡는 것도 여의치 않기 때문에, 관광을 목적으로 이용하려 한다면 구간별 이용보다는 시간 단위로 전세를 내는 게 유리하다. 호텔이나 게스트하우스를 통해 손쉽게 전세 택시를 알선받을 수 있다.

요금

- **일반 택시(4명)** 초행 1.136㎞까지 500엔, 이후 463m마다 100엔 추가 (또는 2분 50초마다 100엔), 22:00~05:00 20% 할증
- **점보 택시(9명)** 초행 1.136㎞까지 640엔, 이후 266m마다 100엔 추가 (또는 1분 40초마다 100엔), 22:00~05:00 20% 할증

시간제 요금

- **일반 택시** 3시간 16500엔, 5시간 27500엔, 6시간 33000엔
- **점보 택시** 3시간 29100엔, 5시간 48500엔, 6시간 58200엔 ※택시 업체마다 차이가 있을 수 있음

렌터카

렌터카 이용 방법은 오키나와 본섬과 크게 다르지 않다. 자세한 내용은 p.341 참고.

이시가키 섬의 렌터카 업체

업체명	예약 방법	웹페이지	차량 종류
OTS 렌터카 OTS レンタカー	웹페이지	www.otsrentacar.ne.jp	**경차~오픈카** 오키나와 로컬 렌터카 체인으로 외국인 여행자 유치에 가장 적극적이다. 웹페이지 한국어 지원 가능
닛산 렌터카 日産 レンタカー	웹페이지	nissan-rentacar.com/ko	**경차~오픈카** 일본에서 가장 큰 렌터카 체인 중 하나. 웹페이지 한국어 지원 가능
오릭스 렌터카 オリックスレンタカー	웹페이지	car.orix.co.jp	**경차~미니밴** 전국 체인 중 하나. 외국인 여행자들을 위한 해외 운전자 안내 포함
수프림 렌터카 Supremeレンタカー	웹페이지	supreme-rentacar.com	**소형~오픈카** 오픈카 비중이 높은 현지 업체, 평판이 비교적 좋은 편이다.
콤플렉스 렌터카 COMPLEX RENT A CAR	웹페이지	complexkn.com	**소형~지프** 랭글러 같은 지프 비중이 꽤 높다. 예쁘장한 차량 위주의 소규모 회사
태스크 카 렌털 Task Car Rental	웹페이지	ishigaki-rentacar.net	**소형~밴** 소규모 업체. 가장 큰 장점은 호텔 등 어지간한 지점까지도 차를 끌고와줘 픽업할 수 있다는 점. 외국인 손님은 와츠앱으로 연락 가능하다.

렌터바이크

오키나와를 바이크로 여행할 수 있다는 건 큰 행운이다. 다만, 오토바이 렌털 업체들은 대부분 영세하기 때문에 웹 페이지 예약 같은 기능은 거의 없고 대부분 전화나 이메일로 업무를 처리해야 하기 때문에 언어 장벽이 있다. 본섬에 비해 다양한 기종에 접근할 수 없다는 점도 단점이긴 하다. 해외에서 오토바이를 몰기 위해선 한국에서 소형 2종 면허가 있어야 한다(국제면허증 A카테고리 자격).

업체명	예약 방법	웹페이지·전화	차량 종류
고 쉐어 ゴーシェア	웹페이지	www.ridegoshare.jp	**전기 바이크 전문** 50cc급과 125cc급이 있다. 공항 도착 후 빠르게 렌털 가능. LINE을 통해서도 예약 및 상담이 가능하다.
난고쿠 렌털 바이크 南国レンタルバイク	전화, 인스타그램 메신저	www.instagram.com/nangokuya.ishigaki	**자전거~125cc** 섬에서 가장 오래된 업소 중 하나로, 낙도 터미널 근처에 있다.
라이더스 라이트하우스 ライダーズライトハウス	전화·LINE	www.riders-lighthouse.com	**50cc~할리 데이비슨 1868cc** 중대형 바이크 다양.
쿠마노미 렌털 くまのみ・れんた	웹페이지	yaeyamaocean.com/kumanomi	**자전거~400cc** 다양한 차종을 취급하고 있다.

이시가키 섬 추천 코스

1일 차
카비라만
차로 5분
스쿠지 비치
차로 2~5분
아난드 키친 or 카비라만 코엔차야 점심
차로 16분
우간자키 등대
차로 20분
요네하라 비치(스노클링)
차로 20분
야이마무라 민속촌
차로 10분
디저트 미루미루

2일 차

두부의 히가 or 치넨 상회 아침
차로 50분
히라쿠보자키
차로 10분
히라쿠보 비치
차로 10분
아카시 식당 점심
차로 30분
미야라 강의 맹그로브 숲
차로 20분
후사키 비치
차로 10분
반나 공원

AREA ···· ①

야에야마 제도 여행의 중심

이시가키 섬 石垣島

이시가키 섬은 야에야마 제도의 중심에서 다채로운 색의 바다와 연두와 녹색을 머금은 숲, 그리고 자그마한 마을과 사람들의 숨결이 자연스럽게 포개지는 섬이다. 섬을 대표하는 가비라만川平湾에서는 유리처럼 빛나는 수면 위로 바람이 지나가고, 얕은 산호가 펼쳐진 요네하라 비치米原ビーチ에서는 스노클링을 하면서 잠시 멈춰버린 시간을 느낄 수 있다. 북쪽 끝 히라쿠보자키平久保崎에 서면, 섬이라는 경계 너머로 이어지는 바다의 광활함과 거친 바람이 잠시나마 마음을 흔들어 놓는다. 점심에는 야에야마 제도 소바 한 그릇으로 속을 채우고, 남국의 햇살 아래에서 천천히 커피를 마시는 여유도 이시가키 여행의 일부다. 밤하늘에 떠오른 별들 사이로 이번 여행의 기억은 나이테처럼 가슴을 스친다.

이시가키 섬 상세 지도

히라쿠보자키 07
206
아카시 식당 12
79
390
스쿠지 비치 04
아난드 키친 10
05 피나 콜라다
11 카비라만 코엔차야
09 우간자키
08 카비라만
01 요네하라비치
79
87
79
10 야이마무라 민속촌
이시가키 국제공항
미루미루 15
02 선셋 비치
15 반나 공원
후사키 비치 05
12 이시가키 천문대
칸논 비치 06
390
후나쿠라사토
미야라 강의 맹그로브 숲
09
03 두부의 히가
14
04 순야반짱
후사키 관음당 11
02 치넨상회
01 돈키호테 이시가키
13 시라호 일요시장
이시가키 섬 확대도
390
다케토미 섬
키미 쇼쿠도 06
03 마에사토 비치
08 이시가키 생참치 식당 츠나

이시가키 섬 확대도

히토시 19
87
클라치 커피 01
79
유글레나 몰
390
하우트리 젤라토 13
이시가키 공동매점 05
03 소라
오키나와 팝 라쿠엔 04
20 이치교이치에
730 기념비
핏제리아 일 트레코르데 21
14 코토부키 고야
18 스테이크 하우스 파포이야
Manseikan St
208
79
타이몬 07
이시가키지마 빌리지 22
이시가키 버스 터미널
시야쿠쇼 거리
Misaki St
Misaki Center-Tori St
이시가키 낙도 터미널
02 유라티쿠 시장
Shin'ei Park
Minato Terminal St
베셀 호텔
17 숯불구이 타케산테이
16 숯불구이 야마모토
N
0 50mm
토요코인

이시가키 섬의 첫 번째 비치 ······ ①

요네하라 비치 米原ビーチ

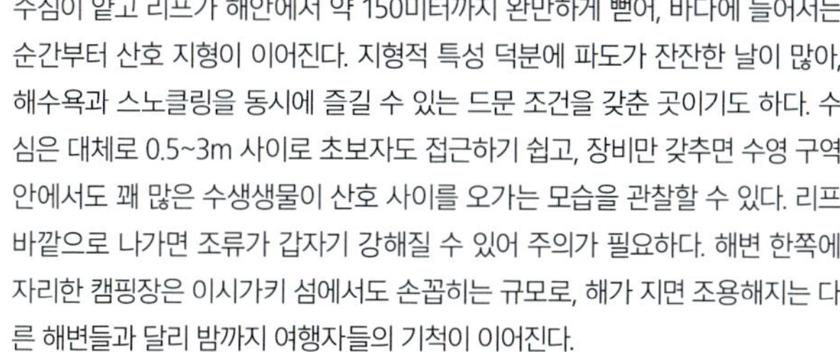

수심이 얕고 리프가 해안에서 약 150미터까지 완만하게 뻗어, 바다에 들어서는 순간부터 산호 지형이 이어진다. 지형적 특성 덕분에 파도가 잔잔한 날이 많아, 해수욕과 스노클링을 동시에 즐길 수 있는 드문 조건을 갖춘 곳이기도 하다. 수심은 대체로 0.5~3m 사이로 초보자도 접근하기 쉽고, 장비만 갖추면 수영 구역 안에서도 꽤 많은 수생생물이 산호 사이를 오가는 모습을 관찰할 수 있다. 리프 바깥으로 나가면 조류가 갑자기 강해질 수 있어 주의가 필요하다. 해변 한쪽에 자리한 캠핑장은 이시가키 섬에서도 손꼽히는 규모로, 해가 지면 조용해지는 다른 해변들과 달리 밤까지 여행자들의 기척이 이어진다.

🚶 시내에서 차로 약 30분, 8번 버스를 타고 요네하라 비치 캠핑장米原キャンプ場, 버스 11번을 타고 요네하라 비치米原 하차 🕒 상시 개방(해수욕 4~10월) ¥ 없음 Ⓟ 500엔
🏠 www.ishigaki-navi.net/si_yoneharabeach.html 🔍 요네하라 비치

일본판 꽃보다 남자의 촬영지 ······ ②

선셋 비치 サンセットビーチ

섬 북쪽 쿠우라久宇良 마을 안쪽에 자리한 비치다. 산호 조각이 섞여 모래가 밀가루처럼 곱고 부드러워 맨발로 걷는 기분이 각별하다. 투명한 바닷물은 수심이 깊어져도 바닥이 훤히 보일 정도다. 영화 〈꽃보다 남자 파이널〉의 촬영지로 선택됐을 만큼 해변 자체의 아름다움은 섬 내에서도 손꼽힌다. 과거에는 마을에서 소박하게 관리했지만, 지금은 유료 샤워실과 매점, 렌털 숍을 갖춘 제대로 된 관광지로 변모했다. 물론 그 덕에 주차비와 입장료가 생겼다. 안전을 위해 해파리 방지 그물 안에서만 수영해야 하고 구명조끼 착용이 필수라, 자유로운 탐험을 원하는 스노클링 마니아에게는 답답할 수 있다. 하지만 어린아이와 함께하거나, 압도적인 백사장 풍경을 원한다면 북쪽 끝까지 달려갈 가치는 충분하다.

🚶 시내에서 차로 50분, 2번 버스를 타고 쿠우라久宇良 하차 후 도보 20분 🕒 5월 1일~10월 15일 ¥ 500엔(해변 이용료, 샤워, 탈의실, 화장실 포함), 6세~초등학생 300엔 Ⓟ 500엔 🏠 www.i-sb.jp
🔍 쿠우라 선셋 비치

외부인도 입장 가능한 호텔 비치 ······③

마에사토 비치 真栄里ビーチ

ANA 인터컨티넨탈 이시가키 리조트 앞에 펼쳐진 널찍한 인공 해변이다. 특급 호텔에서 관리하는 만큼 쾌적함과 편의성은 이시가키 내 최고 수준이다. 투숙객이 아니어도 해변 출입은 물론 샤워실과 탈의실, 주차장까지 무료로 이용할 수 있다는 점은 엄청난 혜택이다. 방파제가 설치되어 있어 파도가 잔잔하고 수심이 일정해 어린아이를 동반한 가족 여행객에게 최적이다. 해파리 방지 그물과 안전 요원도 상주해 안심하고 물놀이를 즐길 수 있다.

해변의 하이라이트는 바다 위에 띄워 놓은 거대한 에어 바운스 놀이터인 '마에사토 오션 파크'다. 미끄럼틀과 다이빙대 등을 갖춰 아이들은 물론 어른들도 신나게 즐길 수 있다. 해변 입구에 있는 레저 하우스에서 다양한 해양 액티비티 예약도 가능하다.

🚶 시내에서 차로 10~15분, 공항에서 차로 20분, 10번 버스를 타고 ANA 인터컨티넨탈 ANAインターコンチネンタル 하차

🕓 3월 중순~11월말 ¥ 해변 무료(오션파크, 액티비티, 파라솔 등 유료)

Ⓟ 무료 🏠 www.anaintercontinental-ishigaki.jp/ 🔍 마에사토 비치

원데이 패스

해변에 있다 보면 뜨거운 태양을 피할 파라솔도 필요하고, 투명한 바다를 보면 카약이라도 한 번 저어보고 싶어지기 마련이다. 이것저것 빌리다 보면 지갑이 얇아지기 십상인데, 하루 종일 바다에서 살 작정이라면 '원데이 패스'가 정답이다. 이 패스 하나면 필수품인 파라솔과 데크 체어는 물론, 카약, 페달 보트, 최근 인기인 SUP(스탠드 업 패들보드) 등 다양한 무동력 해양 스포츠 장비를 시간제한 없이 마음껏 이용할 수 있다. 오전에 카약을 타고, 오후엔 SUP를 배우면 본전을 뽑고도 남는다. 단, 바다 위 워터파크인 '오션 파크' 입장권은 행사기간을 제외하고는 별도인 경우가 많으니 구입 시 포함 여부를 꼭 확인하자. 해변 입구의 '레저 하우스'에서 신청할 수 있다.

¥ 렌털 원데이 패스 1인 7000~8000엔, 파라솔+체어 단품 1일 5000엔(투숙객 무료), 마에사토 오션 파크 1일 6세 이상 기간에 따라 5000~5500엔(투숙객 4000~4500엔), 3~5세 무료

은밀하게 숨어있는
은빛 해변 ······④

스쿠지 비치 底地ビーチ

카비라만에서 차로 5분! 활처럼 둥글게 휘어진 1km 길이의 백사장은 파도가 호수처럼 잔잔하고 수심이 얕아 어린아이를 동반한 가족 여행객에게 최적의 장소다. 특히 여름철 해수욕 시즌에는 해파리 방지 그물이 설치돼 이시가키 섬의 바다 불청객인 맹독성 해파리 걱정 없이 마음껏 수영을 즐길 수 있다. 해변 뒤로는 울창한 모쿠마오나무 숲이 천연 그늘을 만들어주어 현지인들의 주말 피크닉 장소로도 사랑받는다. 단, 숲 근처에는 모기가 많으니 곤충 기피제는 필수다.

물빛이 환상적인 낮 시간도 좋지만, 이곳의 진가는 해 질 녘에 드러난다. 수평선 너머로 떨어지는 붉은 노을이 잔잔한 수면에 비치는 풍경은 놓치기 아까운 장관. 주변에 불빛이 적어 은하수를 보기에도 좋다. 간조 때는 물이 많이 빠져 수영이 어려울 수 있으니, 만조 시간을 미리 확인하고 방문하자.

시내에서 차로 30~40분
안전요원 상주 기간 4~10월 ¥ 무료
P 무료 스쿠지 비치

이시가키 제일의 웨딩·커플 사진 포인트 ······⑤

후사키 비치 フサキビーチ

후사키 리조트 앞에 펼쳐진 천연 비치로, 투숙객이 아니어도 자유롭게 이용할 수 있다. 이곳의 가장 큰 매력은 바다를 향해 그림처럼 뻗어 있는 잔교, '후사키 엔젤 피어'다. 낮에는 에메랄드빛 바다 위를 걷는 듯한 청량함을 주고, 해 질 녘에는 이시가키 섬 최고의 붉은 석양을 선사해 '연인들의 성지'로 불린다.

해변은 관리가 매우 잘 되어 있다. 백사장의 폭은 다소 좁지만, 수심이 얕고 파도가 잔잔해 아이들이 놀기에 제격이다. 특히 해수욕 시즌에는 해파리 방지 그물이 설치되고 라이프 가드가 상주하고 있어 섬 내에서 가장 안전하게 물놀이를 즐길 수 있는 곳 중 하나다. 리조트를 통과해 해변으로 가는 길이 다소 부담스러울 수 있지만, 투숙객이 아니어도 제지하지 않고 오히려 환대하는 분위기니, 걱정 말고 당당히 입장하자. 해변 입구의 '비치 스테이션'에서 유료로 다양한 마린 액티비티도 신청할 수 있다.

시내에서 차로 15~20분, 9번 버스를 타고 후사키 비치 리조트フサキビーチリゾート 하차 상시 개방(해수욕 3~10월)
¥ 무료 P 무료 fusaki.com
후사키 비치

은하수 관측 명당 ⑥

칸논 비치 観音ビーチ

현지인들이 사랑하는 숨은 석양 명소. 등대가 서 있는 곳 아래로 펼쳐진 해변으로, 고운 모래사장보다는 거친 바위와 산호 조각이 많아 해수욕에는 적합하지 않다. 대신 이곳의 진가는 해 질 녘에 드러난다. 바다와 맞닿은 둑에 앉아 수평선 너머로 떨어지는 석양을 감상하고 시간이 난다면 하늘이 어두워질 때까지 조금 더 기다려보자. 태양이 빛이 사라지면서 하나둘 별빛이 반짝이기 시작하는데, 그러다 보면 어느새 하늘 위로 떠오른 은하수도 볼 수 있다. 물론 본격적으로 은하수만 보기를 원한다면 심야에 방문하는 게 훨씬 좋다. 적어도 아직까진 관광객들이 거의 모르는 장소라 조용히 파도 소리를 들으며 사색에 잠기기에도 좋고, 낮은 언덕 위에 있는 전망대까지 다녀오는 길도 훌륭하다. 이시가키 여행이 삶 속의 숨은 쉼표라면, 칸논 비치는 쉼표의 쉼표쯤 된다.

시내에서 차로 15분 상시 개방
¥ 무료 P 무료 칸논 비치

푸른 바다가 내려다보이는 전망 포인트 ⑦

히라쿠보자키 平久保崎展望台

이시가키 섬 최북단, 우뚝 솟은 융기 산호초 절벽인 히라쿠보자키는 오키나와의 모든 섬을 통틀어 가장 압도적인 파노라마를 선사하는 곳이다. 짙푸른 동중국해와 태평양이 만나는 경계에 선 순백의 등대는 그 자체로 한 폭의 그림이 된다. 시내에서 꽤 거리가 있지만, 가는 길에 만나는 목초지와 한가로이 풀을 뜯는 이시가키 소들의 풍경은 드라이브의 즐거움을 더한다. 2016년 사랑스러운 등대에 선정돼 커플 여행객들이 늘었다.

등대 내부 입장은 불가능하지만, 전망대에서 바라보는 풍광만으로도 이곳을 찾을 이유는 차고 넘친다. 대중교통 접근성이 매우 떨어지므로 렌터카 이용이 필수적이다. 주차장이 협소해 오전 10시만 넘어도 대기 줄이 길어지니, 가급적 이른 아침이나 늦은 오후 방문을 권한다. 히라쿠보자키에서 남쪽으로 돌아가는 길에 자리한 숨겨진 작은 해변 히라쿠보 비치도 함께 들러보자.

시내에서 차로 1시간, 6번 버스를 타고 히라쿠보平久保 하차 후 도보 25분(6번은 하루 배차가 2~3대에 불과해 권하지 않음)
상시 개방 ¥ 무료 P 무료
히라쿠보 곶

물빛만으로 몽환과 현실의 경계마저 모호해지는 ⑧

카비라만 川平湾 Kabira Bay

이시가키 섬을 대표하는 최고의 명승지이자, '미슐랭 그린 가이드'에서 최고 등급인 3스타를 받은 곳이다. 하루에도 일곱 번 물빛이 변한다고 할 정도로 신비로운 에메랄드빛 바다와 순백의 백사장이 어우러져 비현실적인 풍경을 자아낸다. 만 입구를 작은 섬들이 가로막고 있어 마치 호수처럼 잔잔하다. 일대가 천연기념물로 보호되기 때문에 수영은 금지. 조류가 빠르고 관광용 보트가 수시로 드나들어 이래저래 수영하기에는 위험한 곳이다. 대신 바닥이 투명한 글라스 보트를 타고 거대 산호 군락과 니모(흰동가리) 같은 열대어를 감상하는 것이 이곳의 필수 코스다. 글라스 보트는 평균 15분 간격으로 운항하니 대기 시간은 짧은 편. 해변 오른쪽 언덕 위 카비라 공원 전망대는 절대 놓치지 말자. 이곳에서 내려다보는 카비라만의 파노라마는 엽서나 가이드북 표지로 쓰일 만큼 아름답다. 참고로 최고의 물색은 오전 10시~오후 2시 사이에 나온다.

시내에서 차로 30~40분, 2, 9, 11번 버스를 타고 카비라 공원川平公園 하차
상시 개방, 글라스 보트는 09:00~17:00 ¥ 무료
P 유료, 1시간 200엔, 이후 1시간마다 100엔 추가 카비라만

글라스 보트 이용법

카비라 공원 제 1주차장과 맞닿아 있는 카비라 마린 서비스川平マリンサービス 건물(공용 화장실이랑 함께 있는)에서 글라스 보트와 관련된 모든 예약 업무를 실시한다. 몇 년 전만해도 카비라 공원 입구에 회사별로 매표소가 있었던 것이 통합된 상황. 요금은 어른 ¥1700, 4~11세 어린이는 ¥800이다.

신이 머무는 서쪽 끝 그리고 하얀 등대 ······ ⑨

우간자키 御神崎

이시가키 섬 서쪽 끝, 신이 머문다는 뜻을 가진 해안 절벽이다. 히라쿠보자키가 최북단의 시원한 파노라마를 담당한다면, 우간자키는 서쪽 바다로 떨어지는 장엄한 낙조를 자랑한다. 깎아지른 듯한 거친 단애 절벽 위에 우뚝 솟은 하얀 등대는 코발트 빛 바다와 강렬한 대비를 이루며 이국적인 정취를 자아낸다.

봄, 특히 4월에서 5월 사이에는 곶 전체가 하얀 나팔백합(테포유리)으로 뒤덮여, 마치 신들의 정원에 온 듯한 착각을 불러일으킨다. 거친 파도가 절벽에 부딪히는 소리와 바람 소리만 들리는 고요한 곳이지만, 해 질 녘이면 석양을 담으려는 사람들로 주차장이 가득 찬다. 날씨가 좋으면 서쪽으로 이리오모테 섬의 실루엣까지 조망할 수 있다. 바람이 세차게 부는 날이 많으니, 옷차림에 유의하자.

🚶 시내에서 차로 30~35분, 카비라만에서 차로 10분, 2·7·8·9번 버스를 타고 御神崎枝 하차, 하차 지점에서 도보 1시간 ⏱ 상시 개방 ¥ 무료 Ⓟ 무료 🔍 우간자키

숲속의 장난꾸러기가 건네는 따뜻한 환영 인사 ······ ⑩

야이마무라 민속촌 石垣やいま村

야에야마 제도의 옛 시간을 박제해 둔 듯한 민속촌 풍 테마파크. 나구라 만이 시원하게 내려다보이는 언덕 위에 붉은 기와지붕을 얹은 고택들이 옹기종기 모여 있어 풍광이 근사하다. 국가 등록 유형문화재인 구 마키시 저택을 비롯해 이축·복원된 고택의 마루에 앉아 바람을 맞다 보면 일종의 안도감이 생기며 긴 숨을 내쉬게 된다. 이곳의 마스코트는 단연 다람쥐원숭이. 숲속 산책로에 들어서면 손바닥만 한 원숭이들이 사람을 무서워하지 않고 스스럼없이 어깨 위로 올라탄다. 관람 후에는 람사르 협약 등록 습지인 '나구라 암파루'로 이어지는 맹그로브 나무 데크 길을 걸어보자. 아이를 동반한 가족 여행자에게 특히 추천한다.

🚶 시내에서 차로 20분, 9번 버스를 타고 모토나구라元名蔵 하차 후 도보 1분
🕓 09:00~17:30(연중무휴)
¥ 1200엔(3세~초등학생 600엔)
Ⓟ 무료 🏠 www.yaimamura.com
🔍 이시가키 야이마무라

이끼 낀 석등 사이로
빛이 내려앉을 때 ······ ⑪

후사키 관음당 冨崎観音堂

1701년에 세워진 후사키 관음당은 뱃길을 나서는 섬사람들의 무사 귀환을 빌던 기도처다. 이곳의 백미는 단연 참배로다. 입구에서 본당까지 이어지는 길 양옆으로 울창한 류큐 소나무들이 터널을 이루고, 그 사이로 이끼 낀 석등들이 늘어서 있다. 마치 시대극 영화 속으로 걸어 들어가는 듯한 몽환적인 분위기를 자아낸다. 화려한 볼거리는 없지만, 낡은 목조 건물과 붉은 기와가 주는 시간의 무게감이 상당하다. 참배를 마치고 뒤를 돌면 나무 사이로 푸른 바다가 보여 가슴이 탁 트인다. 해 질 녘 방문하면 고즈넉한 사원과 황금빛 석양을 동시에 담을 수 있다.

🚶 시내에서 차로 15분 🕓 상시 개방 ¥ 무료
Ⓟ 무료 🔍 후사키 관음당

105cm 거대한 눈으로
마주하는 별들의 침묵 ······ ⑫

이시가키 천문대 石垣島天文台

마에세다케前勢岳 정상에 자리한 국립 천문대로, 규슈-오키나와 지역 최대 구경인 105cm 광학 적외선 망원경 무리카부시를 보유하고 있다. 북위 24도에 위치해 제트기류의 영향이 적은 데다 대기 또한 안정된 편이라 1등성 21개 전부는 물론, 88개의 북반구 별자리 중 84개를 관측할 수 있으며 12월부터 6월 사이에는 남십자성도 볼 수 있다. 시설 관람은 크게 주간 견학(시설 공개)과 야간 관측회로 나뉜다. 주간에는 무료로 시설을 둘러볼 수 있으며, 매일 오후 3시에는 입체 안경을 쓰고 우주를 여행하는 듯한 '4D2U' 상영회가 열린다. 밤하늘을 직접 망원경으로 보는 야간 관측회는 주말과 공휴일에만 운영되며 반드시 홈페이지를 통해 사전 예약해야 한다. 예약 경쟁이 치열하고 일본어 해설만 제공되니 참고할 것. 산길이 좁아 운전에 각별한 주의가 필요하다.

🚶 시내에서 차로 20~25분 🕓 10:00~17:00 (월, 화 휴관) ¥ 무료(모든 행사 웹페이지를 통한 사전 예약 필수) Ⓟ 무료
🏠 murikabushi.jp 🔍 이시가키 천문대

할머니들의 웃음소리가 들려오는 섬마을 사랑방 ······ ⑬

시라호 일요시장 白保日曜市

매주 일요일에만 반짝 열리는 소박한 장터다. '시라호의 생활을 판다'라는 모토처럼 관광지라기보다는 동네 할머니들의 정겨운 사랑방 같다. 직접 재배한 제철 채소, 허브 티, 그리고 해변 자생 식물인 아단 잎으로 짠 튼튼한 생활 공예품들이 좌판을 채운다. 그 중에서도 가장 큰 즐거움은 역시 먹거리다. 향긋한 겟토月桃 잎이나 바나나잎으로 정성스레 감싼 주먹밥 '카나산도'와 뜨끈한 소고기 국은 오전 10시 개장과 동시에 줄을 서야 할 정도로 인기다. 화려한 볼거리는 없어도 오키나와 시골 마을의 느긋한 아침 풍경을 사랑하는 여행자에게는 보물 같은 곳이다.

🚶 시내에서 차로 20분, 4·10번 버스를 타고 시라호白保 하차 후 도보 3분 🕓 매주 일요일 10:00~13:00 ¥ 없음 Ⓟ 무료
🏠 natsupana.com/whatwedo/nichiyouichi
🔍 시라호 일요시장

태고의 시간이 멈춘 초록빛 미로 속으로 ······ ⑭

미야라 강의 맹그로브 숲 宮良川のヒルギ林

이시가키 섬 내 최대 규모를 자랑하는 맹그로브 군락지로, 울창하고 원시적인 풍경이 압권이다. 일본의 국가 천연기념물로 지정된 곳이기도 하다. 히루기ヒルギ는 맹그로브를 뜻하는 이시가키 말이다. 문어 다리처럼 얽히고설킨 나무뿌리들이 강물을 단단히 움켜쥐고 있는 모습이 신비롭다. 미야라 다리宮良橋 위에서 숲 전체를 조망하는 것도 좋지만, 이곳의 진가는 수면 위에서 드러난다. 만조 때는 카누를 타고 맹그로브 터널 깊숙이 들어가 탐험할 수 있고, 간조 때는 갯벌 위로 올라온 붉은 발말뚝게와 말뚝망둥어를 코앞에서 관찰할 수 있다. 특별한 장비 없이도 이시가키의 대자연을 가장 가까이서 호흡할 수 있는 생태계의 보고다.

카누 투어

다리 주변에 투어 업체들이 있다. 가장 규모가 큰 곳은 이시가키 섬 관광有限会社石垣島観光(yaeyama.ne.jp)이라는 업체로 자체 주차장과 온수 샤워실, 탈의실, 화장실을 완비하고 있어 투어를 즐긴 후 씻을 수 있다는 엄청난 장점을 가지고 있다.
이시가키 가이드 츄라추라石垣島ガイド ちゅらちゅら(chulachula.info)는 영세한 업체인데 소규모 팀을 운영하는 집이다. 만약 일본어 듣기만 된다면 카누를 타는 동안 숲에 대한 엄청난 정보를 얻을 수 있다.

시내에서 차로 15~20분
상시 개방
¥ 무료 Ⓟ 무료
미야라가와 맹그로브 숲

이시가키는 바다뿐이라고 생각한다면 ······ ⑮

반나 공원 バンナ公園

이시가키 섬 한가운데 우뚝 솟아난, 해발 230m의 산 반나다케를 통째로 공원으로 조성했다. 공원의 규모는 딱 여의도만 하다. 공원은 크게 5개 구역으로 나뉘는데, 가장 인기가 높은 곳은 단연 '반나 스카이라인'에 위치한 '에메랄드 바다를 보는 전망대'다. 이름 그대로 낮에는 이시가키의 투명한 바다와 시내를 360도 파노라마로 조망할 수 있고, 밤에는 쏟아지는 별을 관측하는 천연 플라네타륨으로 변신한다.
아이와 함께라면 거대한 미끄럼틀과 자연 지형을 살린 놀이기구가 가득한 '어린이 광장'이 필수 코스다. 산책로가 잘 정비되어 있어 세그웨이 투어를 즐기는 이들도 많다. 3월부터 초여름 사이에는 반딧불이 투어가 열릴 만큼 청정 자연을 자랑한다. 워낙 넓으니 도보 완주보다는 렌터카로 전망대와 주요 스폿을 이동하며 둘러보는 것이 현명하다.

시내에서 차로 15분, 7번 버스를 타고 반나 공원バンナ公園 하차
09:00~21:00(남쪽 출구 주변 등 일부 지역은 24시간 개방)
¥ 무료(세계 곤충관 400엔, 체험 프로그램도 유료) Ⓟ 무료
banna.jp 반나 공원

아침 해를 맞으며 커피 그리고 샌드위치 ······ ①

클라치 커피 Klach Coffee

이시가키에서 가장 만족스러운 커피 스폿 중 하나. 가게 이름인 클라치 커피는 19세기 후반 미국 이민자들 사이에서 유행한 말로 커피 마시며 수다 떠는 모임을 뜻한다. 인근 고하마 섬에서 로스팅한 스페셜티 원두를 주로 사용하는데, 여러 산지의 스페셜티 중 선택할 수 있다. 이 외에도 카페라테, 말차라테 같은 커피 음료 메뉴도 풍부하다. 모닝 타임(07:00~10:00)에는 샌드위치+아메리카노 세트를 판매해 아침 대용의 역할도 톡톡히 한다. 주간 메뉴는 도넛. 언제 가도 좋은 시간을 보낼 수 있다.

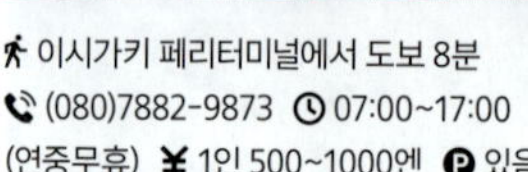

이시가키 페리터미널에서 도보 8분
(080)7882-9873 07:00~17:00 (연중무휴) ¥ 1인 500~1000엔 P 있음
www.klatch-coffee.com
클라치 커피

삼단 변신 조립식 오니기리 ······ ②

치넨 상회 知念商会

시 중심부 외곽인 미야라 지역에 위치한 지역 슈퍼마켓, '오니사사おにささ'라는 조립식 오니기리를 창안한 집이다. 오니사사란 오니기리에 각종 튀김 등 반찬거리를 얹어 나만의 조합으로 만들어 먹는 주먹밥을 뜻하는 말이다. 만드는 방법은 일단 일회용 비닐로 손을 감싼 후 '밥을 고른다→곁들일 반찬을 고른다→구비된 다양한 소스를 뿌린다→계산한다'의 순서. 피시프라이魚フライ, 민치카츠ミンチカツ, 감자크로켓이 추천 조합. 계절에 따라 전갱이 프라이アジフライ 같은 계절 반찬을 팔기도 한다. 오니사사 외에 다양한 도시락도 있으니 하루 종일 물놀이 예정인데 먹을 게 마땅치 않다면 일단 치넨 상회에 들려보자. 시 외곽에 지점도 있으나 여기 소개된 본점이 규모도 크고 구성도 훨씬 알차다.

시내에서 차로 5분 (0980)82-9664
07:00~19:00 ¥ 1인 400엔
P 있음 치넨상회 본점

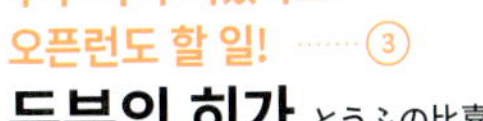

두부 하나 먹겠다고
오픈런도 할 일! ③

두부의 히가 とうふの比嘉

사탕수수밭 사이에 있는 숨은 두부 전문점이다. 이시가키 섬까지 가서 무슨 두부냐고 반문할 수 있지만, 아니다. 60년의 전통을 자랑하는 일본인 여행자들에게도 유명한 집으로 문 열자마자 가도 20~30분은 대기해야 한다. 에어컨이 없는 옛 농가 건물을 그대로 사용하고 있으니, 선선한 이른 아침에 방문해 속 편안한 아침 식사를 즐기는 것을 추천한다. 유시 두부 정식ゆし豆腐セット이 기본, 굳이 두부소바ゆし豆腐そば까지 갈 필요는 없다. 성수기 때면 오전 9시에도 품절 간판 걸고 문을 닫아버릴 수 있다.

이시가키 페리터미널에서 차로 10분 (0980)82-4806 06:30~15:00(일요일 휴무)
¥ 1인 600~1000엔 P 무료 두부의 히가

폭신한 이불 같은 달걀말이 ④

순야반짱 旬家ばんちゃん

시라호 해변 바로 앞에 위치한 가정식 식당. 이시가키 섬에서 보기 드문 조식 전문에 가깝다. 머랭을 사용한 초극세 폭신폭신한 다시마키(달걀말이)가 명물이다. 메뉴는 반짱 정식 하나로, 제시되는 3종의 메인 요리 중 한 가지를 선택하는 스타일이다. 함께 나오는 생선 조림, 청채 무침, 고야 절임 등 모든 요리가 신선한 현지 재료로 만들어진다. 추가 밥은 무료이니 대식가도 걱정하지 말자. 풍경 좋은 곳에 위치해 대기 시간에는 아름다운 정원을 산책하거나 바다를 감상할 수 있다. 예약 필수로 웹페이지를 통해 예약할 수 있다.

이시가키 페리터미널에서 차로 20분
(0980)86-7878 금~화 09:30~15:00
(수·목요일 휴무) ¥ 1인 2000엔 P 무료
shun-ya-banchan.com 순야반짱

작은 섬, 더 작고 앙증맞은 베이커리 ⑤

피나 콜라다 ピナコラーダ

이시가키 섬 최고의 베이커리로 꼽힌다. 카비라만 주차장에서 도보 3분 거리라 접근성도 훌륭하다. 화려한 기교보다는 현지 식재료를 듬뿍 넣은, 건강하고 소박한 빵을 지향한다. 소량 생산을 원칙으로 하며, 제철 재료 수급에 따라 메뉴 변동이 잦은 편이다. 매일 아침 갓 구운 빵 냄새를 따라 모여드는 현지인들의 일상을 엿보는 재미는 덤이다. 주인장이 진정한 자유인이라 영업시간은 종종 무시된다.

이시가키 시내에서 차로 30분, 카비라 공원에서 도보 3분 (0980)88-2501 09:00~재료 소진 시까지(월~수요일 휴무) ¥ 1인 500~1000엔 Ⓟ 무료 pclkabira.exblog.jp 베이커리 피나콜라다

이시가키 주민 사이에서 어슬렁어슬렁 ⑥

키미 쇼쿠도 キミ食堂

섬 주민들의 솔 푸드를 맛볼 수 있는 집이다. 60년이 넘는 역사를 자랑하며, 관광객보다 현지인 위주의 찐 밥집이다. 대표 메뉴는 규소바牛そば다. 맑은 가쓰오 국물 베이스의 야에야마 소바와 달리, 이곳은 직접 담근 된장을 풀어 국물이 진하고 구수하다. 테이블 위에 놓인 피파치(섬 후추)와 수제 고추기름을 곁들이면 풍미가 배가 된다. 오키나와 지역 소바의 면발에 도저히 적응이 되지 않을 것 같으면 이시가키 소고기로 만든 규동을 시켜보자. 토요일 한정 메뉴인 돈카츠도 인기 메뉴.

시내에서 도보로 15분, 차로 4분 (0980)82-7897 10:00~19:00 (목요일 휴무) ¥ 1인 1000엔 Ⓟ 없음 키미 쇼쿠도

우동이 짬뽕보다 맛있던 옛 중국집 느낌 그대로 ⑦

타이몬 太門

1986년에 개점한 이시가키를 대표하는 중화요리 노포. 개업 이래 한 번도 간판은 물론 내부도 손대지 않은 집으로 더 유명하다. 그 덕분에 간판도 반쯤 떨어져 나가 여기서 먹어도 되나 싶을 정도. 기본적으로 동네 식당이라 여행자들은 많이 없다. 추천 메뉴는 고모쿠멘五目麵, 딱 80~90년대, 한국에서 짬뽕이 중국집을 뒤덮기 전 주류 메뉴였던 중국집 스타일 우동이 나온다. 마파두부밥이나 야채볶음 같은 요리도 맛있다.

이시가키 페리터미널에서 도보 4분 (0980)82-7895 목~월12:00~14:00, 18:00~21:00(화·수요일 휴무) ¥ 1인 1000엔~ Ⓟ 없음 타이몬 이시가키

참치 전문점이지만 연어구이 맛집 ⑧

이시가키 생참치 식당 츠나 石垣生まぐろと銀しゃり食堂つーなー

시내 중심가에서 조금 벗어난 주택가에 위치한 숨은 맛집이다. 이시가키산 생참치와 윤기가 흐르는 밥을 상호에 내걸고 영업 중이다. 점심에는 참치돈부리本マグロ丼나 연어구이 정식鮭はらす定食 같은 정식을 취급하고 저녁에는 이자카야로 변신한다. 아직까지는 외국인 보다는 현지인 장사를 하는 집이다. 참치 메뉴가 기본이지만 오늘의 추천 메뉴 항목으로 넘어가면 오징어회와 같은 다양한 계절 회를 맛볼 수 있다.

이시가키 시내에서 차로 10분 (0980)87-9914
11:00~14:30, 17:00~23:00 ¥ 1인 1500~4000엔
무료 이시가키 생참치 식당 츠나

고택에 초대받은 손님이 되어보자 ⑨

후나쿠라사토 舟蔵の里

오래된 민가 7채를 이축해 만든 이곳은 마치 작은 민속촌을 연상케 한다. 간단한 단품 요리부터 본격적인 가이세키, 오키나와 향토 요리까지 메뉴 스펙트럼이 넓어 남녀노소 누구나 만족스럽다. 여행자들은 식사를 전담하는 향토요리동郷土料理棟이나 차를 마시는 카페 보트 스테이션カフェ Boat Station을 이용한다. 식사 후 아기자기한 정원을 거니는 것만으로도 시간 여행을 하는 기분이다.

시내에서 차로 약 10~15분 0980-82-8108(저녁 예약 권장)
점심 11:00~14:00, 저녁 17:00~22:00 / 카페 10:00~17:00
¥ (1인) 점심 1500~2500엔, 저녁 3000~6000엔 무료
funakuranosato.com 후나쿠라사토

인도 최남단의 인도 커리 하우스 ⑩

아난드 키친 アナンダキッチン

스쿠지 해변 앞에 있는 인도 커리, 그것도 무려 남인도 밀즈 하우스다. 메뉴는 단 한 가지. 남인도 정식이라고 말할 수 있는 밀즈 뿐이다. 일본이다 보니 향신료와 매운맛이 자제된 편이고, 식재료는 모두 이시가키산. 고야로 만든 인도 피클 아차르같은 여기서만 맛 볼 수 있는 것들이 밀즈에 포함되어 있다. 이외에 자가 제작 효소 주스, 두유 마살라 짜이 같은 음료 메뉴도 있다. 순수 채식 요리 식당으로 비건 취향이라면 더더욱 반가울 만하다.

이시가키 페리터미널에서 차로 30~40분 미공개 목~일
11:30~16:00(월~수요일 휴무, 재료 소진 시 조기 종료) ¥ 1인 2000~2500엔
있음 www.instagram.com/ananda_kitchen_ishigaki 아난드 키친

일본인들의 노포 성지순례 장소 ⑪

카비라만 코엔차야 公園茶屋

카비라 공원 입구, 산책로가 시작되는 길목에 자리한 소박한 식당이다. 화려한 맛집은 아니지만, 이시가키 섬의 가정식을 맛보기에 더할 나위 없다. 대표 메뉴는 야에야마 소바八重山そば다. 돼지 뼈와 가다랑어로 우려낸 맑은 국물은 담백하고 개운하다. 부드럽게 삶아낸 돼지고기와 어묵 고명이 툭툭 끊어지는 독특한 식감의 국수와 그럭저럭 어울린다. 날씨가 더울 땐 시원한 빙수나 망고 주스를 곁들여도 좋다. 좌식 테이블이 있어 아이를 동반한 가족 여행객에게도 편안하다.

시내에서 차로 30~40분 (0980)88-2210 11:00~16:00(부정기 휴무) ¥ 1인 1000엔 카비라 공원 유료 주차장 이용 카비라만 코엔차야

오픈런! 오픈런! 오픈런! ⑫

아카시 식당 明石食堂

오키나와 최고라 말할 수 있는 소바집이다. 이틀간 고아 냈다는 깊은 국물과 자가제면, 놀라울 정도로 부드러운 소키(돼지갈비) 맛으로 유명하다. 이 집 소바를 맛보기 위해 섬을 찾는 여행자가 실제로 있을 정도이다. 섬 북단에 있어 접근성이 낮음에도 불구하고, 영업 시작 전부터 대기 인원으로 붐빈다. 메뉴는 야에야마 소바八重山そば, 소키소바ソーキそば, 야채소바野菜そば, 가츠동カツ丼 네 가지로 단출하다. 2인 방문 시 소키소바와 야채소바 조합을 추천하며, 유일한 밥 메뉴인 가츠동 또한 기대 이상의 맛이다. 2014년 최초 소개할 때부터 오픈런 기미가 보였는데, 지금은 더 심해졌다. 개업 시간 맞춰 방문해도 대기 필수.

이시가키 공항에서 차로 약 35분 (0980)89-2447 목~토 10:30~15:00 (재료 소진 시 종료) ¥ 1인 800~1200엔 무료 아카시 식당

다양한 열대과일로 직접 만든 젤라토 ⑬

하우트리 젤라토 ハウトゥリージェラート

영하 20도로 차갑게 식힌 대리석 위에서 아이스크림과 생과일을 즉석에서 비벼 주는 '마블 아이스크림'이 명물인 곳이다. 직영 농장에서 무농약으로 재배한 망고, 파인애플, 패션프루트 등을 사용해 신선함이 남다르다. 베이스가 되는 아이스크림 역시 이시가키산 저지 우유를 사용해 진하고 고소하다. 주문과 동시에 과일을 으깨고 섞어주는데, 부드러운 식감과 과일 본연의 향이 입안 가득 퍼진다. 유구레나 몰 근처에 있어 쇼핑하다 지칠 때 당 충전하기에 제격이다. 여름철 한정 망고 믹스는 놓치지 말아야 할 맛이다.

🚶 시내에서 도보 5분 📞 (0980)83-5452
🕒 11:00~18:00(12~1월 휴무)
¥ (1인) 600~900엔 🅟 없음 🏠 www.hautree.net 🔍 하루트리 젤라토

저녁 나절에 줄서는 특이한 아이스크림 가게 ⑭

코토부키 고야 壽五八

이시가키 섬의 뜨거운 태양 아래 잠시 쉬어가기 좋은 수제 젤라토 전문점이다. 쇼와 시대를 연상시키는 레트로한 목조 외관과 투박한 간판이 눈길을 끈다. 첨가물을 최대한 배제하고 이시가키 섬에서 난 제철 과일과 흑당 등을 사용해 재료 본연의 맛을 정직하게 살렸다. 인기 메뉴는 과육이 씹히는 파인애플과 망고, 그리고 진한 풍미의 흑당 밀크다. 너무 달지 않으면서도 뒷맛이 깔끔해 갈증 해소에 그만이다. 한 스쿱을 시키면 덤으로 한입거리 아이스크림을 하나 더 고를 수 있다.

🚶 시내에서 도보 3분 📞 (080)3996-5178 🕒 12:00~18:00(부정기 휴무)
¥ 1인 500엔~ 🅟 없음 🏠 www.instagram.com/jugoya_gelato

그림 같은 언덕 위에 바다를 내려다보며 아이스크림 ⋯⋯ ⑮

미루미루 ミルミル 本舗 本店

🚶 시내에서 차로 15분 📞 (0980)87-0885
🕓 10:00~20:00(동절기는 18:30까지)
¥ 1인 젤라토 500엔, 버거 1000~1500엔
🅟 무료 🏠 mirumiru-honpo.com
🔍 미루미루 혼텐

이시가키 시내에서 차로 약 15분, 바다와 7개의 섬을 한눈에 조망할 수 있는 언덕 위에 있는 젤라토 명소다. 자가 목장인 '이라부 목장'에서 직접 짠 신선한 우유를 사용했다고 하는데, 농후한 젤라토의 풍미가 깊고 그윽하다. 기본인 우유 맛에 섬 바나나, 망고, 자색 고구마, 소금 흑당 등 이시가키 특산 맛을 두 가지 골라 담는 '하프&하프'가 국룰이다. 한 낮에도 좋지만, 해 질 녘 수평선 너머로 떨어지는 노을을 감상하며 아이스크림을 떠먹는 먹는 맛은 그야말로 환상적이다. 출출하다면 육즙 가득 두툼 패티가 들어간 '미루미루 버거'를 곁들여 훌륭한 한 끼를 완성하자. 공항에도 지점이 있지만, 본점의 압도적인 뷰는 꼭 경험해야 한다.

직영 목장 이시가키 소고기를 저렴하게 ⋯⋯ ⑯

숯불구이 야마모토 炭火焼肉 やまもと

직영 목장에서 키운 최상급 이시가키 소고기를 염가에 판매하는 야키니쿠 전문점. 성수기에는 한 달 이상 예약이 밀릴 정도로 압도적인 인기를 자랑한다. 만약 이시가키 섬 여행을 계획했다면 항공권과 함께 이 집 예약 먼저 해야 한다는 말이 있을 정도. 고기도 훌륭하지만, 미역국, 비빔밥 등 한식 사이드 메뉴도 풍성해 훌륭한 한식당 대체제의 역할도 겸하고 있다. 예약은 반드시 전화로, 일본어만 가능하다. 2~3개월 전 예약하는 게 좋으며 11:30부터 전화받는다. 수백 번 전화했다는 후기가 있을 정도로 문턱이 높지만, 성공만 한다면 결코 후회하지 않는다.

🚶 이시가키 버스터미널에서 도보 약 12분
📞 (0980)83-5641 🕓 17:00~20:30
¥ 1인 5000~8000엔 🅟 무료(12대 가능)
🏠 숯불구이 야마모토

넓찍하고 고풍스러운 미드레인지 고깃집 ······ ⑰

숯불구이 타케산테이 炭火焼肉 たけさん亭

이시가키 소고기를 통째로 구입해 자체 정형 과정을 거쳐 소고기의 각 부위를 빠짐없이 내는 고급 숯불구이 집이다. 앞서 소개한 야마모토가 마포 서서갈비에 가까운 집이라면 타케산테이는 격식을 갖춘 고깃집. 소를 마리째 매입하다 보니 그에 따른 특수 부위가 꽤 많은 편. 매일 오늘의 추천 부위가 벽면에 게시되니 꼭 확인하자. 인기가 높아 저녁 시간에는 품절되는 부위가 많기 때문에 가급적 일찍 방문하는 게 유리하다. 예약 필수.

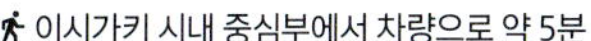

이시가키 시내 중심부에서 차량으로 약 5분
(0980)83-5885
화~일 17:00~22:00
¥ 1인 6000~10000엔
Ⓟ 무료 숯불구이 타케산테이

입안에 줄줄 흐르는 육즙 ······ ⑱

스테이크하우스 파포이야 ステーキレストラン パポイヤ

이시가키 섬 시가지가 훤히 내려다보이는 8층 건물 꼭대기에 자리한 스테이크 하우스. 일본 미식 사이트인 타베로그에 2021년부터 전국 스테이크 100개의 맛집으로 선정된 이력을 지니고 있다. 실제로 먹어 봐도, 오키나와 열도에서는 탑 클래스다. 기본적으로 경양식집 스타일로 자체 제작한 수프와 기본 빵이 나오고 메인이 나온다. 마블링 중심의 소고기 등급제에 회의적인 사람이라 해도 한입 베어 물면 매료될 수밖에 없는 훌륭한 맛을 자랑한다. 이 집도 예약은 필수.

시내 중심가에 위치(숙소가 시내라면 도보 추천) (0980)83-3706 월~토 11:30~14:00, 17:00~22:00(일요일 휴무)
¥ 1인 7000엔 이상 Ⓟ 없음, 인근 코인 주차장에 알아서 주차 스테이크하우스 파포이야

냉동이 아닌 생참치를 이 가격에! ······⑲

히토시 ひとし 石敢當店

예약 난이도가 유니콘급이라는 점만 제외하면 이시가키 섬 최고의 참치 집이자 이자카야다. 어선을 직접 몰던 어부 출신 주인이 운영하며, 섬 연근해에서 잡은 생참치를 즉시 손질해 내놓는다. 냉동이 아닌 생참치 특유의 부드럽고 야들야들한 식감이 일품이며, 붉은 살의 담백한 맛이 일품(참치 붉은 살을 무시하지 말자). 참치회와 초밥, 몇 가지 요리와 오키나와 전통주 아와모리까지 곁들이면 완벽한 한 끼가 된다. 만약 예약에 실패했다면 밤 9~10시쯤 느지막이 어슬렁거려보자. 기다리면 자리가 나는 경우가 있다.

이시가키 페리터미널에서 도보 6~8분 (0980)88-5807
16:30~22:00(부정기 휴무, 인스타그램 체크) ¥ 1인 3000엔~ P 무료
www.instagram.com/hitoshigroup 히토시 이시간토점

흥겨운 곡조가 흐르는 곳 ······⑳

이치교이치에 一魚一会

이시가키 섬에서 가장 뜨거운 밤을 보낼 수 있는 이자카야다. 유구레나 몰 인근에 위치해 심야를 제외하곤 늘 만석을 이룬다. 보통 술집 안주는 자극적이기 마련이나, 이곳은 요리 하나하나에 진심이 묻어난다. 인근 항구에서 공수한 식재료는 선도가 훌륭하고 조리법은 간결해 재료 본연의 맛이 깊다. 샤코조개 사시미シャコ貝の刺身와 오징어먹물 볶음밥イカスミチャーハン은 반드시 먹어볼 만하다. 하이라이트는 매일 저녁 펼쳐지는 시마우타島唄 라이브 공연이다. 스태프와 손님이 어우러져 오키나와 춤인 카차시カチャーシ를 추는 광경은 그야말로 흥의 도가니. 자릿세인 오토시お通し와 별도의 라이브 공연 비용이 발생한다.

시내에서 도보 5분 0980-87-0988(예약 필수)
17:00~24:00(부정기 휴무) ¥ (1인) 3000~4000엔
P 없음, 인근 유료 코인 주차장 이용
usagiya-ishigaki.com/info/ichigyo.html
이치교 이치에

우엉튀김과 발사믹이 만나는 섬의 이탈리안 ······ 21

핏제리아 일 트레코르데 Pizzeria il Trecorde

이시가키 시내 중심가, 730 교차로 인근에 자리한 정통 나폴리 피자 전문점이다. 오너 셰프가 이탈리아에서 직접 공수한 화덕을 사용해 고온에서 단시간에 구워내는 피자는 겉은 바삭하고 속은 쫄깃한 도우에, 이시가키산 신선한 식재료를 토핑으로 활용해 로컬의 맛을 더했다. 런치 타임에는 샐러드와 음료가 포함된 세트 메뉴가 있어 합리적인 가격으로 즐길 수 있다. 저녁에는 차분한 조명 아래 와인을 곁들이기 좋아 데이트 코스로도 손색없다. 피자만 공략하기 쉬운데, 요리 메뉴도 상당히 훌륭하다. 일본 본토에서도 찾아오는 인기 맛집인 만큼 예약을 해야 안심할 수 있다.

🚶 시내에서 도보 5분 ☎ (0980)87-5964
🕒 12:00~14:00, 18:00~21:00(화·수요일 휴무) ¥ 1인 런치 1500엔~, 디너 3000엔~
🅟 없음 🏠 www.facebook.com/trecorde
🔍 핏제리아 일 트레코르데

다음날 숙취를 두려워하지 않는 자여! ······ 22

이시가키지마 빌리지 石垣島ヴィレッジ

오키나와 본섬의 '국제거리 포장마차촌'이 이시가키에 그대로 상륙했다. 3층 규모의 건물에 18개 이상의 이자카야와 식당이 밀집해 있어, 현장 분위기에 따라 즉흥적으로 메뉴를 고르는 재미가 쏠쏠하다. 1층에 있는 센베로 푸도せんべろ風土 같은 데는 술 석 잔에 안주 하나가 ¥1100의 초염가 시스템. 일단 여기서부터 시작하는 사람들이 많다. 합석이 기본이라 현지인과 어울리기도 좋은 분위기. 2층 매장은 비교적 좌석이 넓어 편안하게 식사하기 적합하다. 전반적으로 한 장소에 가게들이 옹기종기 모여 있어 여러 가게를 조금씩 맛보며 돌아다니는 술집 순례, 하시고자케はしご酒를 즐기기 제격이다.

🚶 이시가키 낙도 터미널에서 도보 4분 🕒 11:00~24:00 (점포별 상이, 보통 저녁 장사는 17:00부터) ¥ (1인) 2000~3000엔 🅟 없음, 인근 유료 코인 주차장 이용
🏠 www.instagram.com/ishigakijima_village
🔍 이시가키지마 빌리지

가장 싸다고는 볼 수 없지만, 없는 건 없는 ······ ①

돈키호테 이시가키 ドン・キホーテ 石垣

이시가키 섬 유일의 돈키호테로 공항과 시내를 잇는 390번 국도변에 위치해 렌터카 여행자들이 오가며 들르기 좋다. 스노클링 장비, 래시가드, 아쿠아 슈즈 등 물놀이용품 코너가 상당히 충실하고 대형 슈퍼마켓처럼 신선 식품 코너를 갖추고 있어 회, 초밥, 열대 과일 등을 구매해 숙소에서 즐기기에도 부족함이 없다. 오키나와 한정 과자나 아와모리 소주 등 기념품 라인업도 풍부해 귀국 전 쇼핑 스폿으로 제격이다. 새벽 2시에 문을 닫으므로 늦은 시간 방문 시 주의해야 한다.

이시가키 낙도 터미널에서 차로 10~15분 (0980)82-0422
08:00~02:00 무료 donki.com 돈키호테 이시가키지마점

씨앗 발아율 세계 최강! ······ ②

유라티쿠 시장 ゆらてぃく市場

일본 농협(JA)에서 운영하는 이시가키 섬 최대 규모의 농축산물 직판장이다. 4월부터 9월 사이라면 스낵 파인, 피치 파인, 애플망고 등을 시내 기념품 숍보다 훨씬 저렴한 가격에 구매할 수 있다. 과일 외에도 고야, 시마락교(섬 락교), 자색 고구마 등 오키나와 특산 채소와 이시가키 소고기 정육 코너도 충실하다. 섬 주민들이 직접 만든 수제 잼, 드레싱, 과자류는 선물용으로도 훌륭하다. 인기 상품은 오전에 대부분 소진된다.

이시가키 낙도 터미널에서 도보 12분 (0980)88-5300
09:00~18:00 무료 life.ja-group.jp/farm/market/detail/?id=1106 유라티쿠 시장

훌륭한 셀렉트의 낙도 편집숍 ······ ③

소라 SORA

이시가키 시내의 상징적인 복합문화공간 730 COURT 2층에 자리한 감각적인 라이프스타일 편집숍이다. 흔한 관광지 기념품이 식상하다면 이곳이 훌륭한 대안이 된다. 화이트 톤의 차분한 가게에서 오너의 깐깐한 안목이 느껴진다. 아웃도어 의류와 패션 액세서리가 주류고 몇 가지 공예품이 있다. 가격은 상당하지만 여기 아니면 못 구할 것 같은 마음에 망설이고 망설이다 카드를 꺼내게 된다. 이시가키항 터미널과 가까워 섬을 떠나기 전이나 시내 산책 중 가볍게 들러 취향에 맞는 물건을 찾기에 좋다.

이시가키 낙도 터미널에서 도보 5분 (0980)87-9460
11:00~20:00 없음 sora-official.jp SORA

짱구랑 스누피가 오키나와에? ······④

오키나와 팝 라쿠엔

OKINAWA POP 樂園

🚶 이시가키 낙도 터미널에서 도보 7분
📞 (0980)87-9460 🕔 10:30~19:30(부정기 휴무) Ⓟ 없음 🏠 www.instagram.com/okinawapop.jp 🔍 오키나와 팝 라쿠엔

OKINAWA POP樂園은 일명 히야케 시리즈日焼けシリーズ라 불리는 오키나와 한정판 캐릭터 티셔츠 전문점이다. 오직 "캐릭터들이 오키나와로 휴가를 왔다"는 엉뚱하고도 귀여운 상상력이 담긴 티셔츠와 가벼운 에코백만이 매장을 꽉 채우고 있다. 'STAY AT THE BEACH', '바다에 가고 싶어!海に行きたい!' 같은 문구가 적힌 티셔츠는 단순한 기념품을 넘어, 입는 순간 여행자의 기분을 한껏 끌어올려 주는 마법의 아이템이다. 친구와 커플 룩으로 맞춰 입고 해변 인증샷을 남기기에 이보다 완벽한 소품은 없다. 오키나와 본섬과 이시가키 등 단 4곳에서만 만날 수 있는 희귀한 녀석들이니, 마음에 드는 사이즈가 있다면 망설이지 말고 집어 들자.

실패 없는 기념품 셀렉트 숍 ······⑤

이시가키 공동매점 石垣島共同売店

유구레나 몰 안에 있는 기념품 가게. 공동 매점이라는 이름은 촌스럽기 그지없지만, 내부는 깔끔하게 정돈된 섬 특산품 편집숍이다. 이곳의 가장 큰 매력은 상품 큐레이션. 단순히 이시가키 섬뿐만 아니라 이리오모테 섬, 다케토미 등 인근 야에야마 제도의 진짜배기 물건들을 깐깐하게 골라 모았다. 스테디셀러인 이시가키 소금 친스코부터 애주가들의 눈을 번쩍 뜨이게 할 섬마을 럼주와 수제 맥주까지 라인업이 화려하다. 쇼핑 후 ¥3000 이상 구매 시 제휴 주차장 할인권도 챙겨주니, 알뜰 여행자라면 놓치지 말 것.

🚶 이시가키 낙도 터미널에서 도보 7~10분
📞 (0980)87-7948
🕔 10:00~20:00 Ⓟ 없음
🏠 www.ishigakijimakyoudou.com
🔍 이시가키 섬 공동매점

AREA ····②

섬 자체가 작은 민속촌,
걷는 맛이 느껴지는

다케토미 섬 竹富島

이시가키 섬에서 고속선으로 불과 10분. 뱃길로 닿는 그 짧은 시간 동안 체감 시간은 수백 년 전 류큐 왕국 시대로 되감긴다. 면적 5.42㎢, 인구 360여 명의 이 작은 섬은 '오키나와의 원풍경'을 고스란히 간직한, 살아있는 박물관이다. 마을에 들어서면 산호모래가 깔린 하얀 길을 따라 붉은 기와지붕을 얹은 전통 가옥들이 나지막하게 이어진다. 집집마다 액운을 막아주는 시사가 지붕을 지키고 있고, 검은 현무암으로 쌓은 돌담 사이로 원색의 꽃들이 피어난다. 무엇보다 낙도의 바다는 끝 간데없이 아름답기만 하다. 느릿하게 움직이는 물소 수레를 타고 마을을 한 바퀴 돌고 나면, 동아시아 최고 수준이라 칭송받는 눈부신 해변이 기다린다. 그야말로 여행자가 꿈꾸는 남국의 이상향 그 자체다.

다케토미 섬으로 가는 방법

이시가키에서 가장 가까운 섬이자 최고 인기 여행지인 만큼 배편이 버스처럼 자주 있다. 아네이 관광安栄観光과 야에야마 관광 페리八重山観光フェリー 두 개의 선사가 이 뱃길을 책임진다. 승선권은 각 선사의 웹페이지 혹은 이시가키 낙도 터미널 매표소에서 현장 구입할 수 있다.

배는 오전 7시 25분부터 동절기 17시 30분(하절기 18시)까지 약 30분~1시간 간격으로 촘촘히 운항한다. 소요 시간은 고속선 기준 10~15분. 멀미를 느낄 새도 없이 도착하지만, 파도가 센 날엔 제법 튀어 오르니 뱃멀미가 두렵다면 가급적 뒷자리에 앉도록 하자.

페리터미널의 권투선수 동상

이시가키 출신의 프로복서 요코 구시켄具志堅用高으로 1976~1981년까지 WBA 라이트 플라이급 세계 챔피언을 지낸 섬의 자랑. 아무래도 기념사진 스폿으로는 유명할 수밖에.

이시가키→다케토미

¥ 편도 760엔, 왕복 1460엔

야에야마 관광페리

☎ (0980)82-5010

⌂ www.yaeyama.co.jp

아네이 관광

☎ (0980)82-2691

⌂ www.aneikankou.co.jp

야에야마 관광 페리의 카리유시 주유권 かりゆし周遊券

이시가키는 이시가키 섬 자체보다는 이시가키 섬을 베이스로 주변 섬을 둘러보는 여행이 대세다. 문제는 뱃삯인데 매일 섬 하나씩 오가다 보면 지갑 두께가 나날이 얇아지는 걸 실감할 수 있을 정도. 이럴 때 효율적으로 사용할 수 있는 게 카리유시 주유권이다. 3~4일가량 횟수 제한 없이 주변 섬을 둘러볼 수 있는 정기권이다.

카리유시 주유권으로 갈 수 있는 섬은 다케토미竹富島, 고하마小浜島, 구로시마黒島, 이리오모테 섬西表島, 하토마 섬鳩間島 등 총 다섯 개 섬으로 이시가키 섬에서 연결되는 거의 모든 섬을 망라한다고 볼 수 있다. 매번 표를 끊는 번거로움이 없다는 게 가장 큰 장점이며, 정기권이다 보니 해당 기간 세 곳가량의 섬을 왕복해야 본전이 뽑히기 때문에 어슬렁어슬렁 여행자들에게는 걸맞지 않다. 또한 야에야마 페리의 선편만 이용할 수 있다.

🚶 이시가키 낙도 터미널 내 '야에야마 관광 페리' 창구에서 구매하거나 웹 사이트를 통해서 구입할 수 있다. 승선 시마다 창구에서 주유권을 보여주면서 "카리유시 슈유켄 오 쓰카이마스? かりゆし しゅうゆうけん を つかいます?'라고 말하면 끝. 이어 목적지를 말하면 탑승권을 준다.

¥ 3일권 어른 10000엔, 어린이 5000엔 / 4일권 어른 11000엔, 어린이 5500엔

⌂ www.yaeyama.co.jp(한국어 지원)

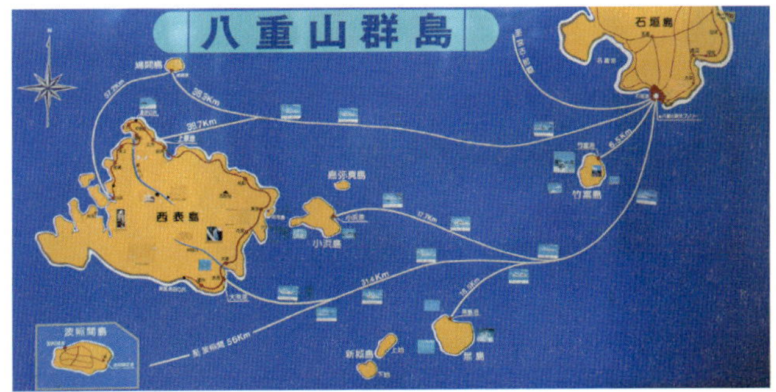

다케토미 섬 돌아다니기

둘레 9km의 평평하고 아담한 섬이라 자전거가 최고의 이동 수단이다. 터미널을 나서면 자전거 대여점, 물소 차 투어 회사, 각 리조트에서 나온 셔틀 차량이 호객을 위해 줄지어 서 있다. 원래는 자전거 렌털을 예약하지 않아도 셔틀버스를 태워줬으나, 렌털은 하지 않고 버스만 이용하는 얌체들이 늘면서 요즘은 자전거 렌털 확인증을 보고 태워준다. 페리 터미널 입구 자판기에서 섬의 자연 보호를 위한 입도세(협력금) ¥300을 자율적으로 낼 수 있다. 아름다운 섬을 지키는 여행자의 센스를 발휘해 보자.

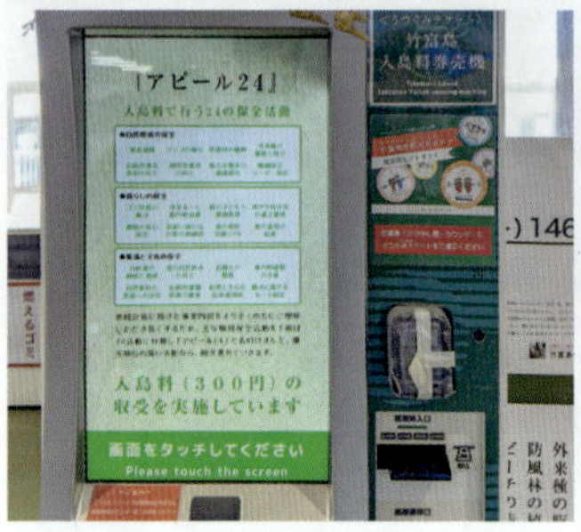

순회버스

자전거를 못 타는 여행자에겐 유일한 교통 수단이다. 페리 도착 시간에 맞춰 항구 앞 정류장에서 대기하고 있어 입도할 때는 타기 쉽다. 노선은 크게 '마을 행'과 '콘도이·카이지 해변행' 두 가지인데, 문제는 돌아올 때다. 항구 출발의 경우 그냥 탈 수 있지만, 마을이나 해변에서 항구로 가는 노선은 정해진 시간표가 있음에도, 출발 15분 전까지 전화로 사전 예약을 해야 한다. 대부분의 여행자가 구입하는 현지 심카드는 대부분 통화 불가한 요금제인 데다, 설사 통화가 된다 해도 간단한 일본어는 구사할 줄 알아야 한다는 말이다. 운 나쁘면 항구로 갈 때는 꼼짝없이 걸어야 할 수도 있다.

🕔 07:45~17:15, 일반적으로 페리 도착 10~15분 후 출발, 배차간격 30~1시간 ¥ 항↔마을 300엔 / 항↔해변(콘도이/카이지 비치) 500엔
🏠 운행시간표 takekou.info/bus-usage-guide/

자전거

다케토미 여행의 백미는 단연 자전거 하이킹이다. 붉은 기와지붕 마을과 투명한 해변을 바람을 맞으며 마음껏 누비는 자유는 무엇과도 바꿀 수 없다. 만약 마을의 자전거 가게에서 자전거를 예약했다면 항구 주차장에 대기 중인 렌털 숍 송영 버스를 타면 마을 내 대여소로 편하게 이동할 수 있다. 일본어가 되지 않는 외국인들은 항구 쪽에 있는 유일한 자전거 렌털 숍 미네모토 렌털 사이클峰本レンタサイクル에서 자전거를 빌린 후 자전거를 몰고 마을 안으로 들어간다. 자전거 운전 시 주의할 점은 노면 상태다. 마을 안쪽은 산호모래가 깔려 있어 예쁘지만, 바퀴가 푹푹 빠져 페달 밟기가 꽤 힘들다. 한여름 땡볕에 모래밭에서 땀 빼기 싫다면 돈을 더 주더라도 전동 자전거를 빌리는 것이 정신 건강에 이롭다. 대부분의 숍이 오직 현금만 받으니, 현찰을 두둑이 챙길 것.

🕔 09:00~17:00(최종 반납 16:30~16:45, 배 시간에 맞춰 마감)
¥ 일반 자전거 1시간 500엔, 1일 2000~2500엔 / 전동 자전거 1시간 1000엔, 1일 3000~4000엔(시즌과 업체에 따라 다소 차이)
🏠 렌털 업체 토모리 관광 tomori-kankou.com
트롤 팻 바이크 trollfatbikes.wixsite.com/mysite
미네모토 렌털 사이클 www.instagram.com/minemotorentalcycle

다케토미 섬 상세 지도

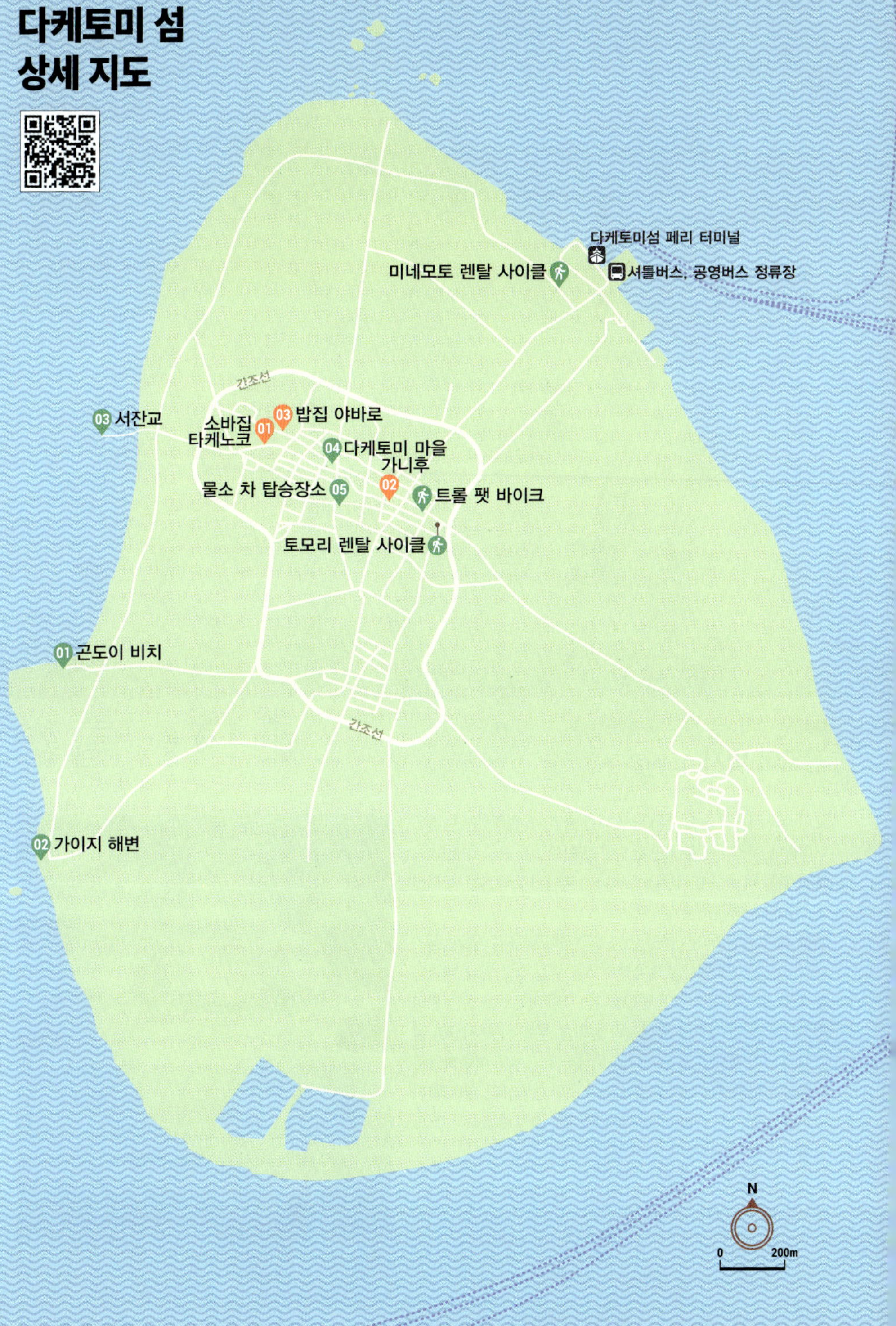

다케토미섬 페리 터미널
미네모토 렌탈 사이클
셔틀버스, 공영버스 정류장
간조선
03 서잔교
소바집 타케노코 01
03 밥집 야바로
04 다케토미 마을
가니후 02
물소 차 탑승장소 05
트롤 팻 바이크
토모리 렌탈 사이클
01 곤도이 비치
간조선
02 가이지 해변

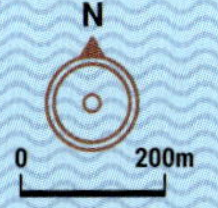

모세의 기적이란 여길 두고 하는 말 ······ ①

곤도이 비치 コンドイビーチ

오키나와 전체를 통틀어 TOP 3 해변 중 하나. 멀리까지 나가도 허리춤에 찰랑이는 투명한 물빛은 비현실적일 만큼 아름답다. 특히 썰물 때 바다 한가운데 드러나는 환상의 모래섬은 이 해변이 각광받는 이유 전부일지도.

썰물 때면 찰랑거리는 물을 건너 모래섬에 닿을 수 있고, 잠시 생겨나는 찰나의 백사장에서 해수욕을 즐길 수도 있다. 백사장은 산호 조각이 섞여 있어 맨발보다는 아쿠아슈즈를 신는 편이 안전하다. 해변 입구에 화장실과 탈의실, 무료 샤워 시설이 잘 갖춰져 있어 물놀이 후 뒤처리도 깔끔하다. 그늘이 부족하므로 여름철엔 현장에서 파라솔을 빌리는 것이 현명하다. 물이 얕아 아이들을 동반한 물놀이에는 적당하지만, 성인 수영이나, 스노클링에는 적당하지 않다.

🚶 다케토미 항에서 자전거로 15분 🕓 상시 개방(해수욕 3월 말~10월)
¥ 무료 🅟 무료 🔍 곤도이 비치

모두가 쪼그리고 앉아
별 모래를 줍는 해변 ②

가이지 해변 カイジ浜

물살이 빨라 수영은 금지된 해변이다. 하지만 오키나와에서도 드문 '별 모래'를 볼 수 있어 다케토미섬의 필수 코스로 꼽힌다. 별 모래는 유공충이라는 단세포 생물의 석회질 껍질이 해변으로 밀려온 것으로, 자세히 보면 별이나 행성 모양을 띤다. 크기가 작아 눈으로 찾기는 어렵고, 손바닥으로 모래를 꾹 찍어 올리면 뾰족한 끝이 피부에 붙어 발견하기 쉽다. 그렇기에 관광객들이 쪼그리고 앉아 손바닥을 들여다보는 진풍경이 연출된다. 해변 뒤편 나무 그늘이 넉넉해 휴식을 취하기 좋고, 에메랄드빛 바다를 배경으로 한 그네는 훌륭한 사진 명소다. 단, 자연보호를 위해 직접 채취한 별 모래 반출은 원칙적으로 금지된다. 대신 해변 입구에서 작은 병에 담아놓은 별 모래를 판매하고 있다.

항구에서 자전거로 15분
상시 개방, 해수욕 불가 ¥ 무료
P 있음 가이지 해변

바다와 나를 가장 예쁘게 찍을 수 있는 스폿 ③

서잔교 西桟橋

바다를 향해 길게 뻗은 콘크리트 다리 하나가 전부지만, 다케토미섬에서 가장 서정적인 풍경을 자랑하는 곳이다. 1938년 건설되었는데, 과거 주민들이 벼농사를 짓기 위해 맞은편 이리오모테 섬을 오가던 삶의 현장이었고, 태평양 전쟁 당시에는 일본군이 사용했다. 현재는 국가 등록 유형문화재로 지정되어 있다. 지금은 배가 닿지 않지만, 덕분에 여행자들은 바다 한가운데로 걸어 들어가는 듯한 신비로운 기분을 느낄 수 있다. 낮에는 투명한 물빛과 웅장한 이리오모테 섬을 조망하기 좋고, 해 질 녘에는 오키나와 최고의 석양 명소로 변신한다. 해가 수평선 너머로 사라지는 순간, 하늘과 바다가 온통 붉게 타오르는 장면은 압권이다. 부두 뒤편에는 울창한 방풍림이 있어 한낮의 뜨거운 태양을 피하기 좋다. 밤에는 가로등 하나 없는 암흑 속에서 쏟아지는 별을 볼 수 있다. 단, 부두에 난간이 전혀 없으니 사진 촬영 시 발밑을 주의해야 한다.

다케토미 마을에서 자전거 5~7분 상시 개방 ¥ 무료
P 무료 서잔교

15분 뱃길로 만나는 타임 워프 ······④

다케토미 마을 竹富集落

붉은 기와지붕과 구멍 숭숭 뚫린 현무암 돌담, 그 사이로 난 새하얀 모랫길. 우리가 상상하는 오키나와의 원풍경이 고스란히 박제된 곳이다. 마을 전체가 '중요 전통 건조물 보존지구'로 지정되어 있어 마치 살아있는 박물관 같다. 느릿느릿 마을을 가로지르는 물소 달구지와 어디선가 들려오는 산신 소리는 이곳의 시간을 더욱 느리게 만든다. 과거 마을 전경을 한눈에 담을 수 있었던 '나고미의 탑'은 아쉽게도 노후화로 인해 현재 올라갈 수 없다. 하지만 탑 아래 언덕에서도 충분히 예쁜 지붕들의 물결을 감상할 수 있으니 실망하긴 이르다. 골목은 복잡해 보여도 다 도는 데 1시간이면 족하다. 지붕 위 익살스러운 표정의 시사들과 눈인사를 나누다 보면 지도 없이 길을 잃어도 불안하지 않다.

🚶 항구에서 마을까지 도보 약 20분, 자전거로 6~7분 🕒 상시 개방
¥ 무료 Ⓟ 무료 🔍 다케토미섬

마을을 가장 느리게 둘러보는 방법 ······ ⑤

물소 차 水牛車

가장 게으르게 마을을 유람하는 방법이다. 걷는 속도보다 아주 조금 빠른 물소 차에 몸을 싣고, 가이드가 들려주는 섬의 역사(물론 일본어)와 구수한 산신 연주를 듣다 보면 신선놀음이 따로 없다. 알록달록한 꽃으로 장식된 돌담길을 누비는 약 30분의 시간은 잊지 못할 추억이 된다. 섬에는 두 곳의 운영 업체가 있다. 항구에 내리면 각 업체의 무료 셔틀버스가 대기하고 있는데, 예약한 사람만 탈 수 있다. 투어가 끝나면 다시 항구로 데려다 주거나, 원하는 해변 근처에 내려주기도 한다. 단, 땡볕에 힘겹게 수레를 끄는 물소가 안쓰러워 마음이 편치 않았다는 여행자도 있으니 탑승 여부는 각자의 판단에 맡긴다.

🚶 사전 예약 후 항구 앞 주차장에서 예약한 업체의 이름이 적힌 버스 탑승 🕘 09:00~16:00, 30분 간격이나 유동적 ¥ 3000엔, 초등학생 1500엔 🏠 니타 관광 nitta-k.net, 다케토미 관광 센터 suigyu.net

야에야마 소바 치고 맛있는 편! ······ ①

소바집 타케노코 そば処 竹の子

다케토미섬 식당 랭크에서는 이 집이 항상 1등이다. 야에야마 소바집으로 특히 돼지갈비가 올라간 소키 소바ソーキそば가 인기 만점. 여기에 주먹밥인 오니기리おにぎり를 더하면 대략 든든한 한 끼가 된다. 오키나와 소바에 대한 악평만 듣고 아직 안 먹어봤다면 이 집에서 먹어보는 것도 좋다. 테이블마다 비치된 섬 후추와 고추기름을 더해 풍미를 올려보자. 소바가 입에 맞지 않는다면 카레 라이스カレーライス를 먹도록 하자. 현금만 받는다.

🚶 다케토미 우체국에서 서잔교 방향으로 도보 2분 📞 (0980)85-2251
🕘 10:30~15:30(부정기 휴무, 재료 소진 시 조기 폐점) ¥ 1인 1000~1300엔 🅟 무료
🏠 soba.takenoko-taketomi.com
🔍 소바집 다케노코

본격적인 밥집. 언제나 바글바글 ······ ②

가니후 かにふ

다케토미섬 최대 규모를 자랑하는 식당이다. 널찍한 목조 홀은 천장이 높아 개방감 최고. 섬 내에서 가장 다양한 메뉴를 갖추고 있어 선택의 폭이 넓다. 일본식 런치 세트, 온갖 가츠와 튀김이 섞인 정식이 주력이긴 하나, 육즙 가득한 아구(오키나와 돼지) 햄버그 스테이크나 카레 라이스 등 느끼하지 않은 한 끼 메뉴도 충실하다. 일본 식당 치고는 특이하게 현금을 받지 않고 카드 또는 QR결제만 가능하다.

다케토미 우체국에서 도보 3분
(0980)85-2311 11:00~15:30
¥ 1인 1800~2500엔 P 무료
suigyu.net/free/kanifu 밥집 가니후

개운함으로 승부하는 뜨는 신예 ······ ③

밥집 야바로 食事処やらぼ

다케토미섬의 특산물인 '쿠루마 에비車海老'를 가장 확실하게 즐길 수 있는 식당이다. 주인장이 직접 새우 양식장을 운영하고 있어 재료의 신선함과 크기는 타의 추종을 불허한다. 이곳의 시그니처는 거대한 왕새우 서너 마리가 올라간 쿠루마 에비 소바車海老そばセット다. 꽉 찬 탱글탱글한 속살은 한입 베어 무는 순간 감탄을 자아낸다. 야채 소바野菜そば나 카레소바カレーそば 등 다른 메뉴도 있다. 쿠루마에비 소바는 하루 10그릇 한정이니 먹고 싶다면 오픈런!

다케토미 우체국에서 도보 8~10분 (0980)85-2268
11:30~14:00(부정기 휴무) ¥ 1000~2400엔 P 무료
maruhachi-food.com/shop/食事処-やらぼ
밥집 야바로

AREA ····③

사람보다 맹그로브가 더 많은

이리오모테 섬 西表島

오쿠다 히데오의 소설 〈남쪽으로 튀어〉 속 이상향으로 그려진 남쪽이 낙원, 실제 모델이 바로 이리오모테 섬이다. 면적은 제도 내 최대 규모로 이시가키 섬보다 크고, 오키나와현 전체에서도 본섬 다음가는 크기를 자랑한다. 하지만 거대한 크기에 비해 인구는 2,500여 명에 불과해 적막할 정도로 한산하다. 섬의 90% 이상이 사람의 손이 닿지 않은 울창한 아열대 정글과 산으로 뒤덮여 있다. 여타 오키나와 섬들처럼 단순히 해수욕을 즐기는 곳이 아니라, 맹그로브 숲 카약이나 정글 트레킹 등 다이내믹한 에코 투어가 주를 이룬다. 한 시절 튀고 싶은 곳이라는 데는 이견이 없다.

이리오모테 섬으로 가는 방법

이시가키 항 낙도 터미널에서 고속선을 타고 들어가는 것이 유일한 방법이다. 현재 아네이 관광과 야에야마 관광 페리 두 회사가 운항 중이다. 섬이 워낙 커서 남쪽의 오하라大原 항과 북쪽의 우에하라上原 항으로 노선이 나뉜다. 오하라 항은 결항률이 낮은 대신 숙소 밀집 지역까지는 약 40분 이상 차를 몰아야 한다. 우에하라 항은 주요 관광지나 해변과 가깝지만, 겨울철 북풍 탓에 결항이 잦다. 숙소나 투어 업체의 위치를 미리 파악해 도착 항구를 정하는 것이 중요하다.

이시가키↔오하라 항

🕓 07:00~17:30, 하루 10~13편, 약 40분 소요 ¥ 편도 2060엔, 왕복 3960엔

이시가키↔우에하라 항

🕓 07:00~17:30 하루 8~10편, 약 50분 소요 ¥ 편도 2690엔, 왕복 5170엔

🏠 아네이 관광 aneikankou.co.jp / 야에야마 관광 페리 yaeyama.co.jp

이리오모테 섬 돌아다니기

섬은 생각보다 거대하다. 남쪽의 오하라大原 항과 북쪽의 우에하라上原 항 사이의 거리만 약 35km, 차로 꼬박 50분은 달려야 하는 거리다. 오하라 항은 맹그로브 유람선이 뜨는 나카마 강이나 물소 차를 타는 유부 섬과 가깝고, 우에하라 항은 호시즈나 비치나 피나이사라 폭포 등 주요 액티비티 명소와 인접해 있으며 숙소군도 우에하라 쪽에 몰려있다. 당일치기 예정이라면 가고 싶은 명소가 어디랑 가까운지 파악해 입항할 항구를 정하는 것이 순서다. 개별 여행자에게 가장 추천하는 수단은 단연 렌터카다. 버스가 있긴 하지만 하루 4회 운행이라 시간을 맞추기가 극악이고, 택시는 잡기도 힘들뿐더러 요금이 살인적이다. 만약 섬에 머물 생각이라면 렌터카가 필수. 렌터카 회사는 오하라 항 쪽에 많은데, 외진 섬인지라 SUV 같은 차량은 없다. 일본 특유의 박스카 위주니 이 기회에 새로운 운전 경험에 도전해 보자. 참고로 이리오모테 섬 렌터카 회사들은 승용차 외에 대형 버스도 렌털은 물론 자체 투어 상품을 가진 곳도 많다. 하단의 렌터카 회사 웹페이지를 탐험해 정보를 캐내자.

시내버스

📞 (0980)85-5305 🕓 07:56, 10:00, 13:23, 15:46(오하라항 출발기준), 하루 4편 ¥ 거리 비례제 기본 160~1410엔 / 정기권 1일권 1030엔, 3일권 1540엔, 버스 기사에게 현장 구매

택시

📞 전화 (0980)85-5303 ¥ 관광 대절용으로 주로 쓰인다. 3시간 13000~16500엔, 4시간 17800~22000엔

우에하라로 가는 배를 예약했는데 결항될 경우

우에하라 쪽에 숙소를 잡고 이시가키 낙도 터미널로 갔는데 우에하라행 페리가 결항되었다는 소식을 들었다면? 걱정하지 말자, 조금 번거로워졌을 뿐이다.

일단 예약한 선사의 매표소로 가자. 만약 배를 미리 우에하라 도착으로 예약했다면 오하라 행으로 바꿔주고, 예약 없이 갔다면 그냥 오하라행 배표를 사자.

자, 이런 경우 오하라 항에 도착하면 양 선사 모두 우에하라 항까지 가는 셔틀버스를 무료로 운행한다. 단, 요즘은 이런 무료 셔틀도 사전 예약을 해야 할 수도 있으니 항구 매표소에서 사전 예약이 필요한지 아닌지를 물어봐야 한다. 가지고 있는 스마트폰의 번역기를 적극 활용하자.

이리오모테 섬의 렌터카 업체

업체명	연락처	웹페이지	특징
오릭스 렌터카 オリックスレンタカー 西表島大原店	(0980) 85-5888	car.orix.co.jp/ shops/?shops_ pk=863	나름 전국체인.
이리오모테 섬 야마네코 렌터카 西表島やまねこレンタカー	(0980) 85-5601	car.orix.co.jp/ shops/?shops_ pk=863	공영버스 운행 회사에서 운영하는 섬내 최대 업체. 경차는 물론 SUV도 보유한 보기드문 집이다.
이리오모테 섬 렌터카 西表レンタカー	(0980) 85-5950	www.iriomote- rentcar.jp	경차와 일반 세단밖에 없다. 웹페이지 예약이 가능하다.

투어

당일치기 여행을 생각 중이라면 각 선사에서 운영 중인 투어에 참여하는 것도 방법이다. 시간에 따라 전일과 반일로 나뉘는데 두 코스 모두 핵심 하이라이트는 나카마 강 맹그로브 보트 투어와 유부 섬 물소 차 투어다. 이 두 어트랙션만 할 것인지, 소소한 한두 개의 일정이 더 들어간 코스를 할 것인지가 선택의 관건. 투어 상품 역시 배표 구입과 마찬가지로 각 선사 웹페이지에서 사전 구매하거나 이시가키 섬의 낙도 페리 터미널에서 현장 구매하면 된다.

상품명	시간	코스	포함사항	요금
이리오모테 섬-나카마강- 유부 섬 유람 코스 西表島 仲間川&由布島 2島周遊コース (아네이 관광)	08:05~ 15:05	이리오모테 섬 도착후 • 나카마 강 맹그로브 크루즈 • 유부 섬 물소 차 • 유부 섬 견학(섬에서 점심)	왕복 배 / 버스 보트 크루즈 물소 차 / 점심	¥15200 (어린이 ¥10300) 웹페이지에서 4일 전까지 예약시 10% 할인
이리오모테 섬-나카마강- 유부 섬 오후 코스 西表島 仲間川&由布島 (아네이 관광)	13:00~ 18:00	이리오모테 섬 도착후 • 나카마 강 맹그로브 크루즈 • 유부 섬 물소 차 • 유부 섬 견학	왕복 배 / 버스 보트 크루즈 물소 차	¥10700 (어린이 ¥6600) 웹페이지에서 4일 전까지 예약시 10% 할인
이리오모테 섬-유부 섬 만끽코스 西表島と水牛車でいく由布島 のんびり満喫コース (야에야마 관광페리)	09:00~ 15:00	이리오모테 섬 도착후 • 나카마 강 맹그로브 크루즈 • 유부 섬 물소 차 • 유부 섬 견학(섬에서 점심)	왕복 배 / 버스 보트 크루즈 물소 차 / 점심	¥14200 (어린이 ¥9800)
이리오모테 섬 카누체험과 유부 섬 코스 西表島仲間川半日 体 由布島 光 (야에야마 관광페리)	09:00~ 17:20	이리오모테 섬 도착후 • 나카마 강 카누 체험(강의 포함) • 유부 섬 물소 차 • 유부 섬 견학(섬에서 점심) • 이리오모테 섬 야생생물 보호센터	왕복 배 / 버스 카누 / 물소 차 점심 / 카누 가이드 구명조끼, 방수가방 대여	¥18800 (어린이 ¥13800)
이리오모테 섬 모험! 카누&트레킹 투어 西表島探検！カヌー&トレッキングツアー (야에야마 관광페리)	08:00~ 15:20	이리오모테 섬 도착후 • 베이스 캠프에서 준비 및 강의 • 니시다가와강 상류까지 카누 • 정글트레킹 • 상가라 폭포(점심) • 니시다가와강 하류까지 카누	왕복 배 / 가이드 카누 / 구명조끼, 방수가방 대여 보험료 / 점심 제한구역 신청 출입료	¥18800 (어린이 ¥13800)

이리오모테 섬 상세 지도

03 유부섬
유부섬 물소차 탑승장
215
215

이리오모테 섬 상세지도
06 오오미자 로드 파크
파나이사라 폭포
05
해중도로
우에하라항
호시즈나 비치
01
02 토도우마리 해변
215

이리오모테 렌터카
나카마 강 04
오하라항
이리오모테 야마네코 렌터카
나카마 강 크루즈 선착장
오릭스 렌터카

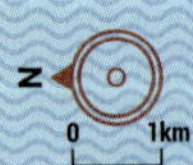

N
0
1km

이리오모테 섬 확대도

06 오오미자 로드 파크
215
05 파나이사라 폭포
해중도로
215
02 산타 누 네에네
우에하라항
04 라프 라 가든
05 와센교
01 슈퍼마켓 야에
호시즈나 비치
01
01 우메공방
02 토헨보쿠
후루사토테이
06
02 토도우마리 해변
215
03 카타기리 라멘
N
0
1km

해수욕, 스노클링, 별 모래까지,
모두의 만능 해변 ……①

호시즈나 비치 星砂の浜

이리오모테 섬의 스타 해변이다. 이름 그대로 별 모양의 모래, 호시즈나星砂가 있는 곳. 많은 여행자들이 쭈그리고 앉아 별 모래 찾기에 여념이 없다. 우에하라 항에서 차로 5분 거리라 접근성도 훌륭한 데다, 해변 앞을 가로막은 작은 바위섬들이 천연 방파제 역할을 해준다. 덕분에 파도가 호수처럼 잔잔해 아이들이나 수영 초보자가 놀기에 최적의 장소다. 수심이 얕아 무릎 정도 깊이에서도 수많은 열대어와 산호를 볼 수 있어 스노클링 명소로 꼽힌다. 다만 간조 때는 바닥이 드러날 정도로 물이 빠져 수영이 불가능하니, 방문 전 반드시 물 때 표를 확인해야 한다. 겨울철에도 슈트만 갖추면 입수가 가능할 정도로 수온도 훌륭하다. 편의 시설 또한 섬 내에서 가장 잘 갖춰진 편이다. 바로 앞에 식당과 매점, 유료 샤워장이 있어 장시간 머물기에도 불편함이 없다. 단, 아름다운 별 모래는 자연 보호를 위해 눈으로만 담거나, 기념품 가게에서 구매하는 에티켓이 필요하다.

🚶 우에하라 항에서 차로 5~7분, 오하라 항에서 차로 50분
🕓 상시 개방(11~3월은 수트착용 권장) ¥ 없음 Ⓟ 무료(샤워 유료)
🔍 Hoshizuna Beach

이리오모테 섬 고양이

이리오모테 섬의 진정한 주인은 바로 이리오모테 섬 고양이イリオモテヤマネコ다. 1965년 학계에 처음 보고된 이 녀석은 고양이라기보다 삵에 가까운 맹수다. 섬 내 최상위 포식자로 뱀, 개구리는 물론 멧돼지 새끼까지 사냥한다. 하지만 현재 남은 개체 수는 고작 100여 마리. 국가 천연기념물로 지정될 만큼 귀한 몸이다. 섬 곳곳에 이리오모테 섬 고양이를 형상화한 조각이나 부조를 만날 수 있다.
애니메이션 〈아즈망가 대왕〉의 '마야'나 〈베리베리 뮤우뮤우〉의 모티브가 되어 친숙해 보이지만, 야생성은 살아있다. 깊은 밀림 속에 살아 여행자가 우연히 마주칠 확률은 로또 당첨 수준으로, 로드킬 당한 개체만 드물게 눈에 띌 뿐이다. 실제로 자동차는 이 귀한 고양이에게 가장 큰 위협인지라 섬 곳곳에 '고양이 주의' 표지판이 붙어 있다. 실물을 보고 싶다면 무리한 탐험 대신 야생생물 보호센터로 가자. 박제와 골격 표본, 생태 영상을 통해 이 섬의 신비를 안전하게 만날 수 있다.

절해고도의 낙조를
즐기고 싶다면 ······ ②

토도우마리 해변

トゥドゥマリ浜

우라우치강浦内川 하구에 위치한 이리오모테 섬 서쪽의 보석 같은 해변이다. 활처럼 휘어진 모양이 초승달을 닮았다 해 현지에서는 츠키가하마月ヶ浜라는 이름으로 더 즐겨 불린다. 이곳의 모래는 산호 조각이 섞인 다른 해변과 달리, 강에서 흘러온 고운 입자로 이루어져 있다. 밀가루처럼 부드럽고 단단해 발이 빠지지 않아, 해변을 따라 걷거나 가벼운 러닝을 즐기기에 최적이다. 과거 리조트 개발 논란 끝에 현재는 해변 뒤편 숲속에 호시노 리조트星野リゾート가 자리 잡았다. 다행히 자연을 최대한 보전하는 방식으로 지어져 고즈넉한 풍광은 여전하다. 수평선 너머로 떨어지는 강렬한 일몰은 섬 내 최고로 꼽힌다. 산호가 없어 스노클링 재미는 덜하고, 강물이 유입되는 곳이라 조류가 빠를 수 있으니 깊은 물 수영은 주의해야 한다.

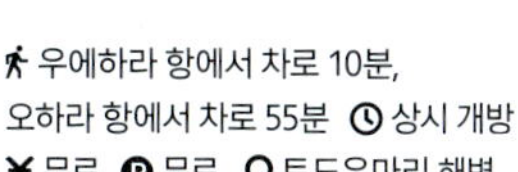

우에하라 항에서 차로 10분,
오하라 항에서 차로 55분 상시 개방
¥ 무료 P 무료 토도우마리 해변

물소 달구지를 타고 바다를 건너는 느림의 미학 ······ ③

유부 섬 由布島

이리오모테 섬에서 불과 400m, 손에 잡힐 듯 가까운 유부 섬은 그 자체로 거대한 아열대 식물원이다. 수심이 얕아 걸어서도 갈 수 있는 거리지만, 이곳의 상징인 물소 차를 타지 않는다면 앙꼬 없는 찐빵이나 다름없다. 덜컹거리는 달구지에 몸을 싣고 느릿느릿 바다를 건너는 15분, 물소 차 몰이꾼이 켜는 구성진 산신三線 가락이 파도 소리와 섞여 귓가를 간지럽힌다. 섬 내부는 1년 내내 꽃이 피는 낙원이다. 부겐빌레아와 히비스커스가 만발한 정원, 금색 번데기가 신비로운 나비 정원, 그리고 섬 반대편의 만타 해변까지 산책로가 잘 정비되어 있다. 이리오모테 섬의 거친 정글과는 또 다른, 잘 가꿔진 정원에서의 휴식 같은 시간을 선사한다.

우에하라 항에서 차로 30~40분, 오하라 항에서 차로 20분, 이리오모테 섬 공영버스 유부지마 스이규샤 노리바由布島水牛車乗場 하차 09:30~16:15(마지막 승차 15:45)
¥ 왕복 물소 차+입장료 2500엔 (어린이 1250엔) P 무료
yubujima.com 유부 섬

일본의 아마존, 태고의 신비를 간직한
맹그로브의 성지 ······ ④

나카마 강 仲間川

이리오모테 섬 동쪽의 젖줄, 일본 최대 규모의 맹그로브 숲을 품고 있는 곳이다. 한때 말라리아가 창궐해 사람의 발길을 거부했던 금단의 땅이었으나, 지금은 그 덕분에 태고의 자연이 고스란히 보존된 생태계의 보고가 되었다. 강과 바다가 만나는 기수역에 뿌리내린 맹그로브 숲은 마치 거대한 미로처럼 여행자를 압도한다. 이곳을 즐기는 가장 완벽한 방법은 만조 때에 맞춰 유람선을 타거나 카누를 저어 숲의 심장부로 들어가는 것이다. 오하라 항 터미널 내 티켓 카운터, 일명 듀공 숍Shop Dugong으로 가면 나카마 강을 즐길 수 있는 다양한 여행 상품을 만날 수 있다. 상품은 크게 유람선을 타고 맹그로브 숲을 구경하는 것과 도중에 배에서 내려 사키시마스오우노키 나무까지 관람하는 프로그램으로 나뉜다. 투어의 하이라이트는 사키시마스오우노키サキシマスオウノキ라 불리는 400살 된 판근板根 나무다. 높이 18m, 뿌리 둘레만 35m에 달하는 기괴하고도 신비로운 자태는 숲의 정령 그 자체다.

🚶 오하라 항에서 나오면 바로 크루즈 선착장仲間川マングローブクルーズ이 보인다. 우에하라 항에서는 차로 60분 🕒 투어는 08:30~15:30사이, 물때에 따라 변동 있음 ¥ 3000~4500엔(어린이 1500~2250엔) Ⓟ 무료 🏠 iriomote.com/cruise 🔍 나카마강 맹그로브 크루스 선착장

오키나와 최고 높이, 신선의 수염을 닮은 비경 ⑤

파나이사라 폭포 ピナイサーラの滝

오키나와현 내에서 가장 긴 낙차를 자랑하는 폭포다. 이름은 야에야마 말로 수염을 뜻하는 피나이ピナイ와 걸려있다는 뜻의 사라サーラ가 합쳐진 말. 멀리서 보면 마치 신선의 흰 수염이 절벽에 걸려 있는 듯한 고고한 형상이다. 이곳은 차를 타고 가서 사진만 찍고 오는 편한 관광지가 아니다. 맹그로브가 우거진 히나이 강을 카약으로 거슬러 올라가, 다시 아열대 정글을 트레킹해야만 만날 수 있는 탐험의 영역이다. 코스는 폭포 아래 소滝壺까지만 가는 반나절 코스와, 가파른 절벽 위까지 올라가는 1일 코스로 나뉜다. 체력이 허락한다면 정상까지 도전해 보자. 폭포 위에서 내려다보는 울창한 맹그로브 숲과 에메랄드빛 바다, 그리고 저 멀리 하토마 섬까지 이어지는 파노라마는 이리오모테 섬 여행의 클라이맥스라 할 만하다. 단, 웅장한 자연 앞에서는 겸손이 필수. 길이 험하니 반드시 전문 가이드 투어를 이용하자.

- 투어 예약을 하면 투어 회사가 항구에서 픽업
- 상시 개방, 투어는 09:00~16:00 사이 진행
- ¥ 무료, 투어 반나절 코스 7000~9000엔, 1일 코스 11000~15000엔
- P 없음 이리오모테 섬 투어포털 iriomote-tour.com
- 피나이사라 폭포

이리오모테 섬에 이런 곳이? ⑥

오오미자 로드 파크 大見謝ロードパーク

이리오모테 섬의 북쪽 해안도로를 달리다 보면 만나는 숨은 보석이다. 우에하라 항구에서 차로 약 15분, 맹그로브 숲이 우거진 오오미자 강이 바다와 만나는 지점에 있다. 자칫하면 평범한 주차장으로 오해하고 지나치기 쉽지만, 이곳의 진가는 난간 너머에 있다. 전망대에서 내려다보는 에메랄드빛 바다와 초록빛 맹그로브의 조화는 그야말로 장관이다. 단순한 전망뿐만 아니라, 나무 데크로 조성된 산책로를 따라 강 아래쪽 맹그로브 숲 안까지 걸어 들어갈 수 있는 것이 가장 큰 매력이다. 특히 썰물 때 방문하면 갯벌 위로 분주히 움직이는 농게와 망둥어를 코앞에서 관찰할 수 있어 살아있는 자연 학습장이 된다. 화려한 관광지는 아니지만, 이리오모테 섬의 야생을 짧고 굵게 느끼기에 이만한 곳이 없다. 주차장 외에 편의 시설 전무.

- 우에하라 항에서 차로 15분 상시 개방
- ¥ 무료 P 무료 오오미자 로드파크

이리오모테 섬 여행자들을 위한 생명의 동앗줄 ······①

슈퍼마켓 야에 スーパー八重

이리오모테 섬 서부, 우에하라 항구에서 차로 10분 거리인 나카노中野 마을에 위치한 든든한 슈퍼마켓이다. 섬 내 슈퍼 중에서는 규모가 꽤 큰 편으로, 식료품부터 잡화, 의류, 기념품까지 없는 게 없다. 특히 여행자들에게 사랑받는 이유는 매일 아침 매대에 채워지는 신선한 수제 도시락과 주먹밥 때문이다. 가격이 저렴하고 종류가 다양해 이른 아침부터 현지인과 다이버들로 붐빈다. 저녁에는 신선한 생선회와 오리온 맥주를 사러 오는 이들로 북적이며, 섬에서 구하기 힘든 과일이나 캠핑용품도 웬만하면 다 갖추고 있다.

- 우에하라 항에서 차로 5분
- (0980)85-6619 07:00~20:00
- 도시락 1개 800엔~ 무료
- 수퍼마켓 야에

오징어 먹물로 국을 끓인다고? ······②

토헨보쿠 唐変木

우에하라 항구 너머, 울창한 숲속에 은신하듯 숨어있는 목조주택이 한 채 있다. 노부부가 쉬엄쉬엄 운영하는 이 작은 식당은 오징어 먹물이라는 독특한 식재료로 섬 최고의 점심 스폿으로 떠올랐다. 메뉴는 단출하다. 오징어 먹물탕 정식イカのスミ汁定食, 오징어 먹물 소바イカ墨汁そば, 그리고 타로 파이田芋パイ가 핵심 메뉴이며 오징어 먹물의 색이 부담스러운 사람을 위한 야채 카레 라이스 정도가 전부다. 분위기가 너무 좋아 카페로도 쓰고 싶지만, 점심에 짧게 영업하고 문을 닫는 집이라 뭔가 아까운 느낌. 일단 오픈런을 기준으로 시간을 짜보자.

- 우에하라 항에서 차로 10분
- (0980)85-6050 목~일 11:30~15:00 (월~수요일 휴무) 1인 1500~2000엔
- 무료 토헨보쿠

열도의 서쪽 끝에 있는 라멘집 ······ ③

카타기리 라멘 片桐ラーメン

일본 최서단이자 최남단의 라멘집이라는 타이틀을 가지고 있다. 노부부가 운영하는 작은 집으로 마치 시골 친척 집 거실에 들어선 듯 소박하고 편안한 분위기다. 주인장이 매일 아침 직접 반죽해 뽑아내는 수타 라멘을 특기로 한다. 기계로 뽑은 면과는 다른 투박하면서도 쫄깃한 식감이 일품이며, 국물은 자극적이지 않고 슴슴하니 담백하다. 메뉴는 심플 그 자체. 라멘, 미소라멘, 탄탄멘, 차슈멘 정도가 눈에 띈다. 사이드 메뉴로는 마늘 향이 진하게 배어든 수제 교자가 인기다. 화려한 기교보다는 기본에 충실한 맛으로, 점심시간이면 현지인들의 발길이 끊이지 않는다. 재료가 소진되면 조기 마감하니 서두르는 것이 좋다.

우에하라 항에서 차로 20분 (0980)85-6777 11:40~14:00, 18:00~20:00
¥ 1인 1000~1500엔 P 무료 카타가리 라멘

동네에서 그나마 번듯한 점심 포인트 ······ ④

라프 라 가든 ラフ・ラ・ガーデン

우에하라 항구 뒤편 언덕에 자리한 아기자기한 레스토랑이다. 가게 이름과 달리 정원은 없다. 런치 한정으로 판매하는 버거 맛집. 현지 식재로 재해석한 버거들이 눈길을 끄는데, 그중에는 타코 치즈버거, 오키나와의 국민생선인 구루쿤으로 만든 피쉬 버거도 있다. 이시가키 돼지고기로 만든 돈가츠 정식도 추천 메뉴다. 밖으로 통창이 나 있어 바다 풍 경이 살짝 엿보인다. 저녁나절에는 맥주 한잔하러 오기도 좋다.

우에하라 항에서 차로 3분 (0980)85-7088 11:30~14:00, 18:30~21:00(목요일 휴무) ¥ 1인 1500~4000엔 P 무료
라프 라 가든

그 자리서 쓱쓱 썰어주는 소포장 횟집 ······⑤

와센교 和鮮魚

우에하라 항 근처에 있는 선어점이다. 그날그날 들어온 참치나 오징어 혹은 오키나와 일대에서 잡히는 연근해어의 회를 떠서 소포장해 판매한다. 할머니 한 분이 운영하는데 물건을 많이 받진 않는 듯 해질녘에 가면 몇 가지 없다. 회와 함께 새우, 생선 살 등으로 튀김도 만들어 파는데, 일본 본토 튀김 같은 섬세함은 없지만 재료가 원체 좋아 맛있게 먹을 수 있다. 호텔로 돌아가는 길에 몇 팩 사 들고 가서 오리온 맥주와 곁들이면, 이보다 더 완벽한 술안주는 없다. 늦게 가면 다 팔리고 없으니 서둘러야 한다.

우에하라 항에서 차로 3분
(0980)85-6544 16:00~19:00(일요일 휴무)
¥ 작은 접시 300엔 균일가, 큰접시 500엔 균일가
P 무료 와센교

낙도에서 만나는 믿을 수 없는 퀄리티의 만찬 ······⑥

후루사토테이 ふるさと亭

2024년 3월 우에하라 항 근처에 문을 연, 현시점 이리오모테 섬에서 가장 쾌적한 신상 이자카야다. 후루사토(고향)라는 이름답게, 이곳의 시그니처는 의외로 투박하고 정겨운 모둠 오뎅이다. 진하게 우려낸 육수에 푹 익은 채소와 달걀이 들어간 오뎅은 물놀이로 지친 몸을 녹이기에 그만이다. 푹 익혀 야들야들한 돼지족발도 한 점 들어가 있다. 현지 느낌 물씬 나는 해산물 요리도 강력하다. 그날 잡은 생선을 통째로 요리해 주는 오늘의 생선 한마리一本魚는 간장 조림煮付け이나 소금 조림塩煮, 혹은 버터 구이バター焼き 중 선택할 수 있어 밥도둑이 따로 없다. 굴과 가리비, 섬 채소가 포함된 모둠튀김天麩羅盛り合わせ도 추천 메뉴. 전화 예약 필수.

우에하라 항에서 차로 5분
(0980)87-8168 18:00~23:00
(목요일 휴무) ¥ 1인 3000~5000엔 P 무료
www.instagram.com/furusatotei
후루사토테이

나의 분신! 이제야 찾았어! ······ ①

우메 공방 うめ工房

이리오모테 섬 서부,나카노中野 마을 도로 안쪽에 위치한 아담한 공방 겸 가게다. 주인장은 이리오모테 섬의 상징인 이리오모테 섬 고양이를 모티브로 한 수제 도자기 인형을 직접 빚어낸다. 투박한 듯하면서도 야마네코 특유의 둥근 귀와 무늬를 섬세하게 표현한 것이 특징이다. 뚱한 표정, 웃는 표정, 엎드린 자세 등 제각기 다른 표정과 포즈를 취하고 있어 구경하다 보면 시간 가는 줄 모른다. 모든 제품이 핸드메이드라 세상에 단 하나뿐이라는 점이 소장 욕구를 자극한다. 고양이 외에도 류큐 소쩍새나 바다 생물 등 섬의 자연을 담은 소품들도 만날 수 있다.

🚶 우에하라항에서 차로 8분, 은근 찾기 어렵다
📞 (0980)85-6957 🕘 09:00~18:00
(다만 비교적 자유로움) Ⓟ 무료
🏠 www.instagram.com/iriomoteume
🔍 우메공방

정겨운 이름의 기념품 가게 ······ ②

산타 누 네에네 サンタ ヌ ネエネ

우에하라 항에서 차로 4분, 이시가키 섬으로 돌아가기 전, 렌터카 반납 시간이 남은 자투리 시간에 들르기 딱 좋은 잡화점이다. 가게 이름은 섬 방언으로 '산단카 꽃 언니'라는 정겨운 뜻. 이곳의 메인은 주인이 직접 디자인한 오리지널 티셔츠와 스카프, 그리고 다양한 패션 소품이다. 이리오모테 섬 고양이나 맹그로브, 바다거북 등 섬의 자연을 소재로 삼았지만, 기념품 특유의 촌스러움 없이 세련되고 귀여운 일러스트가 특징이다. 원단도 톡톡하고 부드러워 평상복으로 입거나 걸치기에도 손색이 없다. 감각적인 패턴의 수건, 에코백, 핸드메이드 액세서리 등 작지만 알찬 소품들이 가득해 지갑이 절로 열린다. 남들과 다른 센스 있는 섬 여행 기념품을 찾는다면 필히 체크해야 할 곳이다.

🚶 우에하라 항에서 차로 4분 📞 (0980)85-6641
🕘 10:00~19:00(화요일 휴무, 주인장이 종종 사라짐)
Ⓟ 무료 🔍 잡화점 산타 누 네에네

PART 5

실전에 강한 여행 준비

한눈에 보는 오키나와 여행 준비

01 여행 계획 세우기

여행 스타일과 목적, 동반자에 따라 오키나와 여행 계획이 달라질 수 있다. 휴양과 관광 중 무엇을 중점에 둘 것인지, 누구와 함께 떠날 것인지 등에 따라 자유 여행, 에어텔 여행, 패키지 여행을 선택할 수 있다.

오키나와의 여행 테마는 생각 외로 다양하다. 리조트에서 푹 쉴 수도, 다이빙복을 입고 멋지게 바다에 입수해 형형색색의 산호를 볼 수도, 렌터카로 섬 구석구석을 누비고 다닐 수도 있다. 자신의 여행 스타일과 오키나와의 어떤 점을 공략할지 파악하는 것이 오키나와 여행 궁합을 맞추는 첫 번째 미션이다. 자신의 여행 스타일을 모르고 주먹구구식으로 일정을 짜게 되면 그저 남들 다 가는 곳에 가서 똑같이 발도장 찍고 다니는 무의미한 여행이 될 수도 있다. 나는 무엇을 원하는가? 먼저 나에게 속삭이는 소리에 귀를 기울여보자.

02 여행 기간 정하기

오키나와가 처음이라면 최소 3박 4일은 기본으로 잡아야 한다. 다만, 직장인이라면 대부분 본인이 원하는 일정에 맞추기보다는 주어진 휴가 기간에 맞춰야 하는 게 현실이다. 일단 주어진 시간을 최대한 활용하면서 여행 준비를 시작하자.

03 일정에 맞는 항공권과 숙소 예약하기

여행 날짜가 확정되었다면 항공권 예약을 최우선으로 해야 한다. 엔데믹 후 오키나와 항공편은 대한항공, 아시아나항공, 티웨이항공, 진에어, 제주항공 등 다양한 항공편이 매일 운항을 하고 있기 때문에 명절이나 여름, 겨울 휴가 시즌을 제외하면 표를 구하기는 쉬운 편이다.

항공권은 빨리 예약할수록 요금이 저렴하지만 변경이나 취소 시에는 수수료가 부가될 수 있으니 신중하게 날짜를 정하자.

항공권과 함께 신경 써야 할 것이 렌터카 예약이다. 특히, 경제적인 여행을 생각한다면 서둘러야 한다. 오키나와는 무조건 저렴한 경차 순으로 예약이 빨리 차기 때문이다.

숙소도 마찬가지. 책을 보고 원하는 숙소의 후보군을 정해 호텔 예약 사이트, 가격 비교 사이트들을 비교하는 것이 중요하다. 렌터카를 이용할 예정이라면 어느 지역의 숙소를 잡아도 상관없지만, 렌터카가 없다면 숙소 위치를 고려해야 한다.

04 일정에 맞는 항공권과 숙소 예약하기

주어진 일정에 따라 효율적인 코스를 짜는 일은 말처럼 쉽지 않다. 특히 오키나와의 식당들은 대부분 주 2회 정도는 문을 닫고, 식당마다 휴무일도 제각각이라 의외로 세세하게 살펴봐야 한다. 〈리얼 오키나와〉에서는 다양한 독자의 취향과 일정을 고려해서 만든 모델 코스를 제시하고 있지만, 자기의 여행 스타일과 100% 맞을 수는 없는 법. 일정과 상황에 따라 약간의 응용이 필요하다.

여행 목적지를 오키나와로 정했다면 이제부터 차근차근 여행 준비에 들어가야 한다.
해외여행 준비물의 기본은 외국에서 신분증 역할을 하는 여권과 그 나라에 입국해도 된다는 허가증인 비자다.
하지만, 일본은 90일 이내의 여행이 방문 목적인 경우 비자가 따로 필요하지 않다.

05

여행에 필요한 준비물 확인

① 여권 유효 기간을 확인한다. 최소한 6개월 이상 남아 있어야 한다. 출발 전에 여권 복사본도 준비하는 것이 좋다.

② 렌터카를 이용한다면 국제운전면허증을 사전에 발급 받자.

③ 오키나와에서는 현금 위주로 쓰겠지만, 만일을 위해 해외에서 이용할 수 있는 신용카드, 체크카드도 준비하자.

④ 여행자 보험은 출발 전에 꼭 가입한다. 정 급하면 공항에서도 가입할 수 있다.

⑤ 현지에서 자유로운 인터넷 접속을 위해 유심, 와이파이 도시락, 로밍 등 방안을 마련해가자.

06

예산 짜기

항공권과 숙소, 렌터카 예약이 끝나면 여행 준비의 8할은 끝난 것. 남은 것은 현지에서 쓸 식비, 입장료, 잡비 정도다. 만일 렌터카 예약을 하지 않았다면 교통비가 추가될 텐데, 오키나와 특성상 대중교통이 많지 않을 뿐 아니라 교통비도 비싼 편이다.

07

스쿠버다이빙이나 맛집 방문을 위한 추가 예약

먹기로 한 건 꼭 먹어야 하는 미식가라면 유명 맛집 예약은 필수. 스노클링, 스쿠버다이빙도 사전에 예약하는 것이 정석이다. 단, 날씨에 따라 취소, 변경되는 경우도 있으니 날씨 상태가 불안하다면 예비 일정을 준비해 두는 것이 좋다. 날씨 변덕이 심한 오키나와에서는 흔한 일 중 하나다.

08

짐 싸기

짐을 쌀 때는 모든 것이 다 필요할 것 같지만, 막상 들고 다녀보면 정작 필요한 물건은 정해져 있다. 특히, 오키나와 같은 단기 여행지에서는 굳이 욕심낼 필요가 없다. 웬만한 숙소에는 세면도구 등 필요한 물품이 모두 준비돼 있다.
쇼핑 계획의 비중이 크다면 돌아올 때 몇 배로 늘어나는 짐을 싸는 게 더 큰 과제가 되기도 한다. 여분의 가방을 미리 챙기는 것도 방법.

오키나와 항공권 저렴하게 구매하기

항공 요금은 항공사에 따라 시즌과 유효 기간에 따라,
또 예약 조건에 따라 천차만별이다. 일반적으로 성수기·비수기에 따라 가장 큰 차이가 나지만,
어떤 시기라도 발품만 잘 팔면 남들보다 훨씬 저렴하게 예약할 수 있다.

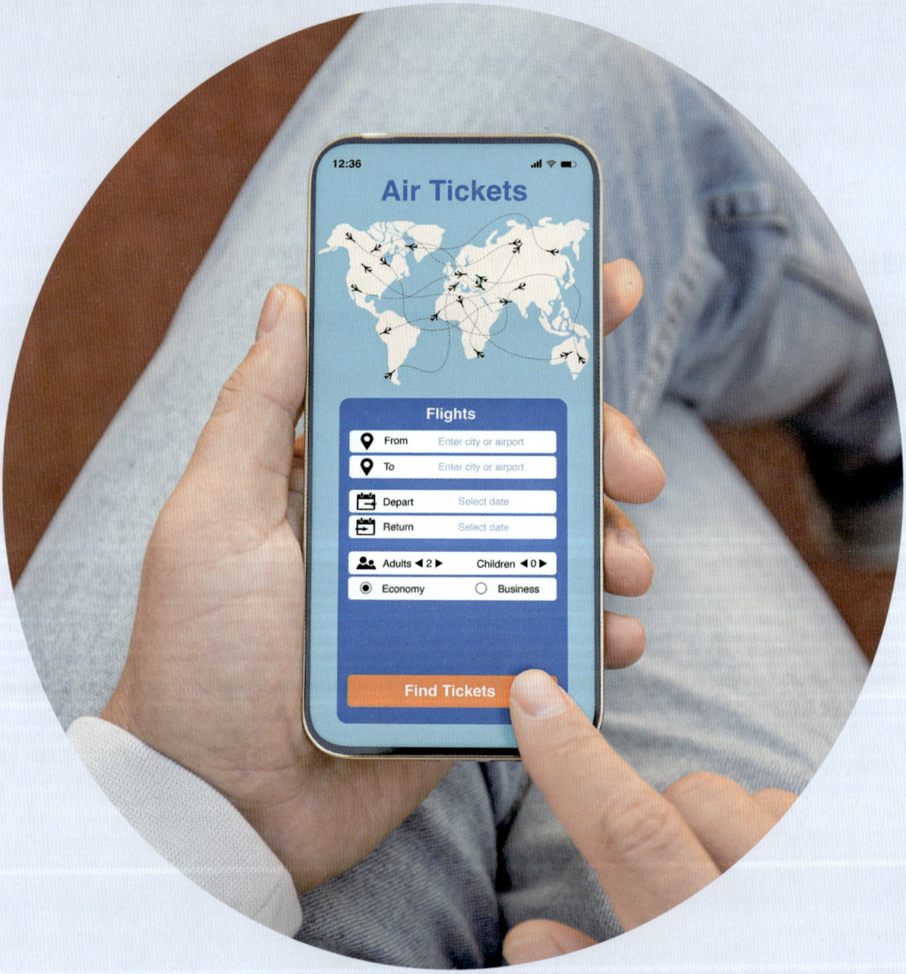

출발일과 시간, 항공사 다양하게 검색하기

서울에서 오키나와까지 비행하는 항공사는 대한항공, 아시아나항공, 제주항공, 진에어, 티웨이항공 등 총 5개. 출발일과 시간에 따라 항공사별 가격 차이가 크므로, 여러 항공사의 항공권 가격을 비교하여 가장 저렴한 항공권을 선택하는 것이 좋다.

또한, 출발일과 시간에 따라 가격 차이가 크므로, 출발일과 시간을 다양하게 검색하여 가장 저렴한 항공권을 찾도록 한다. 일반적으로 출발일이 빨라질수록, 출발 시간이 늦어질수록, 가격이 저렴해진다.

성수기에는 얼리버드 항공권 노려보기

시간이 많으면 상관없겠지만, 대부분의 직장인은 휴가철이나 황금연휴 같은 성수기에 여행을 떠나야 한다. 비수기보다 제약이 많지만 최소 5~6개월 전부터 항공권 비교 검색 사이트에 가격 알림 설정을 해두고 항공사 홈페이지도 자주 살펴보자. 운이 좋으면 저렴한 얼리버드 특가 항공권을 만날 수 있다.

항공사의 특가 이벤트 활용하기

항공사마다 다양한 특가 이벤트를 진행한다. 특정 조건을 충족하면 할인받는 프로모션 할인 이벤트, 가족 단위로 예매하면 할인받는 가족 할인 이벤트, 특정 제휴 업체와 제휴를 통해 할인받는 제휴 할인 이벤트 등 다양한 특가 이벤트가 있다.

여행 일정이 정해지면, 곧바로 항공사 SNS를 팔로우해 놓고 프로모션 항공권이 뜨기를 기다리자. 엔데믹으로 취항하는 저가항공사가 많아진 만큼 프로모션 항공권 행사도 예년에 비해 점점 늘어나고 있는 추세다.

항공권 비교 사이트 이용하기

얼리버드 항공권이나 프로모션 항공권은 부지런해야 하고 시간이 많이 든다. 가장 합리적인 방법은 항공권 비교 검색 사이트를 통해 가격을 비교하고 예약하는 것이다. 물론 특가 항공권보다는 조금 더 비싸지만, 출발·도착 시간만 잘 조정하면 좋은 가격대를 만날 수 있다. 또한, 항공권 비교 사이트를 이용하면 여러 항공사의 항공권 가격을 한 번에 비교할 수 있고,다양한 할인 정보도 제공하므로 저렴한 항공권을 찾는 데 도움이 된다.

대표적인 항공권 비교 사이트로는 스카이스캐너, 카약, 트립닷컴 등이 있다. 이러한 사이트를 이용하면 원하는 조건의 항공권을 빠르고 쉽게 찾을 수 있다.

특가 항공권 예약 시 유의할 점

가격이 싼 데는 다 이유가 있는 법. 대개 항공권의 유효 기간이 짧거나, 예약 변경이 불가능하다거나, 수수료가 엄청나게 비싸거나, 환불이 불가능하다거나 하는 등 여러 가지 조건과 제약이 따른다. 그 모든 조건을 받아들일 수 있을 때에만 할인 항공권의 싼 가격이 의미 있는 것이다. 예약 조건을 자세히 알아보지 않고 덜컥 예약했다가 나중에 예약 변경이나 취소 문제로 골치 아픈 경우가 벌어질 수도 있으니 주의하자.

오키나와 숙소 어떻게 예약하면 좋을까?

숙소는 여행의 성공 여부를 결정하는 가장 중요한 요소다. 숙소를 결정했다면 여행 준비의 절반이 완성되는 것. 위치와 요금을 고려한 최상의 숙소 예약 프로세스를 꼼꼼하게 정리했다. 한번 알아두면 어디서든 유용한 정보인 만큼 잘 체크해두자.

STEP ①

지역과 위치 선정

오키나와는 남부, 중부, 북부로 크게 나눌 수 있다. 남부 오키나와는 나하 시와 그 주변 지역으로, 다양한 관광 명소가 밀집해 있다. 중부 오키나와는 아름다운 자연경관을 자랑하며, 휴양을 목적으로 하는 여행객에게 인기가 있다. 북부 오키나와는 산악 지형이 발달해 있으며, 다양한 야생 동물을 관찰할 수 있다.

여행의 목적과 취향에 따라 적합한 지역과 위치를 선택하는 것이 중요하다. 예를 들어, 역사와 문화를 둘러보고 싶다면 나하를 중심으로 한 남부 오키나와, 휴양을 즐기고 싶다면 중부 또는 북부 오키나와를 선택하는 것이 좋다.

STEP ②

숙박 기간과 객실 타입 선택

오키나와의 숙소는 리조트, 호텔, 게스트하우스 등 다양한 종류가 있다. 숙박 기간과 예산에 따라 적합한 숙소를 선택하는 것이 중요하다.

짧은 기간의 여행이라면 가격이 좀 비싸더라도 리조트나 호텔을 선택하는 것이 좋다. 리조트나 호텔은 기본적으로 풍경이나 자연 환경이 뛰어난 곳에 위치하고 있어 휴양을 즐기기에 적합하다. 또한 다양한 액티비티를 즐길 수 있는 부대시설도 갖추고 있어 편리하게 이용할 수 있다. 장기 여행이라면 게스트하우스를 선택하는 것도 좋은 방법. 게스트하우스는 저렴한 가격으로 숙박할 수 있으며, 현지인들과 교류할 수 있는 기회도 얻을 수 있다.

STEP ③

예약 시점과 취소 정책 확인

오키나와는 인기 관광지이기 때문에, 성수기에는 예약이 빠르게 마감될 수 있다. 따라서 여행 일정이 확정되면 가능한 한 빨리 예약하는 것이 좋다.
또한, 호텔마다 취소 정책이 다르므로, 예약 시 취소 정책을 꼼꼼히 확인하는 것이 중요하다. 특히, 성수기에는 취소 수수료가 부과될 수 있으므로 유의해야 한다.

STEP ④

객실 옵션 확인

호텔마다 제공하는 객실 옵션은 천차만별. 기본적으로는 침대 타입, 전망, 발코니 여부 등을 확인하여 원하는 객실을 선택하는 것이 좋다. 특히, 어린이를 동반하는 경우, 객실 내 침대나 유아용 침대, 유아용품 제공 여부를 확인해야 한다.

STEP ⑤

호텔 시설 및 서비스 확인

호텔의 시설 및 서비스를 확인하여, 여행에 필요한 시설과 서비스가 제공되는지 확인하는 것도 중요하다. 예를 들어, 수영장, 피트니스센터, 레스토랑, 바, 회의실, 셔틀 서비스 등을 제공하는지 확인해야 한다. 특히, 오키나와에서는 렌터카를 이용하는 경우가 많기 때문에 주차 시설이 충분한지, 무료로 이용할 수 있는지 등도 예약 전에 꼭 확인해야 한다.

STEP ⑥

할인 혜택 확인

호텔마다 제공하는 할인 혜택이 다르다. 예약 시 할인 혜택을 적용받을 수 있는지 확인하여, 더욱 저렴한 가격으로 이용하는 것이 좋다. 여행사 패키지, 항공사 연계 상품, 멤버십 할인 등 다양한 할인 혜택이 있으니 호텔 홈페이지나 예약 사이트의 특가 상품을 미리 잘 확인해 보자.

STEP ⑦

최종 예약하기

호텔 홈페이지, 온오프라인 여행사, 숙소 예약 전문 사이트 등 다양한 경로로 예약할 수 있는데, 너무 많은 곳을 보면 오히려 헷갈릴 수 있으니 호텔 홈페이지와 즐겨 찾는 숙소 예약 사이트 두 군데 정도를 비교해 보자. 회사마다 경쟁도 심하고 프로모션도 다양해 같은 호텔이라 해도 요금이 다를 수 있다. 또한 룸의 종류와 조식 추가 여부 등에 따라서도 요금이 달라지니 꼼꼼히 알아보자. 어느 정도 정리가 되었다면 마지막으로 다른 여행자들의 이용 후기를 살펴보면서 특별한 문제가 있지 않은지 확인하고 결정한다.

예약 사이트

- 네이버 호텔 hotels.naver.com
- 아고다 www.agoda.com
- 호스텔월드 www.hostelworld.com
- 호텔스컴바인 www.hotelscombined.com
- 부킹닷컴 www.booking.com
- 에어비앤비 www.airbnb.com
- 호텔스닷컴 www.hotels.com

 오키나와 숙소 어디에 정하면 좋을까?

오키나와는 대표 도시인 나하를 중심으로, 중부, 북부에 다양한 숙소가 분포되어 있다.
각 지역별로 특색과 볼거리가 다르기 때문에, 여행 목적에 맞는 숙소를 선택하는 것이 좋다.

호텔 오리온 모토부 리조트 & 스파

나하 시

오키나와가 처음이라면 나하를 베이스캠프로

나하는 오키나와의 대표적인 중심 도시로, 다양한 관광 명소와 쇼핑, 음식점이 밀집해 있다. 또한, 유이레일로 이동이 편리하여 다른 지역으로의 이동도 수월한 편. 오키나와의 주요 관광지를 둘러보고 싶은 여행객이라면 나하에 숙소를 정하는 것이 좋다.

추천 숙소

- **하얏트 리젠시 나하 오키나와** 국제거리 도보 5분 거리에 있는 깔끔한 5성급 호텔. 다양하고 수준 높은 부대시설이 있어 호캉스로 딱
- **호텔 컬렉티브** 국제거리 중심에 위치한 5성급 호텔. 유아용품 무료 대여 서비스가 있고, 수영장 시설이 좋아 아이 동반 가족 여행자에게 인기
- **호텔 스트라타 나하** 국제거리 도보 8분 거리에 있는 모던한 3성급 호텔. 멋진 루프톱 바와 야외 수영장이 매력적

쉐라톤 오키나와 선마리나 리조트

힐튼 오키나와 차탄 리조트

레쿠 오키나와 차탄 스파 앤 리조트

하얏트 리젠시 나하 오키나와

호텔 컬렉티브

호텔 스트라타 나하

서던 비치 호텔 앤 리조트 오키나와

류큐 호텔 & 리조트 나시로 비치

오키나와 북부

자연을 만끽하고 싶은 도전적인 여행자라면

오키나와의 북부는 푸른 바다와 울창한 숲이 어우러진, 자연경관이 아름다운 곳이다. 또한, 아쿠아파크, 얀바루 국립공원, 츄라우미 수족관 등 오키나와를 대표하는 자연 볼거리가 모여 있기도 하다. 자연을 만끽하고 싶은 여행객이라면 오키나와 북부에 숙소를 정하는 것이 좋다.

추천 숙소

- **오쿠마 프라이빗 비치 & 리조트** 한적하고 조용한 휴식을 취할 수 있는 4성급 호텔. 다양한 해양 레저를 즐길 수 있는 호텔 소유의 해변이 있어 프라이빗한 휴식이 가능
- **호텔 오리온 모토부 리조트 & 스파** 고품격 오션뷰 객실을 갖춘 4성급 호텔. 북부 지역 최고의 명소인 츄라우미 수족관을 도보로 이용할 수 있는 점이 매력적

오키나와 중부

남국의 정취를 느끼며 편하게 쉬고 싶다면

오키나와의 대표적인 휴양지가 모여 있는 곳. 아름다운 해변과 다양한 리조트가 곳곳에 있어, 여유로운 휴식을 취하기에 좋다. 또한, 오키나와 전통 문화를 체험할 수 있는 곳도 많다. 휴양과 관광을 함께 즐기고 싶은 여행객이라면 오키나와 중부에 숙소를 정하는 것이 좋다.

추천 숙소

- **쉐라톤 오키나와 선마리나 리조트** 깔끔한 4성급 호텔. 오션뷰 발코니가 있는 넓은 객실이 매력적. 워터슬라이드가 있는 수영장, 어린이 수영장 및 게임룸 등 아이를 위한 시설이 있어 가족 여행자에게 제격
- **힐튼 오키나와 차탄 리조트** 아름다운 선셋 비치 근처에 위치한 4성급 호텔. 럭셔리한 실내외 수영장, 사우나와 스파, 피트니스 시설 등 부대시설이 출중
- **레쿠 오키나와 차탄 스파 앤 리조트** 아메리칸 빌리지 옆에 위치한 4성급 호텔. 가성비가 좋고 주변에 유명 맛집도 많아 인기

오키나와 남부

휴양과 역사를 모두 아우르고 싶은 여행자라면

오키나와의 중심 도시인 나하 시와 지리적으로 가깝고, 태평양과 동죽국해를 아우르는 긴 해안선 덕분에 바다의 참맛을 즐길 수 있는 휴양 스폿이 많은 곳이다. 게다가 역사적인 유적지가 곳곳에 분포되어 있어 오키나와의 역사와 문화 여행을 즐기기에도 안성맞춤이다.

추천 숙소

- **서던 비치 호텔 앤 리조트 오키나와** 오션뷰가 일품인 4성급 호텔. 숙박객을 위한 프라이빗 해변과 야외 수영장이 있어 가족 여행자에게 좋음
- **류큐 호텔 & 리조트 나시로 비치** 22년 7월에 오픈한 신축 5성급 호텔. 오키나와 남부의 아름다운 나시로 해변을 품고 있어 휴양 호텔로 제격

출국과 입국

오키나와에 있는 국제선 공항은 본섬에 있는 나하那覇 공항이 유일하고,
2024년 1월 현재 한국에서 나하로 연결되는 직항편은 인천공항이 유일하다.
나하로 직항 연결되는 항공사는 꽤 많은 편으로 대한항공, 아시아나 등
FCC는 물론 제주항공과 진에어, 티웨이항공 같은 LCC도 인천과 나하 사이를 연결하고 있다.

인천 국제공항에서의 출국

① 출국 공항터미널 확인

제주항공, 티웨이, 아시아나항공은 인천공항 제 1터미널에서, 대한항공과 진에어는 제 2터미널에서 출발한다. 두 터미널간 거리가 상당하기 때문에 자칫 다른 터미널에 도착하면 20~30분은 그대로 날아가니 주의하자. 국제선의 경우 최소 세 시간 전, 면세점 쇼핑을 좀 여유있게 할 요량이라면 적어도 세 시간 30분 전에는 도착하도록 하자.

② 탑승 수속

인천에서 나하로 가는 모든 항공사는 앱 혹은 인터넷을 통한 온라인 얼리 체크인이 가능하다. 온라인 얼리 체크인 과정을 통해 좌석도 미리 지정할 수 있는데, 요즘은 온라인 체크인이 대세라 현장에서 보딩하면 일행끼리 떨어져 앉는 경우도 많다. 즉 꼭 붙어서 비행기 타고 싶다면 온라인을 적극 활용하자(인터넷으로 항공권을 구매하면 온라인 체크인 링크를 보내준다). 만약 온라인 체크인을 안 했다면, 해당 항공사 카운터에서 스마트폰에 저장한(혹은 종이로 출력한) 온라인 항공권과 여권을 보여주고 수속을 밟는다. 어떻게 체크인을 하든 배터리 혹은 배터리가 내장된 전자기기는 수화물(부치는 짐)에 넣을 수 없다. 명심하자.

③ 보안 검색 및 출국 심사

문처럼 생긴 금속탐지기와 엑스레이 검사대 뒤로 줄 서 있는 사람이 보인다면 보안 검색을 하는 곳이다. 차례가 되면 옆에 놓인 바구니에 휴대 하고 있는 모든 물품, 즉 휴대한 가방, 상의, 휴대전 화나 동전 같은 것까지 모두 바구니에 내려놓고 엑스레이 탐지기를 통과해야 한다. 랩톱 같은 경우는 가방에서 빼, 별도의 바구니에 넣도록 하자. 물이나 음료는 보안검색 직전 모두 버리거나 마셔버려야 한다.

④ 비행기 탑승

면세 구역 곳곳에는 비행기 출·도착을 알리는 전광판이 있다. 그곳에서 내가 탈 비행기의 편명을 확인하고 제 시간에 비행기가 도착하는지 확인 후, 탑승권에 안내된 번호의 탑승구로 간다. 1~50번 탑승구는 면세 구역과 같은 건물에 있지만, 101~132번까지의 탑승구는 면세 구역에서 에스컬레이터를 타고 내려가 무인 열차를 타고 별도의 탑승동으로 가야 한다. 2터미널은 탑승구가 200번대로 시작된다.

오키나와 나하공항 입국

2시간가량의 짧은 비행 후, 오키나와에 도착한다. 착륙 직전, 창밖으로 펼쳐지는 푸른 바다를 본 승객들의 탄성 소리가 흘러나온다. 착륙 직전 창문을 통해 오키나와의 푸른 바다와 산호초를 보고 싶다면, 오른쪽보다는 왼쪽 창가에 앉는 게 더 유리하다.

① 입국신고서 작성하기

기내에서 나눠주는 입국신고서를 작성해도 되고, 비짓 재팬 웹 vjw-lp.digital.go.jp에 들어가 온라인으로 입국신고서-세관신고를 미리 할 수도 있다.

外国人入国記録 DISEMBARKATION CARD FOR FOREIGNER 외국인 입국기록

英語又は日本語で記載して下さい。Enter information in either English or Japanese. 영어 또는 일본어로 기재해 주십시오. 【 ARRIVAL 】

氏名 Name 이름	Family Name 영문 성: JUN	Given Names 영문 이름: MYUNG YOON	
生年月日 Date of Birth 생년월일	Day 日 일 / Month 月 월 / Year 年 년: 30 11 197X	現住所 Home Address 현주소	国名 Country name 나라명: SOUTH KOREA / 都市名 City name 도시명: SEOUL
渡航目的 Purpose of visit 도항 목적	☑ 観光 Tourism 관광 / ☐ 商用 Business 상용 / ☐ 親族訪問 Visiting relatives 친척 방문 / ☐ その他 Others 기타 ( )	航空機便名・船名 Last flight No./Vessel 도착 항도착공기 편명·선명: OZ172 / 日本滞在予定期間 Intended length of stay in Japan 일본 체재 예정 기간: 7 DAYS	
日本の連絡先 Intended address in Japan	HOTEL JAL CITY, NAHA	TEL 전화번호: (098) 866-2580	

裏面の質問事項について、該当するものに☑を記入して下さい。Check the boxes for the applicable answers to the questions on the back side. 뒷면의 질문사항 중 해당되는 것에 ☑ 표시를 기입해 주십시오.

1. 日本での退去強制歴・上陸拒否歴の有無 Any history of receiving a deportation order or refusal of entry into Japan 일본에서의 강제퇴거 이력·상륙거부 이력 유무 — ☐ はい Yes 예 ☑ いいえ No 아니오
2. 有罪判決の有無(日本での判決に限らない) Any history of being convicted of a crime (not only in Japan) 유죄판결의 유무 (일본 내외의 모든 판결) — ☐ はい Yes 예 ☑ いいえ No 아니오
3. 規制薬物・銃砲・クロスボウ・刀剣類・火薬類の所持 Possession of controlled substances, firearms, crossbow, swords, or explosives 규제약물·총포·석궁·도검류·화약류의 소지 — ☐ はい Yes 예 ☑ いいえ No 아니오

以上の記載内容は事実と相違ありません。I hereby declare that the statement given above is true and accurate. 이상의 기재 내용은 사실과 틀림 없습니다.

署名 Signature 서명: 윤명 YOON

② 입국심사대

비짓 재팬 웹에서 사전 신고를 안 했다면 여권과 입국신고서를 들고, 비짓 재팬 웹에서 사전 신고를 했다면 여권만 들고 외국인外國人 카운터에서 줄을 서자. 현지 직원들의 안내를 받아 지문 체취와 얼굴 사진 촬영을 한 후, 심사대 쪽으로 가서 자신의 차례가 되면 여권 혹은 여권과 입국신고서를 제출한다. 일부 한국인 여성들이 관광비자를 발급받은 후 일본내 퇴폐업소에 불법 취업하는 경우가 있어, 동반가족이 없는 젊은 여성에 한해, 오키나와에 온 목적과 체류 기간, 돌아가는 항공편 등의 질문을 하기도 한다. 이럴 경우 당황하지 말고 사실대로 대답하면 된다.

③ 수하물 찾기

입국심사대를 통과하면 인천 국제공항에서 오키나와로 부친 짐을 찾으러 가야 한다. 전광판을 보고 자신이 타고 온 비행기와 매칭되는 컨베이어 벨트 번호 를 찾아가면 된다.

④ 세관 통과

신고할 품목이 있으면 빨간색 카운터로, 신고할 품목이 없으면 여권과 미리 작성한 휴대품 신고서를 제시하면 된다(비짓 재팬 웹으로 미리 신고했다면 휴대품 신고서를 작성하지 않아도 된다). 면세 반입이 가능한 품목은 술 3병 이하, 담배는 20갑(잎담배 100개비) 이하, 향수 2온스(약 56g) 이하 , 그 외 20만엔 이하 물품이다. 세관을 통과해 밖으로 나가면 이제 입국장Arrival Hall이 등장한다.

공항에서 시내로

오키나와는 대중교통망이 부실한 편이지만 공항에서 나하 시내로 나오는 방법만큼은 모노레일이 있어 한결 수월하다. 나하를 제외한 지역은 대중교통망이 빈약한 편이다. 시외버스, 리무진버스, 에어포트 셔틀 등을 이용할 수 있지만 운행 횟수가 적고 시간도 많이 걸린다는 사실을 명심해 두자. 렌터카가 오키나와 여행에 있어 필수불가결한 이유도 바로 이 때문이다.

①

②

③

① 모노레일

공항에서 가장 빨리 나하 시내로 갈 수 있는 대중교통 수단이다. 모노레일 나하공항 역은 나하공항 국내선 청사 2층과 육교로 연결되어 있다. 이정표가 잘 되어 있으니 'モノレールのりば Monorail'이라고 적힌 표지판만 잘 따라가면 역에 무사히 당도할 수 있다.

② 리무진 버스

나하공항에서 오키나와 중부 서해안 지대에 집중적으로 몰려 있는 리조트 지역으로 이동할 예정이라면 리조트만 순회하는 공항 리무진 버스リムジンバス를 이용하면 된다. 현금으로 승차할 수 없기 때문에 미리 승차권을 구입해야 한다. 승차권은 국제선 청사 입국홀에서 나와 오른쪽에 있는 관광안내소Visitor Service Center와 국내선 도착 로비 내의 리무진 버스 안내 센터 및 나하 버스 터미널과 각 기항지 호텔 등에서 구입할 수 있다.
나하 공항 버스 정류장 재배치로 인해 리무진 버스 정류장이 국제선 쪽으로 변경되었다. 1번 승차장에서 버스를 타면 된다. 웹페이지를 통해 승차권을 예매할 수 있다.

🏠 japanbusonline.com/en

③ 에어포트 셔틀

단일 노선 버스로 오키나와 내 여행자들이 많이 가는 목적지는 대부분 커버한다. 호텔 앞에 정차해 주는 리무진 버스가 더 편해 보이는 건 사실이지만, 리무진 버스의 배차 간격이 너무 길어 에어포트 셔틀이 외려 현실적이다. 다만 에어포트 셔틀은 기존 버스정류장에 세워주기 때문에 숙소로 가기 위해서는 좀 걸어야 한다. 국제선 청사 밖으로 나가 왼쪽에 있는 버스 정류장에서 탑승할 수 있다. 웹페이지를 통해 승차권을 예매할 수 있다.

🏠 에어포트 셔틀 www.okinawa-shuttle.co.jp/en

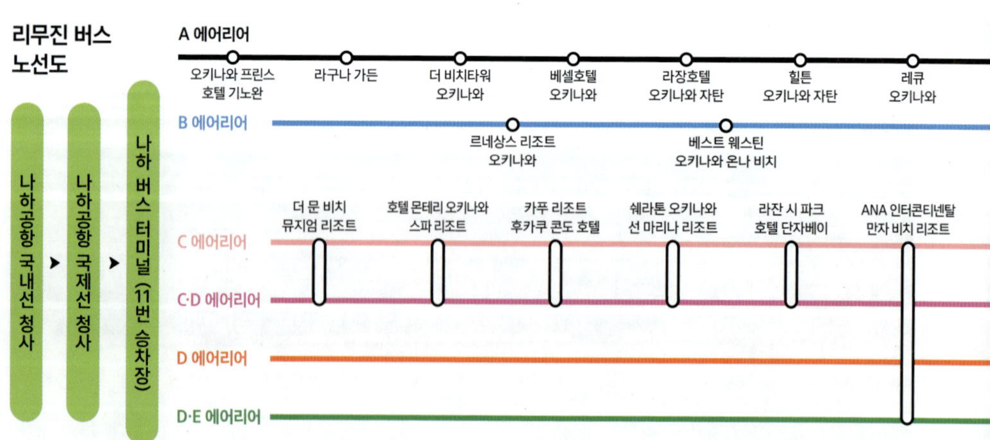

④ 얀바루 급행 버스

원래는 급행 버스로 시작했는데, 요즘은 완행이 됐다. 에어포트 셔틀과 여러모로 정류장이 겹치기 때문에 먼저 오는 걸 타면 된다. 얀바루 급행 버스는 에어포트 셔틀과 달리 예약이 되지 않는다. 국제선 청사 밖으로 나가 왼쪽에 있는 버스정류장에서 탑승할 수 있다.

🏠 yanbaru-expressbus.com

⑤ 렌터카

공항에서 차량을 인수하는 조건으로 렌터카를 예약했다면, 우선 어느 지점에서 렌터카 회사의 직원을 만나기로 했는지 확인하자. 렌터카 회사에 따라 공항의 입국장까지 나와 이름이 적힌 종이를 들고 기다리는 경우도 있지만, 어떤 렌터카 회사는 공항 내 특정 지점으로 오라는 경우도 있다. 마중 나온 이를 따라가든, 스스로 찾아가든 회사별 픽업차를 타게 된다. 픽업차를 타고 렌터카 회사로 가 예약확인서, 국제면허증, 여권을 제시하고 렌터카 보험에 대한 설명을 들은 후 계약서에 사인하고 요금을 지불하면 끝. 렌터카 이용에 대한 주의사항, 내비게이션 이용 방법 등에 대한 설명이 끝나면 차량을 인도받게 된다.

⑤

⑥ 택시

오키나와는 일본에서 택시비가 가장 저렴한 지역에 속하지만, 한국보다는 비싸다. 나하 근교에 있는 숙소에 묵고 인원이 3명 이상이라면 택시를 타는 것도 나쁘지 않은 선택이다. 교외의 경우도 (인원만 충분하다면) 버스 운임이 비싼데다 느린 관계로 택시의 경쟁력이 훨씬 좋은 편이다. 국제선 청사 밖으로 나가 왼쪽에 택시 승차장이 있다. 한편, 일본도 드디어 앱으로 택시를 부를 수 있게 되었다. 앱의 이름은 Go인데 한국 전화번호로 회원가입이 가능하며 지불할 카드를 등록하면 끝. 이후는 한국의 T앱을 쓰듯 하면 된다.

⑥

🕓 24시간 ¥ (소형차 기준) 초행 1.75km까지 600엔, 이후 400m 주행 혹은 2분 25초마다 100엔씩 가산(22:00~05:00까지는 심야 할증 20% 가산)

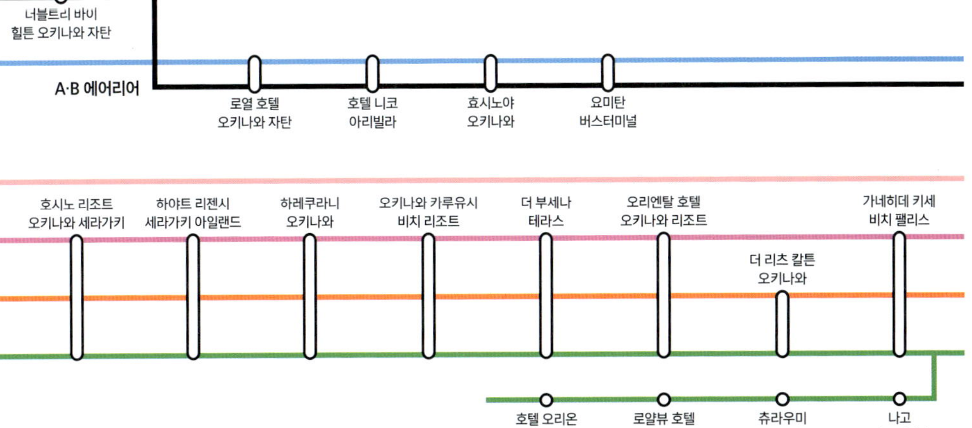

오키나와 본섬의 시내교통

대중교통망이 부실한 오키나와에서 렌터카는 여행의 필수품 중 하나다. 그나마 모노레일과 버스가 있지만, 모노레일은 나하 시내만 한정되어 있으며, 버스는 전 지역을 운행하긴 하지만 느리고, 배차 간격이 길 뿐만 아니라 요금도 거리제여서 비싼 편이다.

1. 모노레일

나하에만 있는 교통수단으로 정식 명칭은 유이레일ゆいレール이다. 총 길이 19km, 17개 역으로 이루어져 있다. 오키나와 여행의 정석은 렌터카지만 나하에서만큼은 유리레일 덕분에 렌터카가 필요없을 정도다(외려 나하에서 렌터카는 주차난 때문에 애물단지가 된다).

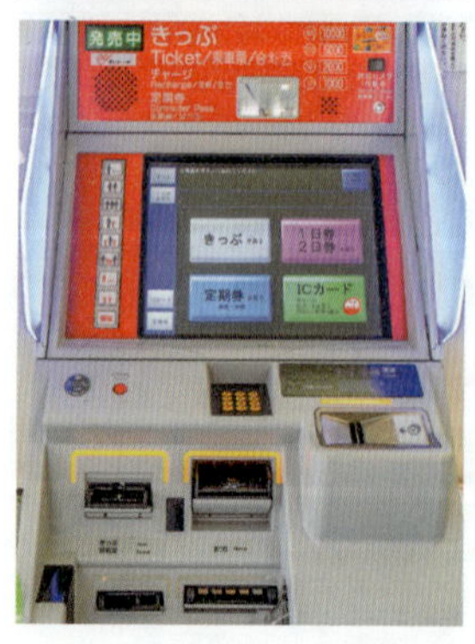

🕔 06:00~23:30, 6~12분 간격 ¥ 250~390엔(어린이 130~200엔), 1일권 1000엔(어린이 500엔), 2일권 1800엔(어린이 900엔) 🏠 www.yui-rail.co.jp

- **모노레일 이용하기** 모노레일 티켓은 크게 두 가지가 있다. 한 번만 탑승 할 수 있는 단승권ゆいレール과 발행 시간부터 24시간, 48시간 동안 자유롭게 이용할 수 있는 1일권一日乗車券과 2일권二日乗車券이다. 최초 사용 시점을 기준으로 24~48시간 이용할 수 있기 때문에 시간 계산만 잘 하면 1박 2일~2박 3일 사용이 가능하다. 일권의 경우 세 번 이상만 타면 본전을 뽑기 때문에 많은 여행자가 애용한다. 일정과 여행 패턴에 따라 어떤 티켓을 구입하는 것이 유리한지 고민해 보자. 기본적인 모노레일 이용법은 한국의 지하철과 동일하다. 한국의 지하철 카드가 IC카드인데 비해 일본은 티켓에 새겨진 QR코드를 태그해야 한다는 점만 다르다.
- **오키나와 모노레일 컨택리스 카드 이용** 별도의 교통카드 없이 우리가 사용하는 비자, 마스터, JCB, 유니온페이, 아메리칸 익스프레스 카드로 모노레일을 탑승할 수 있게 되었다. 타는 방식은 동일한데 태그하는 위치만 'Tap to ride 화살표' 아래로 하면 된다.

모노레일로 연결되는 주요 관광지

역명	연결 가능 지점
나하공항 역 那覇空港駅	나하 국제공항
아카미네 역 赤嶺駅	* 일본 최남단의 전철역으로 기록됨
아사히바시 역 旭橋駅	나하 버스터미널
겐초마에 역 県庁前駅	국제거리, 마키시 공설시장
마키시 역 牧志駅	국제거리, 마키시 공설시장, 쓰보야 도자기 거리
오모로마치 역 おもろまち駅	DFS 갤러리아, 현립박물관
슈리 역 首里駅	슈리성 공원
우라소에 마에다 역 浦添前田駅	우라소에 대공원

2. 버스

오키나와의 버스 시스템은 그리 좋다고 말할 수 없다. 배차 시간도 한국과는 비교할 수 없을 정도로 긴 데다, 연결되는 관광지도 그리 많은 편이 아니기 때문이다. 하지만 나하 바깥으로 나가기 위해선 이용할 수 있는 교통수단이 버스밖에 없기 때문에 버스 의존도가 높아진다. 거의 이용하지 않겠지만 나하 시내를 운행하는 시내버스는 1~6, 9, 11, 13~17, 19번이며 요금은 정액제로 ¥260이다.

나하 버스터미널

- **시외버스 이용** 오키나와의 시외버스는 모두 거리 병산제다. 승하차 모두 앞문을 이용하며, 버스에 탑승하면 일단 정리권整理券, 즉 어디에서 탑승했는지를 인식하는 티켓을 버스 탑승구의 자동발권기를 통해 받아야 한다. 좌석에 착석해 정면을 바라보면 운전석 상단에 디지털 차트가 눈에 들어온다. 내가 받은 정리권의 번호가 만약 3번이라면, 디지털 차트 3번에 표시된 금액이 내야 할 돈이다. 하차 시 하차 버튼을 눌러야 하는 건 한국과 같다. 다만 일본 버스는 잔돈을 거슬러 주는 시스템이 없기 때문에 동전이 반드시 주머니 속에 있어야 한다. 운전기사 옆에 1000엔 지폐 동전교환기가 있으니 직접 이용하자.

- **버스 앱** OTOpa라는 앱이 새로 나왔다. 관광객을 위한 버스+유이레일 무제한 앱인데, 앱 스토어에서 'OTOpa'앱을 다운 받고 등록한 후(이메일 주소 정도만 넣고 확인하면 된다) 1~3일 이용권을 선택하고 신용카드 결제하면 활성화된다. 종이 OTOpa 승차권도 구입 가능하다.
오키나와의 버스 노선은 www.kotsu-okinawa.org 를 참고하자.

OTOpa 패스 요금

종류	요금	종류	요금
1Day Pass	¥2900	**1Day Pass + 유이레일 무제한**	¥3500
3Day Pass	¥5800	**3Day Pass + 유이레일 무제한**	¥6400

3. 관광버스

워낙 대중교통이 약한데다 렌터카 운전에 부담을 느끼는 여행자가 많다보니 다양한 관광버스들이 운행 중이다. 교통편만 제공하는 패키지 느낌이라 관광지에서 머무는 시간을 잘 체크하고 재탑승하길 반복해야 하기 때문에 자유로운 영혼의 소유자라면 다소 불편할 수도 있다.

투어 이름	**츄라우미 수족관과 나키진 성터** **沖縄美ら海水族館と今帰仁城跡**	**오키나와 월드와 전적지 순례** **おきなわワールドと戦跡めぐり**	**중부 여행 코스** **中部いいとこめぐりコース** (3일 전까지 최소 인원 5명 이상이어야 운행)
방문지	• 오리온 모토부 리조트 앤 스파(60분 체류) • 만자모(40분 체류) • 츄라우미 수족관(130분 체류) • 나키진 성터(50분 체류) • 나고 파인애플 파크(40분 체류)	• 오키나와 평화기념공원(60분 체류) • 오키나와 월드(120분 체류) • 히메유리의 탑(80분 체류) • 이아스 오키나와 도요사키(대형 쇼핑몰)	• 카츠렌 성터(60분 체류) • 동남식물낙원(60분 체류) • 해중도로(버스 통과, 창밖 구경) • 해중도로 휴게소(40분 체류) • 이온 몰 라이카무(100분 체류)
출발 시간	08:30	08:30	08:45
승차 지점	아사히바시 역과 켄초마에 역 중간 지점, 오키나와 버스 본사 건물(Google Map: Okinawa bus)		
소요 시간	약 10시간	7시간 30분	7시간
운행	연중 무휴	연중 무휴	4월 1일~9월 30일
요금	**¥8000** (6~12세 ¥4200, 6세 미만 1인까지 무료, 2인부터 소아 요금)	**¥5500** (6~12세 ¥3300, 6세 미만 1인까지 무료, 2인부터 소아 요금)	**¥5600** (6~12세 ¥5500, 6세 미만 1인까지 무료, 2인부터 소아 요금)
예약 문의	okinawabus.com/wp/bt		

4. 한국계 여행사의 관광버스

사설 여행사에서 진행하는 투어버스로, 한국어 음성 가이드가 별도로 지원된다. 츄라우미 수족관을 포함한 북부투어와 남부투어로 구성, 가격도 오키나와 현에서 운영하는 관광버스에 비해 나쁘지 않고, 현에서 운영하는 남부투어가 전적지 위주인데 비해 한국계 여행사는 해변 위주로 짜여있어, 여러 면에서 이쪽이 낫다.

투어 이름	오감만족 남부투어
방문지	니라이 카나이 대교(창밖 관광), 치넨 미사키 공원(30분 체류) 미바루 비치(40분 체류), 오키나와 월드(2시간 45분 체류) 세나가지마 우미카지 테라스(1시간 체류)
출발 시간	09:30
승차 지점	현청 앞 현민광장
소요 시간	약 8시간
운행	연중 무휴(성원이 부족하면 불발)
요금	13세 이상 48000원 / 3~13세 38000원 / 유아 무료(좌석 배정 없음)
문의	www.jinotour.com

5. 택시

최근 엔저円低 현상 때문에 비싸기로 유명한 일본의 택시도 여행자들의 가시권에 들어오게 됐다. 게다가 오키나와의 택시 요금은 일본에서 가장 저렴한 편이다. 승차 정원인 네 명을 꽉 채워 다닐 예정이라면, 어지간한 거리는 대중교통에 비해 비슷하거나 약간 비싼 수준이다. 관광지이다 보니 3, 5, 8시간 단위로 택시를 대절하여 이용할 수도 있다. 운전에 자신 없지만 기능성 있게 오키나와의 이곳 저곳을 누빌 생각이라면, 나쁘지 않은 선택이다. 대절 택시는 머무는 숙소 리셉션이나 컨시어지에 문의해도 되고 일본어가 된다면 머무는 숙소 로비의 정보 팸플릿 모아놓은 곳을 뒤적거리면 전단지를 입수할 수 있다. 일본은 숙소 컨시어지를 경유한다고 요금이 비싸지거나 하는 일은 전혀 없다.

대절 택시 요금표

이용 시간	4인승	5인승	7인승
4시간	¥15500		
5시간	¥18000		
6시간	¥20500	¥24000	¥3000
7시간	¥23000	¥27000	¥34000
8시간	¥26000	¥30000	¥38000
10시간	¥31000	¥36000	¥46000

렌터카 운전 시 궁금한 모든 것

Q 렌터카 여행만의 장점은 무엇인가?

첫째, 의외로 저렴하다. 나하에서 츄라우미 수족관을 간다고 치자. 한 사람의 왕복 버스 비용이 렌터카 경차 하루 렌트비와 비슷하다. 두 사람이라면, 차 한 대 빌리는 것이 월등히 저렴하다. 택시와 비교하면 두말할 필요도 없다. 둘째, 빠르다. 나하에서 츄라우미 수족관으로 간다고 쳤을 때 버스보다 두 배가량 빠르다. 셋째, 어디든 갈 수 있다. 당연한 이야기겠지만, 버스가 연결하지 않는 곳을 갈 수 있다. 무엇보다 렌터카는 미식 여행을 위한 최고의 선택이다. 물론 운전을 담당한 사람의 피로도가 누적된다는 단점도 있다. 오키나와 여행 내내 운전만 했다는 가장들의 울부짖음을 심심치 않게 들을 수 있다.

Q 일본은 주행 방향이 정반대라 역주행할까 두렵다?

일반적으로 오키나와는 과속이 드문데다 나하 시내만 벗어나면 왕복 2차선, 4차선 구간이 많으므로, 신호등 보는 법도 단순해진다. 게다가 외국인 렌트 차량이 많아서, 오키나와 운전자들은 렌터카 차량과의 차간 거리를 상대적으로 많이 둔다. 대부분의 경우 신호등 체계대로만 따르면 사고가 일어나는 경우는 극히 드물다. 그 어느 지역보다 외국인이 렌터카로 여행하기 좋은 곳이 바로 오키나와다.

Q 일본어도, 한자도 읽지 못하는데 어떻게 하나?

그런 당신을 위해 인류는 내비게이션이라는 좋은 기계를 발명해냈다. 우리나라도 그렇지만 일본의 내비게이션은 식당이나 호텔의 경우 전화번호만 입력하면 된다. 게다가 스마트폰마다 깔려있는 구글지도는 그 어떤 네비보다 훌륭하다. 한국에서의 구글지도 경험을 생각하면 안된다. 일본은 구글지도가 표준이며 구글지도 자체 내장 내비는 한국어도 유창하다.

Q 외국에서 운전하려면 국제운전면허증이 있어야 한다고 하던데?

각 지역의 운전면허 시험장 그리고 경찰서에서 발급받을 수 있다. 20분만 기다리면 된다.

Q 오키나와에서 운전을 하기 위해 국제운전면허증만 있으면 되는 건가?

현지에서는 여권, 한국의 운전면허증 원본과 국제운전면허증. 이렇게 3종 세트가 있어야 한다.

Q 렌터카는 반드시 예약해야 하나?

일본은 대부분 예약 문화다. 성수기가 아닌 경우라면 공항에서 바로 렌터카를 빌릴 수도 있지만, 이 경우는 일본어를 잘하는 사람의 이야기이고, 평범한 우리는 사전 예약을 하는 것이 좋다. 유의해야 할 점은 오키나와의 렌터카는 작은 차부터 예약이 찬다. 1000cc급 경차를 예약할 예정이라면 한두 달 전에는 예약을 완료해야 한다.

Q 렌터카 회사가 한두 개가 아닌데, 어떤 기준으 로 골라야 할까?

렌터카 회사를 선택할 때 우선으로 고려해야 할 것은 인터넷 예약 가능 여부와 일본어 외에 한국어나 영어의 지원 여부다. 사실 인터넷 예약만 가능해도 약간의 요령만 발휘하면 일본어 웹 번역을 통해 모든 일 처리를 끝낼 수 있다.

오키나와의 주요 렌터카 업체

업체명	웹페이지	웹페이지내 예약	웹페이지 외국어 대응
OTS 렌터카 OTS レンタカー	www.otsrentacar.ne.jp	가능	한국어, 영어
니폰 렌터카 ニッポンレンタ カー	www.nipponrentacar.co.jp	가능	한국어, 영어
닛산 렌터카 日產レンタカー	nissan-rentacar.com	가능	한국어, 영어
도요타 렌터카 トヨタレンタカー	rent.toyota.co.jp	가능	한국어, 영어
오키나와 렌터카 オキナワレン タカー	www.okinawa-rentacar.co.jp	가능	일본어만

Q 인터넷으로 렌터카 예약 시 주의사항은?

차량 인도 시간을 넉넉하게 잡자. 예를 들어 13:50 나하 도착 항공기를 예약했다면 입국 수속, 수하물 찾기 등을 모두 마치고 나오면 대략 한 시간 정도 소요된다. 여기서 렌터카 업체 사람을 만나, 합승 버스를 타고 렌터카 회사로 이동 후, 자신의 차례를 기다리고 계약서에 서명하여 차량을 인도받으면, 나하 공항 도착 후 최소 두 시간은 소요된다. 이러한 시간을 고려해 실제 차량을 인도받을 예정 시간을 가늠하여 인터넷 사전 예약을 하는 게 조금이라도 유리하다. 특히 렌터카는 대부분 24시간 단위로 계약이 갱신 되고, 24시간을 넘으면 시간 요금을 물어야 하는데, 이 요금이 꽤 비싸기 때문에 1~2시간이라도 차량 인도 시간을 늦춰 놓는 게 유리하다.

Q 아이가 있는데, 차일드 시트는?

6세 이하의 어린이와 탑승할 때는 반드시 차일드 시트チャイルドシート를 사용해야 한다. 차일드 시트는 아이의 몸무게에 따라 체중 9kg의 유아와 체중 9~18kg 사이의 어린이로 구분한다. 주니어 시트ジュニアシート라는 것도 있는데, 이건 좀 큰 아이들을 위한 시트다. 체중 15~32kg 미만의 어린이들을 위한 보조 의자라고 생각하면 된다. 렌터카 업체에 따라 유료인 경우도 있고 무료인 경우도 있다. 예약 시 체크해 볼 것.

Q 공항 도착 후, 프로세스는 어찌 진행되는가?

공항 입국장에 렌터카 회사의 손팻말 혹은 당신의 이름을 쓴 푯말을 든 사람이 기다리고 있을 것이다. 대부분 여러 명이 예약하기 때문에, 예약한 사람들이 다 모일 때까지 공항 입국장에서 기다린다. 예약자들이 모두 나오면 인솔자를 따라 국내선 청사 쪽에 있는 렌터카 회사의 픽업 버스 탑승장으로 간다. 픽업 버스에 올라 10~15분쯤 가면 렌터카 회사가 나온다. 이곳에서 정식 계약서를 체결하고 비용을 지불한 후, 차량을 인수받는다. 사고 발생 시 대응 방법은 반드시 숙지해 놓도록 하자. 지시대로 하지 않으면 보험금이 나오지 않을 수도 있다.

Q 숙소에서 차량을 인수받을 수 있을까?

가능하다. 다만 숙소의 위치에 따라 ¥1000~3000 가량의 인수 비용이 추가된다. 웬만하면 공항에서 차량을 인수받는 것이 좋다.

Q 차량을 반납할 때는 어떻게 해야 할까?

기름을 꽉 채워서 반납하기로 한 지정 장소에 반납한다. 반납 시 차량의 손상, 사소한 스크래치까지 확인하며 인수받을 때 없었던 큰 흠이 있으면 즉석에서 과실료가 부과되기도 한다. 차량을 무사히 반납했다면, 렌터카 대리점에서 공항까지는 렌터카 회사에서 운영하는 픽업 버스로 이동한다.

오키나와 드라이브 실전을 위한 Q&A

Q 오키나와에서 운전할 때 첫 번째로 기억해둘 것은?

운전석이 오른쪽이다. 운전석에 앉기 전부터 '좌측 주행! 좌측 주행!'을 반복적으로 되새기자. 운전 중 중앙선은 반드시 차량 오른편에 있어야 한다. 좌회전은 직진 신호를 받으면 바로 할 수 있지만, 우회전은 별도의 신호를 받거나 직진 신호 후, 직진 차량이 없을 때만 가능하다.

Q 사고 발생 시 지시 사항은?

① 사고가 발생하면, 먼저 인명 구조가 우선이다. 잘잘못을 가리기 전에 위급한 상황이 발생했다면 일단 인명을 구조하자. ② 110번으로 전화를 걸어 경찰에 신고한다. ③ 렌터카 업체에 사고 사실을 알린다. ④ 경찰이 도착하면 사고 경위를 비롯한 사고 조사서를 작성한다. 외국인이기 때문에 언어가 통하지 않아서 횡설수설하기 마련인데, 이때 오키나와 관광청에서 운영하는 다국어 정보발신 콜(0570077203)을 이용하면 편리하다. 한국어 가능 직원이 일본어로 통역해 전달해주는데, 전화비만 부담하면 된다. ⑤ 경미한 손상이면 그대로 여행이 가능하지만, 운행이 불가능할 정도라면 견인차가 나온다. ⑥ 참고로 인명 구조-경찰 신고-렌터카 업체 신고가 즉시 이루어지지 않으면 보험금을 받을 수 없게 될 수 있으니 주의하자.

Q 신호등은 우리나라와 같은 구조인가?

빨간 불은 정지, 녹색 불은 진행, 주황색 불은 예비 및 경고를 의미한다. 하지만 몇 가지 다른 점도 있는데, 빨간 불에서는 모든 차량이 정지해야 한다. 우리나라의 경우, 빨간 불이 들어와도 우회전하는 차는 확인 후 주행이 가능한데, 일본의 경우는 절대 금지다. 빨간 불이면 무조건 움직이면 안 된다. 반대로 이런 경우도 있다. 빨간 불인데 녹색 신호 화살표가 동시에 켜지면 녹색 신호 방향으로 직진만 가능하다는 의미. 58번 국도를 다니다 보면 이런 신호등을 종종 보게 된다.

다음으로, 우회전 신호가 있는데 우리나라의 좌회전만큼 일본에서는 우회전이 어려운 데다, 비보호 우회전인 경우가 많다. 의미인즉슨 신호 상태에서 맞은편의 직진 차량이 없을 때 알아서 우회전하라는 이야기. 우리나라 운전자들이 가장 골치 아파하는 부분이기도 하다. 심지어 우회전 신호가 있는 도로에서도 직진 시 맞은편 차량이 없으면 우회전 신호를 기다리지 않고 우회전이 허용되는 분위기다.

Q 오키나와에 미군부대가 많다는데, 탱크가 지나다니기도 하나?

58번 국도를 다니다 보면 미군 수송 차량을 흔히 볼 수 있다. 미군 차량, 혹은 미군 군속 차량의 경우 번호판이 'Y'자로 시작되는데, 번호판 Y차량은 오키나와 운전자들도 차간 거리를 더 벌린다. 일본도 미군 관계자 차량과 사고가 발생했을 때, 미군에게 유리하게 법이 적용되는 경우가 많기 때문이다. 렌터카는 'わ'자로 시작하는데, 'Y'만큼은 아니지만 앞에 있으면 주의운전 대상이다.

Q 일본도 오토바이들이 운전자들을 성가시게 하나?

그렇다. 게다가 일본은 오토바이 운전자가 상당히 많기 때문에 도로주행 중에도 쉽게 발견할 수 있다. 난폭운전을 일삼진 않지만 차량이 정차해 있을 때, 차도 사이로 추월하는 경우를 흔히 볼 수 있다. 사이드 미러를 항상 주시하자.

여행을 편리하게 도와주는 스마트폰 앱

일본어 앱은 사실 쓸 만한 앱이 무척 많은 편인데, 대부분의 일본 국내용 앱은 한글은 커녕 영어 메뉴 제공도 안하는 경우가 많아 사실상 그림의 떡이다. 여기서는 영어, 한글 지원이 되는 앱 위주로 선별했다.

Google Maps

아이폰, 안드로이드 공용

리얼 오키나와에는 각 어트렉션 마다 구글 지도 검색어가 포함되어 있다. 즉 구글맵이 일종의 보조 가이드북 역할을 하게끔 설계되어 있다. 한국과 달리 일본은 구글맵으로 거의 모든 걸 다 할 수 있다. 구글맵을 이용한 차량 네비 기능을 써보면 깜짝 놀랄지도.

Weathernews

아이폰, 안드로이드 공용

오키나와 날씨는 변화무쌍해 오키나와에서 하루의 기상 변화가 한국에서 일주일 치의 기상 변화와 버금갈 정도. 비가 내리는가 싶으면 금세 맑아지는 식이라 일반 날씨 앱으로는 알아내기 힘들다.

Weathernews는 사용자들이 올린 기상 뉴스를 반영해 보다 빠른 대응을 약속하는 날씨 앱이다. 오키나와의 변덕스러운 날씨 탓에 이 또한 100% 신뢰하기는 힘들지만, 20개 이상의 날씨 앱을 써본 바에 의하면 그나마 가장 정확한 편이다. 문제는 애플/구글 앱스토어 공히 일본 계정이 필요하다는 점. 일본 계정으로 들어가야 이 앱을 다운받을 수 있다.

Star Walk2

아이폰, 안드로이드 공용

오키나와의 여름밤을 이야기할 때 별을 빼놓고는 말할 수 없다. 스마트폰과 연동, 스마트폰과 내 눈의 방향을 일치시키고 움직이면, 내가 보는 하늘의 별과 스마트폰 화면 속의 별이 일치한다. 지금 보는 저 별이 어떤 별인지를 아는 데 이보다 더 좋은 앱은 없다.

검색 기능도 화려해, 예를 들어 북극성을 찾고 싶다면 Polaris를 검색하면 된다. 스마트폰의 화면이 가라는 곳으로 시선을 돌리면 그곳에 북극성이 있다. 카시오페이아가 찾고 싶다고? 문제없다.

Sky Live

아이폰, 안드로이드 공용

Star Walk2가 별자리가 어디 있는지를 알려준다면 Sky Live는 오늘이 별을 관측하기 좋은지를 알려주는 앱이다. 오늘의 구름양, 대기의 투명도, 달의 크기, 내가 있는 곳의 광해를 GPS 기반으로 측정해 별 관측도가 몇 %인지를 알려준다. 100%에 가까울수록 대기를 관측하기 좋은 날이다. 70% 이상이라면 주저 말고 밤마실을 떠나보자.

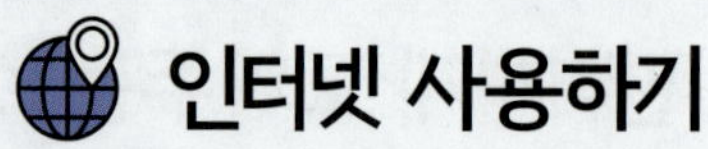

인터넷 사용하기

스마트폰이 없는 여행은 상상하기 힘들 정도로 필수가 되었다. 지도나 번역 앱 등이 실질적인 도움을 주기 때문이다. 오키나와에서도 인터넷을 자유롭게 사용할 수 있다.

통신사 로밍 서비스

가장 간편한 방법이다. 자신이 가입한 이동통신사를 통해 데이터 무제한 로밍 서비스를 신청하는 방법이다. 공항에 각 이동 통신사 로밍 카운터가 있다. 통신사별 로밍 상품이 다양하고 변동이 많은 편이다. 사전에 통신사 홈페이지를 통해 자신에게 적합한 상품을 파악해 두는 게 좋다. 무제한이라고 하지만 정해진 데이터 이후부터는 속도가 매우 느려지니 참고하자. 인터넷 사용량이 많은 사람이라면 더더욱 꼼꼼히 체크해야 한다. 각 통신사의 로밍 조건은 아래의 큐알 코드를 스마트폰으로 태그해보자.

SKT

KT

LG U+

포켓 와이파이 임대

한국에서는 에그라고 불리는 기기로 일본에서는 포켓 와이파이라고 부른다. 한 대만 빌리면 여러 사람이 이용할 수 있기 때문에 일행이 있는 여행자들이 선호한다. 도시락이 대표 상품 중 하나로, 공항에 매장도 가지고 있어 이 계열 중에서는 가장 손쉽게 이용할 수 있다.

현지 심카드 구입

요즘은 한국에서 미리 현지 eSIM이나 USIM을 구입하는 것도 가능하다. 로밍보다 저렴하면서도 일본 전역의 통신망을 그대로 사용해 수신 지역이 넓다. 특히 최근에는 물리적인 카드 교체 없이 QR 코드 스캔만으로 바로 사용할 수 있는 eSIM이 대세다. 한국 번호로 오는 중요한 전화나 문자를 수신하면서 데이터만 현지 망을 이용할 수 있어 업무나 연락이 중요한 여행자에게 최적의 선택이다.

- **구입** 쿠팡, 클룩, 도시락유심 등 국내 주요 예약 사이트나 이커머스를 통해 간편하게 구입할 수 있다. 실물 심카드는 공항에서 또는 택배를 통해 수령해야 하지만, eSIM은 결제 직후 이메일이나 알림톡으로 전송되는 링크를 통해 QR 코드를 즉시 받을 수 있어 배송 시간을 획기적으로 줄여준다. 데이터 용량은 일정 기간 사용량(5GB, 10GB 등) 혹은 매일 일정량 제공 후 속도 제한 방식 중 선택 가능하다.

  ¥ 매일 1GB(3일 기준) 약 6,000원~, 무제한(5일 기준) 약 15,000원~

- **설정** 구입 후 전송받은 설정 가이드(iOS/안드로이드 구분)에 따라 몇 단계만 거치면 활성화된다. 옛날처럼 현지 주소나 우편번호를 등록하는 복잡한 과정 없이, 설정 메뉴에서 '셀룰러 요금제 추가' 후 QR 코드를 스캔하면 끝! 데이터 로밍 설정만 '여행용 심'으로 지정해주면 된다. 공항 와이파이가 연결된 상태에서 출국 전이나 현지 도착 직후 설정을 마무리하는 것을 추천한다. 참고로 오키나와는 au by KDDI 회선이 가장 안정적으로 터진다.

현지에서의 사건·사고 대처 요령

여행과 사건·사고는 언제나 붙어 다닌다. 문제없이 무사히 여행을 마칠 수 있다면 좋겠지만,
언제나 뜻대로 되지 않는 것이 바로 인생이다.

태풍으로 비행기가 결항 되었어요

오키나와에서는 흔한 일이다. 태풍으로 인한 결항의 경우 비행기 출발 몇 시간 전에 결정되는 일이 많으므로, 오키나와 쪽으로 태풍이 통과하고 있다는 소식을 접하게 되면 그 즉시 항공사에 전화한 후 마음의 준비를 하는 게 좋다. 항공사들은 결항 결정을 최대한 버티다(?)가 하기 때문에 여행자 입장에서는 5분 대기조 모드로 이러지도 저러지도 못한 채 대기해야 한다. 참고로 태풍, 폭우, 강풍 등의 천재지변으로 비행기가 결항되면 비행기, 호텔 등의 예약이 수수료 없이 취소 가능하다.

몸이 아파요

- 두통 頭痛(즈추우)
- 소화제 消化剤(쇼우카자이)
- 모기약 ムヒ(무히)
- 멀미약 酔い止め(요이도메)
- 해열제 解熱剤(게네츠자이)

선크림과 긴 옷, 선글라스로 무장해도 오키나와 자외선이 워낙 강렬하다 보니 한 시간가량의 물놀이만으로도 옅은 화상을 입을 수 있다. 심하면 알로에젤이나 오이 등으로 열기를 식혀주고 이후 수분을 공급해줄 수 있는 로션이나 크림을 바르자.

해수욕 시 바위나 산호 등에 발이나 무릎 등에 생채기가 나는 일이 일어나기도 한다. 이를 대비해 반창고와 상처 치료제를 챙기자. 덥다고 에어컨을 지나치게 틀다 보면 감기風邪(카제)에 걸리기도 쉽다. 바닷가가 많다 보니 모기나 벌레에 물리는 경우도 은근히 많다. 기피제나 피부가 가려울 때 바르는 약도 챙기자.

참고로 일본은 편의점에서도 어지간한 상비약은 모두 구할 수 있다. 언어 때문에 의사소통이 어렵다면, 증상에 따라 왼쪽의 표와 같은 글자를 직원에게 보여주자.

마지막으로 병원에 가야 할 상황이라면 묵는 숙소에 도움을 청해 구급차나 택시를 불러 병원으로 가자. 여권은 반드시 휴대해야 한다. 여행자 보험을 들었다면 진단서와 영수증을 챙겨야 한국에 돌아와서 보상받을 수 있다.

물건을 잃어버렸어요 혹은 도난당했어요

치안이 확실한 나라인 만큼, 도난 사건은 좀처럼 일어나지 않는다. 문제는 깜빡함으로 인해 발생하는 분실. 식당이나 숙소 같은 곳에 물건을 두고 나오는 경우는 별로 걱정을 하지 않아도 될 정도로 지구 최강의 회수율을 보이지만 길에다 흘리면 답이 없다. 하지만 일본 사람들의 경우, 길에 흘린 물건을 보면 경찰에 신고하거나 길가 구석에 놔두는 경향이 있으므로 미리 포기할 필요는 없다.

분실 중 최악은 여권 분실이다. 여권이 없어지는 순간, 당신은 신원불명자가 되기 때문이다. 일단 경찰서에 가서 분실·도난 신고를 한다. 잃어버린 장소를 대략 기억하고 있다면 찾을 확률도 높다. 찾지 못했다면 분실·도난 증명서를 받아 여권을 재발급 받아야 한다. 문제는 오키나와에 한국 총영사관이 없어 비행기로 후쿠오카까지 가야 한다는 것. 여행이 목적인 단기 여행자들은 긴급 여권인 여행증명서를 신청해야 한다. 이 경우 이틀 정도 소요된다. 여권 번호와 발행일을 기재해야 하기 때문에 여권 복사본을 가지고 있다면 일 처리가 훨씬 빨라진다. 지갑 분실·도난의 경우 우선 카드사로 전화를 걸어 카드를 정지시켜야 한다. 현금은 원칙적으로 보상받을 길이 없다. 카드, 현금을 모두 잃어버리고 일본에 아는 사람조차 없다면 영사콜센터를 통해 신속히 해외송금 지원을 받아야 한다. 국내 연고자를 통한 입금 방식이다.

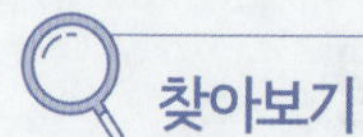

찾아보기

관광 명소

음식점

상점